Richard Wymann

Gärtnern mit Sonne, Wind und Wetter

Haupt
NATUR

Richard Wymann

Gärtnern mit Sonne, Wind und Wetter

Planung, Anbau und Pflege im Klimawandel

Haupt Verlag

1. Auflage: 2023

ISBN 978-3-258-08313-1

Umschlag, Gestaltung und Satz: Roman, Bold & Black, D-Köln
Fotos und Illustrationen: Richard Wymann, CH-Visp
Foto Umschlag: Ingo Bartussek/Adobe Stock

Wir verwenden FSC®-zertifiziertes Papier. FSC® sichert die Nutzung der Wälder gemäß sozialen, ökonomischen und ökologischen Kriterien.
Gedruckt in Slowenien

FSC
www.fsc.org
MIX
Papier aus verantwortungsvollen Quellen
FSC® C106954

Diese Publikation ist in der Deutschen Nationalbibliografie verzeichnet. Mehr Informationen dazu finden Sie unter http://dnb.dnb.de.

Der Haupt Verlag wird vom Bundesamt für Kultur für die Jahre 2021–2024 unterstützt.

Wir verlegen mit Freude und großem Engagement unsere Bücher. Daher freuen wir uns immer über Anregungen zum Programm und schätzen Hinweise auf Fehler im Buch, sollten uns welche unterlaufen sein. Falls Sie regelmäßig Informationen über die aktuellen Titel im Bereich Natur & Garten erhalten möchten, folgen Sie uns über Social Media oder bleiben Sie via Newsletter auf dem neuesten Stand.

www.haupt.ch

Inhaltsverzeichnis

Einführung

Aufgrund meiner langjährigen gärtnerischen Erfahrung ist es mir ein Anliegen, einmal die Witterung und das Wettergeschehen in einem Gartenbuch ins Zentrum zu stellen. Damit soll eine Lücke in der Literatur geschlossen werden, weil diese Thematik in den meisten Gartenbüchern keine oder zu wenig Beachtung findet. Witterungseinflüsse sind sehr komplexe, mit zahlreichen Wechselwirkungen verbundene physikalische Abläufe. Zwar müssen Gärtner und Gärtnerinnen nicht die relevanten physikalischen Gesetze im Detail verstehen, doch ist es von großem Nutzen, wenn man sich bei der Planung, dem Anbau und der Pflege von Pflanzen im Garten über die wichtigsten Prinzipien im Klaren ist, da sich so negative Witterungseinflüsse vielfach vermindern, und positive Einflüsse besser nutzen lassen. Ich zeige im vorliegenden Buch primär einfache Möglichkeiten auf, die jeder verstehen, durch eigene Beobachtung erkennen und praxisnah umsetzen und anwenden kann. Einfache schematische Darstellungen und Skizzen sowie fotografische Fallbeispiele sollen dabei helfen, eigene Möglichkeiten in der Garten- oder Landschaftsgestaltung zu erkennen. In den Darstellungen wird oft mit Hecken gearbeitet, da sich mit ihnen viele klimatische Faktoren beispielhaft aufzeigen lassen. Die Auswirkungen der Witterungseinflüsse betreffen aber auch sekundäre Abläufe, wie z. B. Wildverbiss an Obst in einem frostigen Winter oder das Auftreten von Schadorganismen bei bestimmten Wetterlagen. Aus diesem Grunde wird auch auf bestimmte Folgen spezifischer Witterungsbedingungen hingewiesen.

Das vorliegende Buch konzentriert sich auf die Witterungseinflüsse bei heimischen Wild-Nutz- und Gartenpflanzen und ist auf alle gängigen Gartentypen übertragbar, wobei es aber stets auch wichtig ist, die lokalen Wetter- und Witterungsverhältnisse im Auge zu behalten. Darum wird der Leser und die Leserin auch immer wieder dazu ermuntert, eigene Beobachtungen von Klima und Witterung zu machen und diese in die Gestaltung, Pflege und Pflanzenwahl im eigenen Garten einfließen zu lassen.

Im Oktober 2022
Richard Wymann

Teil I
Witterungseigenschaften und Fallbeispiele für die Gartengestaltung

1 Temperaturgeschehen

Das Temperaturgeschehen ist ein vielfältiges und komplexes System. Wir beschränken uns hier auf Angaben, die durch direkte Beobachtung einfach nachvollziehbar sind. Im Zentrum stehen dabei die Sonneneinstrahlung und Wärmeverteilung, die von vielen Faktoren beeinflusst wird; beispielsweise von der Exposition, Feuchtigkeit, den Wolken, dem Wind und dem Niederschlag. Aber auch die Jahreszeiten haben einen großen Einfluss auf das Temperaturgeschehen; ebenso der Tag- und Nachtwechsel. Der Wärmetransport erfolgt vorwiegend durch die Luftströmung und kann im Garten durch Pflanzen und andere Elemente behindert oder begünstigt werden. Dadurch entstehen auf kleinem Raum mehrere Kleinklimazonen unterschiedlicher Temperatur (siehe auch Kapitel Luftwechselströmungen).

Die Messmethode für die Temperatur ist in der Meteorologie einer Norm unterworfen. Temperatur wird immer 2 Meter über dem Boden und im Schatten gemessen. Zudem unterscheidet man zwischen Boden- oder Luftfrost: Bei Luftfrost liegt die Temperatur 2 Meter über Boden im Frostbereich; bei Bodenfrost ist dies nicht der Fall; Frost herrscht bei Bodenfrost nur in unmittelbarer Nähe des Bodens. Warum aber wird die Temperatur überhaupt 2 Meter über dem Boden gemessen? Der Grund dafür ist, dass die Bodentemperatur trügerisch ist: In der Nacht ist sie am Boden deutlich tiefer als etwas weiter in der Höhe. Am Tag wiederum ist es gerade umgekehrt: Da der Boden sich schneller erwärmt, ist die Luft in dessen unmittelbarer Nähe etwas wärmer als ein paar Meter über dem Boden. Man misst Temperaturen also immer mit 2 Meter Abstand zum Boden, um diese störenden Faktoren ausschließen zu können.

1.1 Temperatureigenschaften

Die Wärmeleitfähigkeit verschiedener Materialien und Oberflächen

Die Temperatur einer bestimmen Umgebung wird maßgeblich von der Wärmeleitfähigkeit der dort anzutreffenden Materialien und Oberflächen beeinflusst. Luft ist beispielsweise ein schlechter Wärmeleiter, weshalb er sich gut eignet, um in porösen Stoffen als Wärmedämmung eingesetzt zu werden. Das ist beispielsweise im Schnee der Fall, da die Luft zwischen den einzelnen Schneekristallen dafür sorgt, dass die Temperatur nicht wesentlich unter den Gefrierpunkt sinken kann. Beton, Gartenplatten und Metalle hingegen haben eine gute Temperaturleitfähigkeit; wärmen sich in der Sonne also schnell auf und kühlen in der Nacht ebenso schnell ab; mit Beton und Metallen lassen sich Pflanzen entsprechend schlecht gegen das Temperaturgeschehen schützen.

Bild 1: Die Unterschiede der Wärmeleitfähigkeit von Beton und Gras ist hier anhand der Schneeschmelze gut zu erkennen. Die Zementplatten geben die Wärme schneller ab als die isolierende Rasenfläche. Deshalb schmilzt hier der Schnee schneller weg.

Temperatureinflüsse auf das Wasser

Die Regel, wonach Wärme die Körper ausdehnt und Kälte sie zusammenzieht, gilt beim Wasser nicht. Die größte Dichte erreicht Wasser bei 4 °C. Das heißt, dass Wasser sich sowohl bei Temperaturen über 4 °C als auch unter 4 °C ausdehnt. Der Grund liegt darin, dass sich gegen den Gefrierpunkt Luftmoleküle einlagern und sich die Körper somit wieder ausdehnen. Weshalb ist diese physikalische Eigenschaft von Wasser für den Gärtner wichtig? Sie ist wichtig, weil frostempfindliche Pflanzen nicht nur der Kälte ausgesetzt sind, sondern auch den physikalischen Spannungen, die das sich ausdehnende Wasser (oder Eis) auf den Pflanzenkörper ausübt. Auch diese können Schäden verursachen. Zahlreiche heimische Pflanzen begegnen diesem Umstand durch die Fähigkeit, Glucose bilden zu können. Diese setzt den Gefrierpunkt des Zellsaftes herunter und verhindert somit, dass bei Frost der Zellsaft gefriert und durch die damit verbundene Ausdehnung die Pflanze schädigt.

Bild 2: Beim Eis sieht man die Lufteinschlüsse sehr gut. Die weiße Farbe an den Eiszapfen verrät, dass sich hier besonders viele kleine Luftblasen eingelagert haben. Dies ist auch ein Grund, warum Eis im Volumen leichter ist als flüssiges Wasser und auf Wasserflächen immer schwimmt.

Absorbieren und Reflektieren

Landschaftsstrukturen beeinflussen durch Reflektieren und Absorbieren die Temperaturen entscheidend mit. Es gilt: Je dunkler eine Fläche ist, desto mehr Licht wird absorbiert und in Wärme umgewandelt; und je heller eine Fläche ist, desto mehr Licht wird reflektiert und desto weniger Wärme nimmt sie auf. Ein Beispiel: Schnee reflektiert 85–95 % des Lichts, dunkle Erde hingegen absorbiert 90 % des Lichts. Entsprechend speichert dunkle Erde auch wesentlich mehr Wärme als Schnee. Für unseren Garten kann dieses Phänomen nützlich sein, weil man beispielsweise dunkle Steine zwischen den Beeten als nächtliche Wärmespeicher nutzen kann. Umgekehrt können in heißen Sommern helle Hausfassaden helfen, den Temperaturanstieg im Garten ein wenig zu reduzieren.

Bild 3: Fallbeispiel Schmelzteller unter Einzelbäumen. Oft sieht man bei Einzelbäumen, dass unter Baumkronen der Schnee geschmolzen ist. Die dunkleren Flächen der Rinde an Bäumen absorbieren mehr Wärme, die sie dann wieder abstrahlen, was den Schnee darunter schmelzen lässt.

Bild 4: Wärmeaufnahme bei Mauern nutzen: Steine nehmen bei Sonneneinstrahlung sehr viel Wärme auf, die sie in der Nacht wieder an die Umgebung abgeben. Dadurch kühlt sich das Mikroklima in der Umgebung von Mauern in der Nacht weniger stark aus, was den Kulturpflanzen zugutekommt.

1.2 Expositionen

Trifft Sonnenlicht auf den Boden, so erwärmt sich dieser. Das benötigt aber eine gewisse Zeit, da der Boden zuerst die Wärme aufnimmt und sich die Lufttemperatur erst danach erhöht. Aus diesem Grunde sind sowohl die Boden- als auch die Lufttemperatur bei sonnigen Verhältnissen am späteren Nachmittag am höchsten. Intuitiv denkt man, dass sich das Gelände, welches nach Süden ausgerichtet ist, im Verlaufe eines Tages am stärksten erwärmt. In Wirklichkeit wird es jedoch an einem Südwesthang am wärmsten. Der Grund dafür ist, dass die Sonneneinstrahlung am Nachmittag beinahe rechtwinklig auf eine Südwestneigung trifft und somit zu jenem Zeitpunkt, an dem sich Boden und Luft ohnehin schon stark erwärmt haben, am meisten Sonnenstrahlung auf die Fläche auftreffen kann.

Bild 5: An der Schneeschmelze erkennt man auf diesem Bild besonders gut die Temperaturwirkung des Sonneneinfallswinkels. Links im Hang liegen nur noch kleine Schneereste. Die steile Wegböschung rechts davon ist sogar schon schneefrei. Der Weg und die flachere Wiese sind hingegen noch schneebedeckt.

Es ist also der Sonneneinfallswinkel, der das Temperaturgefüge im Gelände maßgeblich bestimmt. Entsprechend lohnt es sich, dieses genau zu beobachten. Besonders gut lässt sich das im Winter nach Schneefall tun, wenn man untersucht, wo der Schnee sich anlagert und wo er schnell wieder verschwindet.

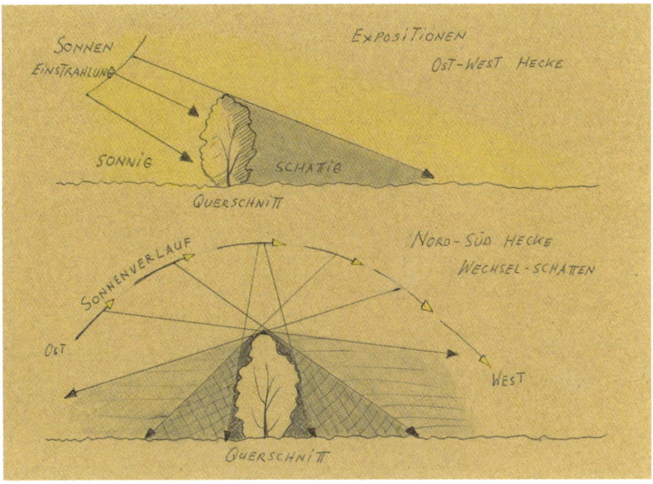

Bild 6: Wechselschatten bei verschiedenen Elementen (Beispiel Hecken).

Expositionen lassen sich beeinflussen; beispielsweise mit Hecken. Pflanzt man sie im Garten beispielsweise in Ost-West-Richtung, so unterteilen sie den Garten in eine südliche Partie, die sich in der Sonne stark aufwärmt, und eine nördliche Partie, die im Schatten der Hecke liegt und kühler bleibt. Hecken und auch andere, in Nord-Süd-Richtung verlaufende Elemente bieten hingegen unterschiedliche Gartentemperaturen im Tagesverlauf: So ist die westliche Seite am Morgen durch den Schatten der Hecke vor der Sonneneinstrahlung geschützt, wird am Nachmittag hingegen maximal besonnt; auf der Ostseite der Hecke ist es gerade umgekehrt. Von einer Nord-Süd ausgerichteten Hecke profitieren entsprechend all diejenigen Pflanzen, die nicht ganztägig der Besonnung oder Hitze ausgesetzt sein sollten.

Hecken erwärmen sich zwar weniger schnell als Mauern, schaffen aber an heißen Tagen ein ausgeglicheneres Mikroklima durch die Verdunstungskälte, welche durch den Wasserdampf entsteht, die die Blätter der Heckenpflanzen an die Umgebung abgeben. Das heißt, dass sich für bestimmte Kulturpflanzen bei Hitzeperioden Hecken besser eignen als Mauern. Durch die Transpiration der Gehölze kühlt deren Umgebung etwas ab. Diese Verdunstungskälte wird in heißen Regionen und zunehmend auch bei uns in den Siedlungsräumen aktiv genutzt. Besonders intensiv kann man den Einfluss von Bäumen auf das Klima im Wald erleben: Hier ist es nicht nur wegen des schattenspendenden Kronendachs der Bäume kühler, sondern auch dank der Transpiration der Gesamtheit aller Pflanzen.

Bild 7: Gehölzstrukturen vermindern starke Temperaturwechsel.

Bild 8: Fallbeispiel: Dieser Garten besitzt viele unterschiedliche Expositionen. Geländemodulationen mit kleinen Hügeln und Senken schaffen eine Vielfalt verschiedener Expositionen. Bäume und Sträucher als zusätzliche Strukturen ergänzen diesen Garten. Durch diese Gartengestaltungform ist es möglich, eine große Artenvielfalt temperaturgerecht anzupflanzen.

1.3 Wärmespeicher

Bild 9: Wasserflächen sind besonders gute Wärmespeicher.

Wasser kann am meisten Energie in Form von Wärme speichern. Wärme wird vom Wasser zwar langsamer aufgenommen und abgegeben als durch die Luft, schafft aber dadurch über längere Zeit ein ausgeglicheneres Klima vor Ort. Eindrücklich erleben kann man das beispielsweise am Gartenteich: Wenn Sie am Morgen die Hand ins Wasser strecken, so werden Sie feststellen, dass dieses wärmer ist als die Steine an dessem Ufer. Das liegt daran, dass die Steine nachts viel schneller auskühlten als das Wasser, welches am Morgen entsprechend noch mehr Wärme des Vortags speichert als die Steine darum herum. Empfindliche Pflanzen profitieren also in Wassernähe von der kühlenden Luftfeuchtigkeit am Tag und der Wärmeabstrahlung in der Nacht. Je größer eine Wasserfläche ist, desto stärker ist dieser Effekt.

Bild 10: Fallbeispiel: Innenhöfe sind ideal geschützte Standorte.

Wärmespeicher lassen sich aber auch durch Wärmefallen erstellen. Das ist zum Beispiel dann der Fall, wenn Häuser so angeordnet sind, dass Innenhöfe entstehen. Die Mauern der Häuser strahlen nachts die tagsüber angespeicherte Wärme ab, die aufgrund der Anordnung der Häuser vom Wind nicht weggetragen wird. Entsprechend eignen sich Innenhöfe gut für die Pflanzung mediterraner Arten.

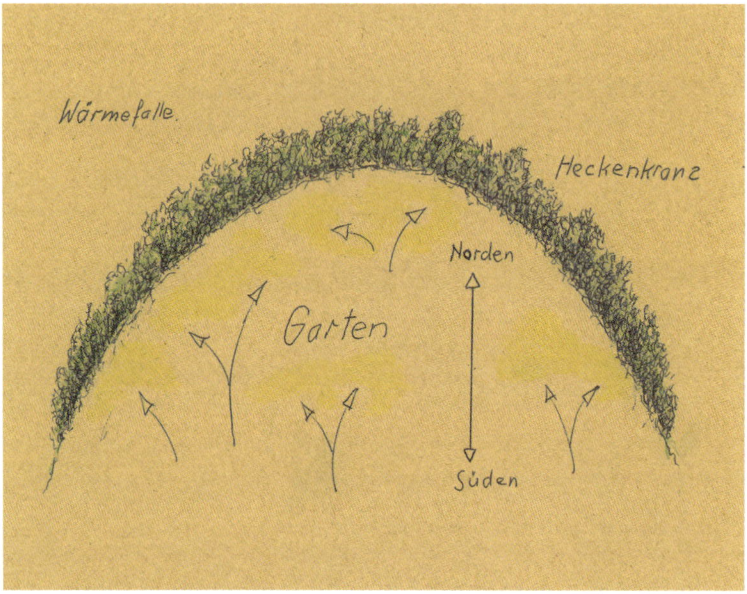

Bild 11: Sonnenfallen schaffen einen hervorragenden Wärmespeicher.

Im Garten lassen sich innenhof-ähnliche Wärmefallen durch die Anpflanzung U-förmiger Gehölzstreifen imitieren. Dabei muss das «U» aber auf den Kopf gestellt werden, sodass der Schutzbogen gegen Norden ausgerichtet ist; er hält dann den kühlen Wind ab, während sich im Inneren des U die nach Süden exponierte warme Luft ansammelt. Wärmefallen eignen sich ganzjährig für kühlere Umgebungen sehr gut. In heißen Klimazonen bringen sie vor allem im Winter und Frühjahr den größten Nutzen. Alternativ eignen sich auch bepflanzte hohe Rundhügel oder Mauern, die in der gleichen Formgebung angelegt werden. Auch südseitige Hecken und Waldränder bieten ähnliche Standortbedingungen.

Hinweis: Die Gehölzauswahl in der Hecke kann sehr gut mit Wildfrüchten bepflanzt werden. Dann profitiert sie von einem Zusatznutzen!

Bild 12: Gärten in Muldenlagen sind mild und windgeschützt.

Auch die zunehmend beliebten Senkgärten können für das Temperaturgeschehen im Garten genutzt werden. Ein Senkgarten wird im Unterschied zu einem Garten in einer Muldenlage meist durch einen Aushub erstellt. Er eignet sich besonders in windigen Gegenden. In südlichen Ländern werden Gärten vielerorts in Muldenlagen angelegt, in kühleren Regionen sind sie aber ebenfalls wertvoll, wobei man aber aufpassen muss, dass Spätfröste in ihnen kein Unheil anrichten. Wärme liebende Pflanzen mit einer gewissen Frostverträglichkeit eignen sich für deren Bepflanzung am besten, alternativ ist es sinnvoll, bei uns nur einjährige Pflanzen zu verwenden.

Ebenso wie die Senkgärten funktionieren im kleineren Rahmen auch Kraterbeete. Wegen ihrer geringeren Größe lassen sich diese sowohl gegen Kälte als auch gegen Hitze mit vorübergehenden Maßnahmen wie Vliesabdeckungen, Beschattungen usw. gut steuern. Je mehr Vegetation in einer Muldenlage wächst, desto stärker schützt sie auch vor Hitze, da Grünmasse durch Verdunstung die Umgebung abkühlt.

GESTALTUNGSMÖGLICHKEITEN ZUR VERRINGERUNG DER FROSTGEFAHR

1 Bäume, eine Pergola oder andere Überdachungen verlangsamen in der Nacht die Wärmeabstrahlung nach oben; sie halten die warme Luft in Staulage gefangen. Zugleich senkt sich in der Nacht weniger kühle Luft von oben durch die Baumkrone in den Garten ab, wodurch dieser weniger stark auskühlt.
2 Eine Wasserfläche strahlt in der Nacht Wärme an die Umgebung ab.
3 Wenn Bodenfrost entsteht, fließt weniger kalte Luft vom Rand her in die Vertiefungen, wenn ringsherum Randhügel erstellt werden. Diese können auch bepflanzt werden, was einen zusätzlichen Schutz bietet. Aber aufgepasst: Bei Luftfrost senkt sich die kalte Luft von oben her in solche Mulden und kann dann nirgendwo abfließen. Die Mulden kühlen dann besonders stark aus.
4 Steine bremsen die Kälte etwas, da durch ihre nächtliche Wärmeabgabe die Luftmassen vermischt werden.

Bild: 13: Umfriedeter Garten mit Senkgarteneffekt. Dieser Garten liegt nicht in einer Senke, besitzt aber die gleichen Vorteile wie ein Senkgarten: Kletterpflanzen und Gehölze umzäunen ihn.

Bild 14: Senkgarten in einer großen Dimension: Mit 5500 m² ist der Garten des Château de Prangins (VD) der größte historische Gemüsegarten der Schweiz. Dank der umgebenden Mauern und hohen Bäume funktioniert er wie ein Senkgarten.

1.4 Maßnahmen für den Schutz vor Hitze

Die einfachste Methode, einen Garten vor zu viel Hitze zu schützen, ist die Anpflanzung von Arten, die mit Wärme und Trockenheit gut zurechtkommen. Darüber hinaus gibt es aber zahlreiche Möglichkeiten, Hitze und starke Temperaturschwankungen in den Griff zu bekommen.

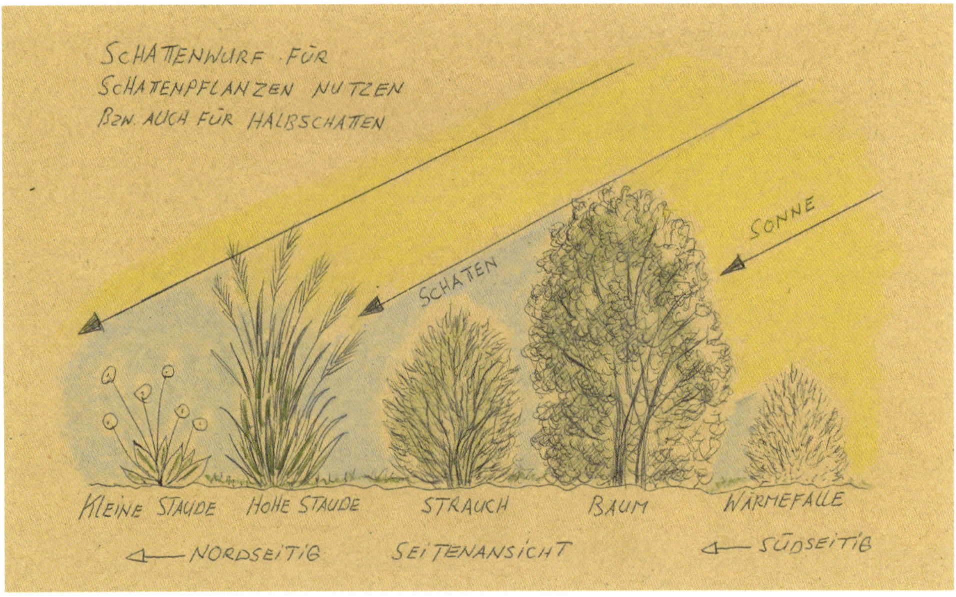

Bild: 15: Pflanzen schützen durch die Beschattung durch andere Pflanzen.

Eine einfache Möglichkeit ist es hier, den Schattenwurf großer Pflanzen zu nutzen. Bäume, aber auch Sträucher können, wenn sie an den richtigen Orten stehen, besonders effektiv sein. Denselben Effekt kann man aber auch auf kleineren Skalen erreichen.

Es gibt Pflanzen, die normalerweise an der Sonne bestens gedeihen, die aber an sehr heißen Standorten einen lichten Schatten bevorzugen. In kühleren Gegenden pflanzt man umgekehrt auch Halbschattenpflanzen an die Sonne.

Bild 16: Fallbeispiel: Ein optimaler Standort für Topfminzen in der Hitze. In normalen Gartenböden wachsen Minzen problemlos. In einem heißen und trockenen Klima fühlen sie sich im Halbschatten aber wohler. Diese Topfminzen profitieren im Frühling von der Wärme der Sonne, die noch ungebremst auf sie trifft, da die Bäume vor dem Laubaustrieb noch kaum Schatten werfen. Später, in der Sommerhitze, liegt die Minze dann aber im Halbschatten des Laubes dieses Apfelbaumes.

Bild 17: Fallbeispiel: Beschattung im Gemüsebeet durch Mischkultur. Die Wärme liebenden Tomaten beschatten hier den Pflücksalat, der es lieber etwas kühler mag. Auch hohe Kulturpflanzen und Stauden lassen sich als Beschatter verwenden, zum Beispiel Stangenbohnen, Mais und Sonnenblumen.

Bild 18: Fallbeispiel: Schattiernetz als mobiler Hitzeschutz. Schattiernetze wie auf diesem Hochbeet eignen sich bestens, wenn sie in Hitzeperioden montiert werden. Sie sind aber auch bei Setzlingen in der Anwachsphase nützlich. Es eignen sich zur Beschattung auch Schilfmatten, Tücher und ähnliches Material.

Bild 19: Fallbeispiel: Beschattung mit Mulchmaterialien schützen den Boden. Vor allem in trockenen Regionen ist Mulch wichtig, um den Boden zu beschatten und feucht zu halten, denn ein feuchter Boden kann dank der Verdunstungskälte lokal die Temperatur absenken.

1.5 Stadtklima

Große Temperaturunterschiede bestehen auch zwischen der Stadt und deren Umland. Versiegelte Flächen und Gebäude erhöhen die Wärmespeicherung. Durch Verkehr, Industrie und Heizungen erwärmt sich die Luft. Luftverunreinigung (Smog) absorbiert und heizt die Umgebung zusätzlich auf (Treibhauseffekt). Vegetationsflächen sind wertvoll, da durch deren Transpiration Verdunstungskälte freigesetzt wird, die die Umgebung kühlt. Grünflächen können beim modernen verdichteten Bauen den nötigen Ausgleich schaffen.

Bilder 21 und 22: Schlecht fürs Stadtklima: vegetationsfreie Kiesflächen.

Nicht begrünte Flachdächer, aber auch Schotterflächen wirken sich auf das Stadtklima besonders negativ aus, da sie sich extrem stark aufheizen. Zudem sind unbegrünte Flachdächer auch ökonomisch nicht sinnvoll, da sie aufgrund der enormen Temperaturschwankungen früher repariert werden müssen als solche, die begrünt sind.

Bild 23: Wo möglich, immer Dächer- und Hausfassaden begrünen.

Die Vorteile begrünter Dächer sind:

- Die Temperatur unmittelbar über dem Dach ist weniger hoch und schwankt weniger stark als bei unbegrünten Dächern.
- Extensive Flächen sind wenig pflegebedürftig.
- Grüne Dächer lassen sich auch als Selbstversorgergärten anlegen.
- Der gute Isolationseffekt der Vegetation ist an heißen Sommertagen und im frostigen Winter ein Vorteil.
- Bei starken Niederschlägen wird Wasser auf dem Dach zurückgehalten. Dieses kommt den Pflanzen zugute und entlastet die Kanalisation.
- Auf grünen Dächern entsteht ein wertvolles Ökosystem für Wildpflanzen, Insekten und Vögel.
- Beim Bau gibt man der Natur eine Fläche zurück, die man ihr zuvor genommen hat.
- Grüne Dächer absorbieren Staub und reduzieren Lärm, vor allem auch in Industriegebieten.

Bild 24: Wilder Wein ist ein Selbstkletterer.

Auch Fassadenbegrünungen vermindern die Lärmübertragungen, senken die Temperaturen, wirken isolierend und schaffen ein ausgleichendes Klima. Zu beachten ist jedoch bei selbstkletternden Pflanzen die Fassadenbeschaffenheit! Besonders geeignete Pflanzen sind Efeu und Wilder Wein, da sie selbstkletternd sind.

Bild 25: Clevere Idee bei einem Container-Unterstand: Eine Efeupergola kühlt ihn und reduziert zugleich die Geruchsemissionen und dient als Sichtschutz.

Bilder 26 und 27: Mit Wärmebildern erkennt man die Temperaturunterschiede. Stadtplatz mit Sonnen- und Baumschattenbereich.

Bilder 28 und 29: Temperaturunterschied auf einer Wiesenfläche: In der flacheren, leichten Muldenlage erkennt man den kältesten Bereich, mit einem Temperaturunterschied zum oberen Böschungsteil von 8 °C.

Stadtbäume der Zukunft

Da es in Städten durch die Klimaerwärmung zunehmend heißer wird und heimische Baumarten mit diesem Temperaturanstieg zunehmend Schwierigkeiten haben, werden immer häufiger Arten aus wärmeren Ländern gepflanzt. Diese sollen die heimischen allerdings nicht ersetzen, sondern nur ergänzen. Wie gut Bäume mit Hitze zurechtkommen, hängt auch stark von der Wasserverfügbarkeit ab. Gestresste Bäume sind anfälliger gegen Krankheiten. Besonders wichtig bei Neubepflanzungen ist es, die anfängliche Wasserversorgung für die Anwachsphase zu gewährleisten.

HEIMISCHE UND EINGEBÜRGERTE ARTEN

Diese Bäume ertragen Hitze recht gut, wenn die Wasserversorgung stets gewährleistet ist. Die folgende Liste ist eine Auswahl und nicht abschließend.

Schwarznuss *(Juglans nigra)*
Walnuss *(Juglans regia)*
Spitzahorn *(Acer platanoides)*
Flaumeiche *(Quercus pubescens)*
Traubeneiche *(Quercus petraea)*
Sommerlinde *(Tilia platyphyllos)*
Platane *(Platanus acerifolia)*
Gingko *(Gingko biloba)*

Erst seit jüngerer Zeit angepflanzte, fremdländische Arten

Zelkove *(Zelkova serrata)*
Zürgelbaum *(Celtis occidentalis)*
Französischer Ahorn *(Acer monspessulanum)*
Blumenesche *(Fraxinus ornus)*
Zerreiche *(Quercus cerris)*
Maulbeeren *(Morus Arten)*
Hopfenbuche *(Ostrya carpinifolia)*

Kleinbäume, auch für den Hausgarten geeignet

Hainbuche *(Carpinus betulus) Sorte 'Fastigiata'*
Mehlbeere *(Sorbus aria)*
Elsbeere *(Sorbus torminalis)*
Speierling *(Sorbus domestica)*
Weidenblättrige Birne *(Pyrus salicifolia)*
Wildbirne *(Pyrus pyraster)*
Schneeball Ahorn *(Acer opalus)*
Feldahorn *(Acer campestre)*
Holzapfel *(Malus sylvestris)*

Zierapfel (*Malus* sp.) ca. 30 Sorten
Amberbaum *(Licuidamber styraciflua)*
Eisenholzbaum *(Parrotia persica)*

Heimische Sträucher, die periodische Hitzeperioden meist problemlos ertragen
Kornelkirsche *(Cornus mas)* verschiedene Sorten
Deutsche Mispel *(Mespilus germanica)* verschiedene Sorten
Pimpernuss *(Staphylea pinnata)*
Weißdorn *(Crataegus monogyna)*
Schlehdorn, Schwarzdorn *(Prunus spinosa)*
Sanddorn *(Hippophae rhamnoides)*
Wildrosen (*Rosa* sp.) viele Arten und Sorten

1.6 Winterruhe und Frostverträglichkeit

Die meisten heimischen Arten und viele Kulturpflanzen sind an unser Klima so gut angepasst, dass man auf Schutzmaßnahmen verzichten kann. Die winterliche Ruhephase und allgemein die Jahreszeiten sind einem Rhythmus unterworfen, dem sich unsere Pflanzenwelt über lange Zeit angepasst hat. Der Wechsel zwischen Kälte und Wärme wirkt sich auch positiv auf die Pflanzen aus. Wenn es kälter wird und der herbstliche Laubfall beginnt, werden beispielweise pilzbefallene Blätter abgeworfen. Durch starke Frosteinwirkungen werden Schädlinge reduziert und Wildfrüchte werden schmackhafter. Bei vielen Stauden sterben die oberirdischen Teile ab und der Wurzelstock geht in die Winterruhe, bis er im nächsten Frühjahr wieder neu austreibt.

Bild 30: Durch Kälteeinwirkung werden Wildfrüchte süßer.

Eigenschaften der Kälteeinwirkung auf Pflanzen

Herbstliche Frosteinwirkungen sind für viele Wildfrüchte vorteilhaft, da sie durch Zuckerproduktion (Frostschutzmittel) schmackhafter werden. Dabei werden Tannine und Säuren abgebaut. Aus Stärke wird Glucose produziert und damit der Gefrierpunkt des Zellsaftes heruntergesetzt. Die meisten Wildfrüchte werden meist auch ohne Frosteinwirkung reif.

Bild 31: Frühblühende Pflanzen unter Laubgehölzen.

Frühlingsgeophyten sind Pflanzen, die vor dem Laubaustrieb unter Bäumen und in Wäldern blühen, assimilieren und fruchten. Sie nutzen so die lichtreiche Vegetationszeit in ihrem Lebensraum. Ihr Stoffwechsel ist so gesteuert, dass sie eine Winterruhe brauchen, aber dann bei etwas Wärme schon früh austreiben können. Nebst der Temperatur ist allerdings auch die Feuchtigkeit im Boden wichtig, damit alle Prozesse optimal ablaufen können. Die meisten Frühblüher besitzen Zwiebeln, Knollen und Rhizome. Darin speichern sie Nährstoffe und sind gegen den Wurzeldruck durch die Gehölze bestens angepasst. Einige bekannte Frühblüher sind Winterlinge *(Eranthis hyemalis)*, Schneeglöckchen *(Galanthus nivalis)*, Märzenbecher *(Leucojum vernum)*, Buschwindröschen *(Anemone nemerosa)* und Hohler Lerchensporn *(Corydalis cava)*.

Wenn bei unseren Kulturpflanzen Frostschäden auftreten, ist – je nach Art – nicht immer alles verloren. Gehölze ertragen mehr Frost, da die inneren Zellstrukturen durch die äußeren Holzstrukturen besser geschützt sind als bei unverholzten Pflanzenarten. Frische Laub- und Blütenaustriebe sind jedoch bei heimischen Arten in Gefahr, wenn Spätfröste auftreten. Meistens ist dann allerdings nur das belaubte Triebwachstum betroffen, welches nach dem Frost erneut austreibt. Man sollte sich vorgängig orientieren, welche Arten am Standort geeignet sind, um keine bösen Überraschungen zu erleben.

Bild 32: Kälteunempfindliche Blüten der Kornelkirsche nach Schneefall.

Es gibt blühende Obstgehölze, die gegen Schnee und Frost sehr widerstandsfähig sind. Ein gutes Beispiel hierzu ist die Kornelkirsche *(Cornus mas)*, die sehr früh zur Blüte kommt (oft schon Ende Februar). In dieser Zeit ist die Blühphase lang. Damit ist auch an wärmeren Tagen der Bienenflug möglich, wodurch die Erträge meist gesichert sind.

- Tannenreisig als Beschattung hilft, dass der Temperaturanstieg auf der Pflanze in der Morgensonne verlangsamt wird.
- Pflanzen ab dem Spätsommer nicht mehr düngen (z. B. Zuchtrosen), da weich gewachsene Triebe frostgefährdeter sind.
- Wenn nötig, vor dem Winter nochmals gießen. Dies verhindert Trockenschäden, die durch Frost noch begünstigt werden. Vor allem immergrüne Pflanzen verdunsten auch im Winter Wasser.
- Wärme liebende Stauden besser im Frühjahr auspflanzen. So können sie sich bis zum nächsten Winter besser anpassen und gehen mit einem größeren Wurzelvolumen in die kalte Jahreszeit.
- Vorgezogene Setzlinge aus Innenräumen vor dem Auspflanzen einige Tage an einem geschützten Ort im freien abhärten.
- Empfindlichere Kübelpflanzen an einen geschützten Ort umplatzieren.
- Pflanzen vor Wind schützen.
- Stammschutz bei neu gepflanzten Bäumen anbringen.

1.7 Maßnahmen für den Schutz vor Frost

Bild 33: Vlies als Schutzabdeckung in der Übergangszeit.

Vliesmaterialien schützen vor allem bei kurzeitigem Bodenfrost im Frühjahr und Herbst. Nicht empfehlenswert sind Plastikfolien, da darunter Kondenswasser entsteht, welches gefrieren kann. Hohe Luftfeuchtigkeit bei Reifbildung auf den Blättern erzeugt mehr Schaden, als wenn das Laubwerk bei gleicher Temperatur trocken bleibt. Bei Sonne wird es darunter zudem schnell zu warm. Wenn Plastikfolie verwendet wird, muss also eine ausreichende Durchlüftung gewährleistet sein.

Bilder 34 und 35: Stammschutz gegen Frostrisse und Sonnenbrand.

Das Holz von Bäumen erträgt Frost eigentlich sehr gut, da im Winter der Saftfluss und der Wasseranteil im Holz geringer ist als im Sommer. Allerdings besteht die Gefahr von Frostrissen an der Baumrinde. Der Grund dafür ist, dass durch das Dickenwachstum der Bäume in der Rinde kleine Risse entstehen, in die sich Feuchtigkeit einlagern kann. Wenn diese dann tagsüber an der Sonne taut, nachts in der Kälte aber wieder gefriert, entstehen Frostrisse. Werden diese

Wunden zu groß, kann sie der Baum oft nicht mehr selbst heilen. In ihnen siedeln sich in der Folge Pilze an, die den Baum ernsthaft schädigen, im schlimmsten Fall sogar zum Absterben bringen können. Kalkanstriche an der Rinde eignen sich sehr gut, diesem Problem entgegenzuwirken. Die weiße Farbe des Kalks reflektiert das Licht und verhindert damit, dass sich tagsüber die Rinde in der Sonne erwärmt und die Feuchtigkeit in den Rissen taut. Auch Schilfmatten oder Jutebänder erzielen einen ähnlichen Schutz. Alternativ können Pfosten ostseitig vom Baum angebracht werden. Problematisch sind vor allem die Spannungen, die sich durch die kalten Nächte und die warme Sonneneinstrahlung tagsüber ergeben. Diese lassen sich durch die beschriebenen Maßnahmen verringern.

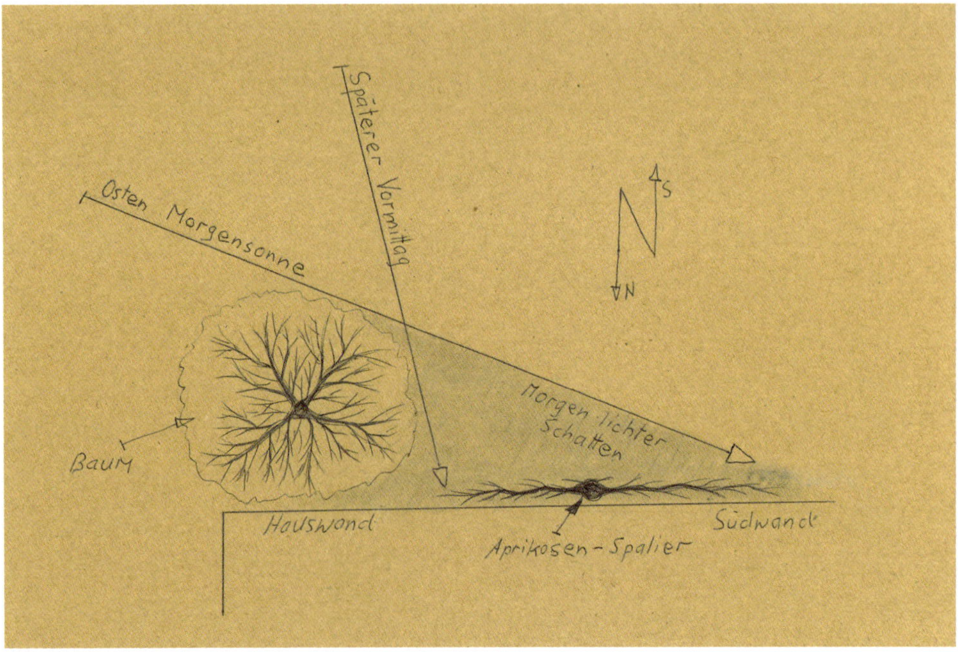

Bild 36: Fallbeispiel: Beschattung von Spalierobst in der Morgensonne.

In kühleren Regionen eignen sich südseitige Hauswände zum Anpflanzen von Aprikosen-, Pfirsich- und Feigenbäumen. Durch die Beschattung vor der ersten Sonneneinstrahlung am Morgen (wie oben beschrieben) lassen sich Frostschäden reduzieren. Der Wärmeanstieg verlangsamt sich und die Pflanze kann sich anpassen. Vliesabdeckungeen werden zu diesem Zweck gerne gebraucht. Noch besser ist es allerdings, wenn ein größeres Gehölz in den ersten Morgenstunden einen lichten Schatten auf den Spalierbaum wirft, damit der Temperaturanstieg langsamer verläuft.

2 Windeinflüsse

Wie und wo Wind entsteht, hängt von vielen Faktoren ab. Hoch- und Tiefdruckzonen, Erdrotation, Reibungskräfte durch die Topografie und Vegetation, Temperatur und Jahreszeiten tragen allesamt zur Entstehung von Wind bei. Diese Faktoren können wir nicht steuern, aber ihre Auswirkungen auf das lokale Klima in unseren Gärten können wir positiv beeinflussen.

Schauen wir uns zuerst einmal die verschiedenen Arten von Wind an. Da ist zunächst einmal der Jetstream zu nennen, ein starker Wind in der Höhe von 8–12 km über der Erde, der stets von West nach Ost bläst. Er entsteht durch die globale Verteilung der kalten und warmen Luftmassen. Da er aber hoch über der Erdoberfläche weht, ist er am Boden nicht zu spüren.

Das ist bei den anderen Formen von Wind anders. Ihre Richtung ist in Mitteleuropa meist von Südwest nach Nordost; er entsteht durch den Ausgleich des Luftdrucks zwischen Hoch- und Tiefdruckgebieten. Bläst er von Westen, bringt er feuchte Luft vom Meer zu uns. Die selteneren Winde aus Nordost sind hingegen trockener und meistens auch kalt. Im Alpenraum können darüber hinaus auch warme, trockene Südwinde auftreten. Sie entstehen, wenn feuchte Luft, die von Süden herkommend auf die Alpen trifft und sich infolge des Anstiegs im Gebirge stark abkühlt. Durch die Abkühlung verliert der Wind die meiste Feuchtigkeit durch starke Niederschläge, die typischerweise auf der Südseite des Alpenkamms niedergehen. Hat der Wind den Gebirgskamm überwunden, so fällt er nordseitig wieder in tiefere Lagen und erwärmt sich dabei. Im Winter entstehen nördlich der Alpen dadurch oft frühlingshafte Temperaturen. Umgekehrt entsteht durch das gleiche Prinzip im Süden Nordwind, der durch Staulagen auf der Alpennordseite ausgelöst wird.

Wind entsteht generell durch den Druckausgleich zwischen Hoch- und Tiefdruckgebieten. Da warme Luft leichter und weniger dicht als kalte Luft ist, strömen die Luftmoleküle immer zum Ort des geringeren Widerstandes; also dorthin, wo die Luft wärmer ist. Dieser Ausgleichsprozess ist ständig im Gange, weshalb die Luft stets in Bewegung bleibt.

Auch auf lokaler Ebene können interessante Windphänomene beobachtet werden. In Tälern beispielsweise erwärmt sich die Luft durch die Sonneneinstrahlung an den Berghängen schneller als im Tal. Sie dehnt sich an den Berghängen daher auch stärker aus und steigt in der Folge auf. Dadurch entsteht ein Sog, der durch nachströmende kalte Luft ausgeglichen wird, die von oben ins Tal nachfließt. Vor allem am Nachmittag können sich solche Talwinde recht stürmisch entwickeln. Am Abend nach Sonnenuntergang stoppt der Talwind dann, da sich die Luft an den Hängen aufgrund der nicht mehr vorhandenen Sonneneinstrahlung nun nicht mehr erwärmt. Nun kommt der Bergwind auf, da durch die abendliche Abkühlung kalte Luft den Berghängen entlang ins Tal fließt. Entsprechend muss die Luft, die sich bereits im Tal befindet, ausweichen, was den Bergwind verursacht.

Auch am Meer entstehen spezielle Winde. Hier ist es das Wasser, welches dafür verantwortlich ist. Dieses kann nämlich mehr Wärme aufnehmen als das umliegende Festland, allerdings geschieht dies langsamer als die Wärmeaufnahme am Land, weshalb auch hier zwischen Land und Wasserfläche ständige Druckausgleiche kompensiert werden müssen. Dadurch entsteht ein Kreislauf: Die warme Luft über dem Land steigt auf und weht als Höhenströmung auf das Meer hinaus. Der dadurch entstehende Sog über dem Land wird ausgeglichen, in dem die noch kühlere Meeresluft nachströmt.

Auf demselben Prinzip – dem Ausgleich zwischen kalter und warmer Luft – beruhen auch Flurwinde, wie man sie typischerweise in städtischen Gebieten antrifft. Städte werden bei Sonnenschein viel stärker aufgeheizt als deren Umland. In der Nacht steigt die in der Stadt erwärmte Luft nach oben und zieht kühlere Luft aus dem Umland nach. Je nach Ausrichtung von Gebäudestrukturen können so mehr oder weniger große Teile einer Stadt mit frischer Luft und etwas Abkühlung versorgt werden (oder diese Versorgung durch ungünstige bauliche Gegebenheiten verhindert werden, was u. a. auch zu Smog führen kann).

Schließlich seien auch noch die Winde erwähnt, die während Gewittern auftreten: die Gewitterböen. Sie entstehen, wenn feuchtwarme Luft durch starke Sonneneinstrahlung aufsteigt und dabei Quellwolken gebildet werden. Ab dem Zeitpunkt, an dem die feuchte Luft in der Wolke ihren Sättigungsgrad überschreitet, wird plötzlicher, starker Regen ausgelöst. Die dadurch entstehenden starken Temperaturunterschiede machen wiederum einen Druckausgleich zwischen wärmerer und kälterer Luft nötig, was zu starken Böen führen kann.

2.1 Pflanzen und Wind

Wie Pflanzen, Tiere und der Mensch den Wind empfinden, hängt natürlich vor allem von dessen Stärke und seiner Temperatur ab. Was an heißen Sommertagen angenehm ist, kann im Winter unerwünscht sein. Trockener Wind sorgt dafür, dass Blattpflanzen bei Feuchtigkeit schneller abtrocknen, was Pilzkrankheiten vorbeugt. Er entzieht den Pflanzen und dem Boden aber auch viel Feuchtigkeit. Dies erhöht den Wasserbedarf der Kulturpflanzen. Feuchter Wind trocknet die Pflanzen weniger aus; kann sie sogar (beispielsweise in Form von Tau) mit zusätzlicher Flüssigkeit versorgen. Dafür erhöht die höhere Luftfeuchtigkeit das Risiko für Pilzkrankheiten. Man kann also nicht sagen, dass für Pflanzen trockener oder feuchter Wind grundsätzlich besser sei; das hängt immer von der jeweiligen Situation und den Bedürfnissen der Pflanzen ab.

Bild 1: Viele Pflanzen sind nicht auf Insekten, sondern auf die Windbestäubung angewiesen.

Bei windbestäubenden Pflanzen sind die Blüten oft unscheinbar, da sie nicht Insekten anlocken müssen. Es wird auch kaum Nektar gebildet. Männliche und weibliche Blüten sind häufig eingeschlechtlich, das heißt, dass männliche und weibliche Blüten einzeln getrennt auf der Pflanze stehen. Windbestäuber produzieren eine große Menge Pollen, die als fliegende Wolken bei Windstößen oft sichtbar sind. Viele Baumarten wie Birken, Buchen, Edelkastanie und alle Nadelhölzer, aber auch Gräser und die Brennnessel sind Windbestäuber.

Bild 2: Der Löwenzahn ist ein bekanntes Beispiel für Pflanzen, die auf Wind bei der Samenverbreitung angewiesen sind.

Bild 3: Föhn fördert die Apfelblüte: Nur wenn die Luft warm ist – was beispielsweise bei Föhnlage der Fall ist – sind jene Insekten unterwegs, die die Apfelblüten bestäuben.

Aber auch Pflanzen, deren Bestäubung durch Insekten gewährleistet wird, sind indirekt auf Wind angewiesen, da die Insekten nur dann von Blüte zu Blüte unterwegs sind und ihrer Funktion als Bestäuber nachkommen können, wenn es warm genug ist. In unseren Breiten spielt da der warme Föhn im Frühjahr eine wesentliche Rolle.

Bild 4: Fruchtreife durch Föhn: Blässt er weder zu schwach noch zu stark, so hat er einen positiven Einfluss auf die Fruchtreife.

Im Herbst wiederum ist der Föhn von Bedeutung, da er die Fruchtreife fördert. Aber auch hier gilt, dass der Nutzen oder Schaden von Wind eine Sache des Maßes ist, denn zu viele warme (und trockene) Winde trocknen, wie weiter oben bereits erwähnt, den Boden und die Pflanzen aus, was letztere schwächt und sich negativ auf deren Fruchtreife auswirkt.

Bild 5: Sturmschäden

Besonders augenfällig ist der Einfluss von Wind auf Pflanzen bei Sturm. Der Druck, den der Wind auf die Pflanzen verursacht, kann diese schädigen, im Extremfall sogar abknicken. Je höher eine Pflanze wächst, desto stärker ist sie dem Winddruck ausgesetzt, was sich bei Bäumen, die im Wind schwanken, besonders gut beobachten lässt. Für Windschäden besonders anfällig sind Monokulturen; vor allem die bei uns häufig anzutreffenden Fichtenwald-Monokulturen. In Mischwäldern ist die Gefahr von Windschäden geringer, da sich die unterschiedlichen Baumformen nicht im selben Rhythmus miteinander bewegen und dadurch die Energie des Windes weniger synchron in eine Richtung geleitet wird. Dadurch vermindert sich die Wucht des Windes. Auch Waldränder sind interessanterweise besser gegen Windschäden geschützt als Bäume im Waldesinneren. Das liegt daran, dass sie kontinuierlich stärkeren Winden ausgesetzt sind als Bäume weiter im Inneren des Waldes. Aus diesem Grund ist ihr Wurzelwerk in der Regel besser verfestigt, was sie im Falle eines Sturmes besser gegen den Winddruck schützt.

Bild 6: Windwuchsformen entstehen bei Bäumen, die an einem Ort stehen, an dem der Wind (fast) immer aus derselben Richtung kommt.

An Bäumen sieht man oft Windwuchsformen. An ihnen erkennt man die Hauptwindrichtung. Sie können uns wertvolle Hinweise für die Gartengestaltung liefern.

2.2 Sogwirkungen

Je nachdem, in welchem Winkel der Wind auf ein Objekt – Hausmauer, Dach oder Pflanzen – auftritt, entwickelt er einen unterschiedlichen Druck auf dieses Objekt. Je nach Umständen kann dadurch auch eine Sogwirkung entstehen; beispielsweise dann, wenn der Wind auf ein Hausdach trifft, und in der Folge dahinter oder darunter ein Unterdruck entsteht. Ein Dach erhält dadurch, ähnlich wie der Flügel eines Vogels oder eines Flugzeuges, Auftrieb und kann, wenn es schlecht verankert ist, weggerissen werden. Naheliegenderweise kann das auch im Garten, beispielsweise bei Gewächshäusern, Folientunneln, Glasfenstern oder Frühbeetkästen geschehen und Schäden anrichten.

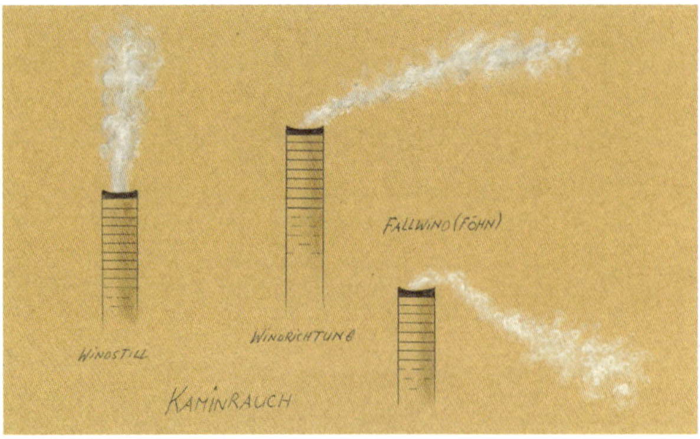

Bild 7: Sichtbare Windbewegungen zu beobachten sind nützlich, um sich ein Bild der Windeinflüsse im eigenen Garten zu machen.

Die Beobachtung der Windbewegungen und der Wirbel ist an verschiedenen Elementen im Garten und der Landschaft sichtbar, z.B. an Bäumen und Getreidefeldern, aber auch an den Niederschlägen, dem Herbstlaub oder der Wellenrichtung des Wassers im See und Fluss, oder an der Zugrichtung von Wolken und Rauchfahnen. Es lohnt sich, diese sichtbaren Windbewegungen zu beobachten, da sie wichtige Informationen zur sinnvollen Bepflanzung des Gartens geben können. Dabei sollte nicht nur die häufigste Windrichtung beobachtet werden, sondern auch, was die Luftmassen bei selteneren Wetterphänomenen machen. Bei Föhn etwa kann man oft beobachten, dass eine Windsäule zu Boden gedrückt wird. Wie aber verhält sich der Wind in Bodennähe; also dort, wo der Wind für die Pflanzen im Garten eine besonders große Rolle spielt? Gerade solche Beobachtungen sind besonders wertvoll.

2.3 Physikalische Windeigenschaften am Beispiel einer Hecke verstehen

Wichtig ist für uns, wie wir mit den lokalen Windverhältnissen in unseren Gärten umgehen. Dabei gilt es neben den oben beschriebenen einfachen Beobachtungen die dahinterliegenden physikalischen Gesetzmäßigkeiten zu kennen; diese manifestieren sich in kleinen Gärten genauso sehr wie in großen landwirtschaftlichen Kulturflächen.

Eine sehr dichte Hecke mag zwar ideal für viele Wildtiere sein, zur Bremsung des Windes ist sie aber weniger geeignet. Der Grund dafür ist, dass ein starker Wind das Hindernis «dichte Hecke» einfach über- und umfließt und dahinter als Fallwind mit ungebremster Geschwindigkeit wieder auf den Boden auftrifft. Je

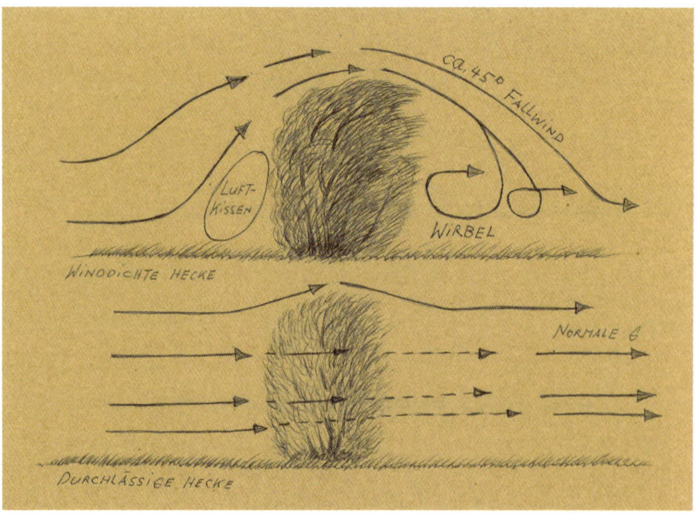

Bild 8: Die physikalischen Windeigenschaften lassen sich am Beispiel einer Hecke sehr gut illustrieren und verstehen.

nach Art des Windes entstehen dabei starke Wirbel, die eine große Sog- und Düsenwirkung erzeugen können. Man nennt diesen Effekt den negativen Mauereffekt. Abgesehen davon, dass Sog- und Düsenwirkungen die Pflanzen umknicken oder sonstwie schädigen können, trocknen sie auch den Boden stark aus. Ist es überdies kalt, verlieren die Pflanzen durch starken Wind zusätzlich an Wärme. Besser als eine dichte Hecke ist im Garten und Kulturland daher eine Wildhecke, die so geschnitten wird, dass der Wind diese zu ca. 50 % durchfließen kann. Dadurch wird der Wind vor dem Hindernis nicht abrupt gestoppt, sondern nur verlangsamt, und kann gleichmäßiger, mit weniger Wirbelbildung durchziehen resp. die Hecke um- und überfließen. Die Effekte des negativen Mauereffektes können damit stark reduziert werden.

Ebenso von großer praktischer Bedeutung ist die Höhe der Hecke: Je höher diese ist, desto länger ist die Distanz, die der Wind hinter ihr zurücklegen muss, bis er wieder jene Geschwindigkeit aufgenommen hat, die er vor dem Auftreffen auf die Hecke gehabt hat. Es ist daher sinnvoller, jene Pflanzen, die mit starken Winden besonders schlecht umgehen können, gleich hinter die Hecke in den Windschatten zu pflanzen und jene, die eine größere Toleranz gegenüber Wind aufweisen, dort hinzusetzen, wo der Wind wieder in Bodennähe gelangt.

Schließlich gilt es auch zu bedenken, dass man die «Bremswirkung» einer Wildhecke optimieren kann, wenn man nicht nur eine, sondern mehrere davon pflanzt; in diesem Falle schützt jede Hecke die nächste dahinterliegende und sorgt für verhältnismäßig windarme Zonen dazwischen. So kann man z. B. robustere Fruchtgehölze hinter einer Wildhecke pflanzen und hinter den darauffolgenden weiteren Hecken die empfindlichen Sorten anbauen, die dort noch stärker vor dem Wind geschützt werden.

Kurz zusammengefasst gilt es also, die folgenden Aspekte im Auge zu behalten: Hecken nicht zu dicht bauen; im Bewusstsein behalten, dass Hindernisse stets zu Wirbelbildungen mit erhöhten Windgeschwindigkeiten führen, dass die Höhe einer Hecke (oder eines anderen Hindernisses) ausschlaggebend für die Größe der dahinterliegenden Windschattenfläche ist, und dass geschicktes Kombinieren mehrerer Hindernisse die Windverhältnisse auch auf größeren Flächen positiv (oder, falls ungeschickt angelegt, negativ) beeinflussen kann.

2.4 Düsenwirkungen

Bezüglich der Durchlässigkeit und der Düsenwirkung ist Folgendes zu beachten: Hecken werden in der Regel in einer Reihe oder mehrzeilig gepflanzt. Beide Pflanzmethoden weisen Vor- und Nachteile auf. Mehrzeilige Reihen können zu dicht wachsen und dann den negativen Mauereffekt begünstigen. Bei einzeiligen Bepflanzungen, die unregelmäßig wachsen, entstehen hingegen oft Lücken, die je nach

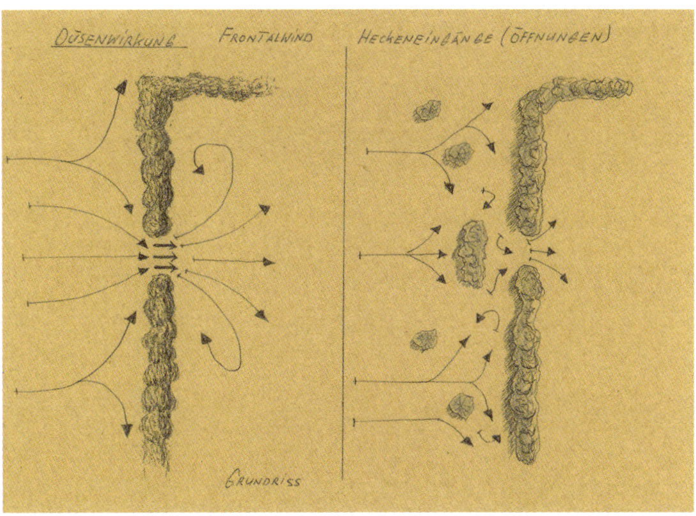

Bild 9: Öffnungen zwischen Hindernissen können eine Düsenwirkung erzeugen.

Einfallswinkel des Windes zu Düsenwirkungen führen können. Aufgrund dieser Erkenntnisse ist es vorteilhaft, die Hecken im Winterhalbjahr richtig zu schneiden. Ein kleiner Sommergehölzschnitt durch das Entfernen einzelner Äste kann ebenfalls sinnvoll sein.

Alle Öffnungen können eine Düsenwirkung erzeugen. Der Wind presst sich durch diese und wird dadurch beschleunigt. Die Situation ist vergleichbar mit der eines Flusses: Je breiter dieser ist, desto gemächlicher fließt dessen Wasser; zwingt aber z.B. eine Schlucht den Fluss in ein enges Bett, so beschleunigt sich das Wasser. Solche Düsenwirkungen können hinter einer Hecke die Kulturpflanzen schädigen. Zudem wird in einem Düsenkanal durch die erhöhte Windstärke die Transpiration (Verdunstung) der Pflanzen erhöht.

Wenn der Wind im rechten Winkel auf eine Hecke trifft, ist die Abbremsung am wirkungsvollsten, vorausgesetzt, die Hecke ist nicht zu dicht (negativer Mauereffekt!). Wenn vor einer Heckenöffnung, z.B. einem Eingang, ein vorgelagertes Hindernis steht, beispielsweise ein Strauch, wird die Düsenwirkung durch kleinere Verwirbelungen ebenfalls reduziert.

Wie sich Windeinflüsse in einer Landschaft auswirken, hängt aber auch noch von anderen Faktoren ab. Die vereinfachte Ansicht der obigen Skizze bezieht sich lediglich auf ein ebenes Gelände mit seinen physikalischen Gegebenheiten. In Hanglagen, in wellighügeligen Geländen, in Mulden und in Tälern können aufgrund der topografischen Situation ganz verschiedene Windrichtungen und Wirbel entstehen. Diese gilt es bei der Beurteilung der Windsituation im eigenen Garten ebenfalls zu berücksichtigen. Dazu kommt, dass die Reibungsfläche des Windes auf verschiedenen Strukturen Veränderungen erzeugt. Gras- und Ackerland, Gehölze, große Felsen, Häuser und andere Elemente bremsen oder beschleunigen beispielsweise den Wind. Darum ist es wichtig, die vorhandenen Strukturen bei verschiedenen Witterungsverhältnissen immer wieder zu beobachten.

Bild 10: Ein Windmesser kann bei der Analyse der Windsituation im eigenen Garten hilfreich sein.

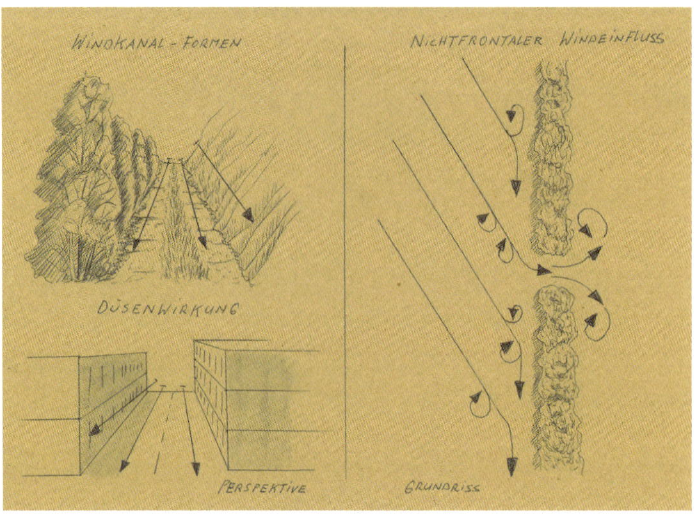

Bild 11: Verschiedene Typen von Windkanälen

Wer seine Gartensituation etwas genauer analysieren möchte, kann dies mit einem mobilen Windmesser tun. Dabei geht es weniger um die Windstärke alleine, sondern um die Unterschiede an bestimmten Messpunkten. Sinnvoll ist es beispielsweise vor einem Gehölzstreifen 2 bis 3 Messpunkte auszuwählen. An jedem Punkt misst man dann mit gestrecktem Arm auf ca. 2 Meter Höhe und auf etwa einem halben Meter über dem Boden die jeweilige Windstärke. Auf diese Weise lässt sich leicht die Differenz zwischen der Windgeschwindigkeit in der Höhe und in Bodennähe ermitteln. Der Schutz über dem Boden ist am wichtigsten, um ein gutes Mikroklima für die Pflanzen zu schaffen.

Böschungen, Wege, Baumreihen und Häuserschluchten erzeugen je nach Windrichtung ebenfalls eine Düsenwirkung. Wenn wir beispielsweise durch eine Stadt gehen, bemerken wir oft, dass in einigen Straßen der Wind stark bläst, während anderswo fast Windstille herrscht. Je spitzer der Winkel ist, in dem der Wind z. B. auf eine Öffnung in einer Hecke trifft, desto geringer ist deren Düsenwirkung. Dafür nimmt die Windstärke längs des Hindernisses zu, weil für den Wind in diesem Winkel auch eine durchlässige Hecke dicht wirkt. Dadurch können starke Wirbel entstehen.

Bild 12: Situation der Luftflüsse bei einer Heckenöffnung.

Auf Bild 12 sind zwei Einschnitte zu sehen, die je nach Windrichtung eine Düsenwirkung erzeugen können. Die Lücke auf der linken Seite ist größer und reicht bis zum Boden. Dies hat zur Folge, dass der Wind auch in Bodennähe stark ist. Die Lücke auf der rechten Seite ist hingegen weniger groß. Gerade bei Wildhecken sind solche Öffnungen nicht zu vermeiden. Sie stellen aber meist kein Problem dar, weil die Düsenwirkung hier nicht bis zum Boden reicht; der Wind fließt folglich über die Pflanzen hinweg.

Bild 13: Auch ein guter Windschutz: Streuobstwiesen.

Ein guter Windschutz sind auch Streuobstwiesen, d. h. verteilte Einzelbäume und Gebüschgruppen auf einer Wiese. Durch sie wird der Wind gebremst; er schlängelt sich in der Folge zwischen den Gehölzen durch, wird verwirbelt und dabei verlangsamt. Diese Bepflanzungsart ist großflächig und in kleineren Gärten gleichermaßen anwendbar.

Bild 14: Windeffekte bei dichten Formhecken.

Obwohl weiter oben in diesem Kapitel mehrfach vom negativen Mauereffekt im Zusammenhang mit undurchlässigen Hindernissen wie beispielsweise dichten Hecken die Rede war, können solche gerade bei kleinen Gärten aber durchaus auch nützlich sein. Voraussetzung dafür ist aber, dass der Garten wirklich klein ist, sodass der Wind erst hinter dem Garten wieder auf den Boden trifft. Zu beachten ist dabei allerdings, dass angrenzende Hausmauern und andere Hindernisse je nach Einfallswinkel des Windes ebenfalls starke Wirbel verursachen, die sich gegebenenfalls im Garten manifestieren. Auch hier ist eine genaue Beobachtung der topografischen Situation daher sehr wichtig.

Bild 15: Im Süden Europas oft als Windschutz anzutreffen: gelöcherte Mauern.

Während es offensichtlich ist, dass die gelöcherte Mauer auf dem Bild einen positiven Mauereffekt in dieser Ananasplantage erzeugt, ist es nicht so einfach zu sehen, weshalb auch die bei uns üblichen windundurchlässigen Mauern vor Wind schützen und ein gutes Mikroklima bieten können. Das liegt daran, dass bei uns die meisten Mauern in Siedlungen, um Kirchen und um Klöster sowie andere Bauten zu finden sind. Sie schaffen in ihrer Gesamtheit eine Situation, die der Wind immer wieder auf andere Weise umgehen muss. Er wird dadurch abgebremst und verwirbelt. Die zahlreich unterschiedlich ausgerichteten Mauern bewirken in ihrer Gesamtheit also dasselbe wie die kleinen Löcher in der Mauer der Ananasplantage auf dem Bild. Anders als bei den gelöcherten Mauern kann es in Siedlungen und um Gehöfte aber zu Düsenwirkungen kommen. Daher lohnt es sich auch hier, die Windsituation genau zu analysieren und mit Hindernissen, wie z. B. durchlässigen Hecken, Düsen zu entschärfen.

Bild 16: Schutz durch Streifenbepflanzung.

STREIFENBEPFLANZUNG

Eine gute Möglichkeit, sich vor unerwünschtem Wind zu schützen, sind auch Streifenbepflanzungen. Geeignet sind beispielsweise die folgenden ein- und mehrjährigen Pflanzen:

Mais *(Zea mays)*
Mohrenhirse *(Sorghum bicolor)* (auch andere Hirse-Arten sind gut geeignet)
Sonnenblume *(Helianthus annuus)*
Topinambur *(Helianthus tuberosus)*
Stangenbohnen *(Phaseolus vulgaris)* mit fester Stütze
Hochstauden, z. B. Eibisch *(Althaea officinalis)* und Rosenmalve *(Malva alcea* und andere Arten)
Brombeere *(Rubus fruticosus)*, Himbeere *(Rubus idaeus)* und Japanische Weinbeere *(Rubus phoenicolasius)* an Gestellen
Kletterpflanzen an Zäunen, z. B. Hopfen *(Humulus lupulus)*, Efeu *(Hedera helix)*, Geißblatt *(Lonicera*, verschiedene Arten).

Hinweis: Vor allem einjährige Kulturen sollten nicht überdüngt werden. Durch starke Düngung bleiben ihre Stängel und Äste weicher, wodurch sie von starken Winden leichter geschädigt werden.

Bild 17: Abgestorbenes Pflanzenmaterial kann ebenfalls als Windschutz verwendet werden.

Alle biegsamen, geraden Zweige aus dem Winter-Gehölzschnitt lassen sich auch in Flechtzäune einbauen. Besonders geeignet sind dazu z. B. Weiden und Hasel. Des Weiteren lässt sich auch das meiste unbiegsame Schnittgut für den Windschutz verwenden. Vor allem gerade Äste und Holzstangen können zu Zäunen verarbeitet werden. Im Süden Europas verwendet man gerne auch abgestorbene Palmwedel. Der Vorteil dabei ist, dass es umweltfreundlicher ist, jenes Material zu verwenden, welches ohnehin im eigenen Garten anfällt, anstatt Material von anderswo einzukaufen. Nichtsdestotrotz kann auch Material aus dem Baumarkt nützlich sein, wo zahlreiche Produkte für den Wind- und Sichtschutz verkauft werden. Allerdings bestehen viele dieser Materialien aus Kunststoff oder aus chemisch behandeltem Holz. Hier muss jeder selbst entscheiden, wie umweltfreundlich sein Garten sein soll. Alternativ eignen sich auch Schilf -und Strohmatten. Witterungsbeständiges heimisches Holz wie Lärche, Eiche, Douglasie sind aufgrund ihrer Langlebigkeit von Vorteil.

Bilder 18 und 19: Auch Gartenzäune und Schutznetze können für den Windschutz eingesetzt werden.

Auch Gartenzäune und Schutznetze können als «Nebenfunktion» dem Windschutz dienen. Auf dem Bild oben bewerkstelligt beispielsweise der durchlässige Gartenzaun einen optimalen Winddurchfluss. Die Bepflanzung am Zaun hilft zusätzlich, im Inneren des Gartens den Wind abzuschwächen.

Anstelle von Hecken werden an windexponierten Lagen wie Hügelkuppen gerne auch Windschutznetze montiert. Je nach Windrichtung ist es sinnvoll, in gewissen Abständen mehrere solche Netze hintereinander aufzustellen. Allerdings sind Wildhecken aus ökologischer und landschaftsästhetischer Sicht zu bevorzugen. Gerade in neu angelegten Gärten, in denen die Gehölze noch klein sind, können Schutznetze als vorübergehende Zwischenlösung aber nützlich sein.

Niedere Mauern, hohes Gras, Getreideflächen und andere Umgebungsstrukturen sind Reibungsflächen für den Wind. Durch sie wird er in Bodennähe stark abgeschwächt. Dadurch erhalten Pflanzflächen schützende Strukturen, die oft natürlicherweise bereits vorhanden sind. Dieselbe Funktion können kleine Erdhügel und Asthaufen auf kurze Distanz bewirken. Solche Anwendungen sind sehr effizient. Zudem sind

Bilder 20 und 21: Natürliche bodennahe Strukturen, aber auch Asthaufen und kleine Hügel bieten einen guten Windschutz.

sie nicht aufwendig und das dazu benötigte Material kann aus dem eigenen Garten verwendet werden. Sie eignen sich vor allem für neu gepflanzte Gehölze und für junge Blattpflanzen, die durch ihr schnelleres Wachstum noch relativ weich und in der Folge besonders anfällig für Verletzungen sind.

Bild 22: Eine kreative Lösung bei Windschutz: Verwendung von Aushubmaterial.

Beim Bau von Häusern und Straßen fällt gewöhnlich viel Aushubmaterial an. Wenn es die Platzverhältnisse zulassen, kann es sinnvoll sein, den Aushub kreativ zu nutzen. Zwischen Straßen und Wohnhäusern kann das beispielsweise die Erstellung eines bepflanzten Erdwalls sein. Der dabei entstehende Mauereffekt wird durch die Gehölze neutralisiert.

2.5 Wind und Niederschlag

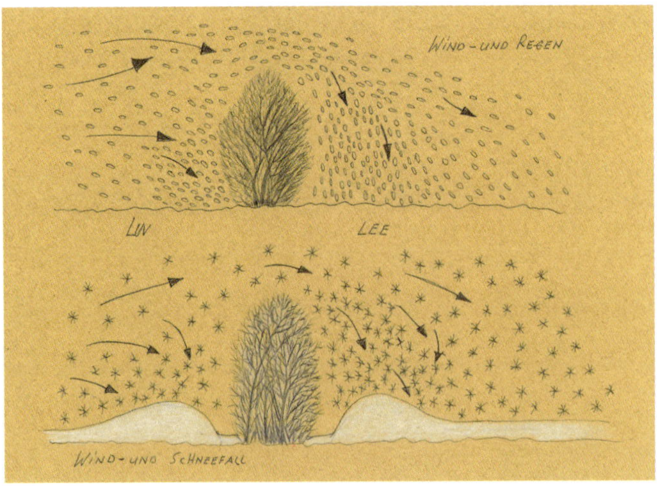

Bild 23: Wind verursacht eine unterschiedliche Niederschlagsverteilung auf den verschiedenen Elementen der Landschaft.

Wind verursacht im Gelände bei verschiedenen Elementen wie Hecken, Bäumen, Gebäuden, Felsen, Mulden und Kuppen eine unterschiedliche Niederschlagsverteilung. Sie ist dort, wo der Wind abgebremst wird, größer als dort, wo der Wind ein höheres Tempo aufweist. Vor allem in trockenen Gebieten kann man sich diesen Effekt zunutze machen, indem man Pflanzen, die mehr Wasser benötigen, direkt hinter ein Windhindernis pflanzt.

Besonders gut sieht man die unterschiedliche Niederschlagsverteilung rund um Hindernisse bei Schneefall: Rund um Gehölze und freistehende Häuser bilden sich dann Schneewechten, während offene Flächen weniger Schnee aufweisen. Dort, wo sich mehr Schnee ablagert, profitieren die Pflanzen von mehr Wasser. Allerdings hat die unterschiedliche Niederschlagsverteilung auch seine Schattenseite, da an kälteren Standorten der Schnee im Frühjahr später schmilzt, sich dadurch der Boden später erwärmt und in der Folge die Vegetationszeit verkürzt. Pflanzen, die auf eine relativ lange Vegetationsperiode angewiesen sind, sollten daher nicht an die entsprechenden Stellen im Garten gepflanzt werden.

Bild 24: Hagel- und Sturmschutz.

Durch windabbremsende Elemente wie Hecken, Gebäude, Mauern und Kuppen lassen sich Sturm- und Hagelschäden stark reduzieren. Die potenziellen Schäden hängen primär von der Größe der Hagelkörner und der Windstärke ab. Hagelkörner verursachen dann am wenigsten Schäden, wenn sie in den Windschatten fallen. Wenn wir die örtlichen Eigenschaften kennen, ist es möglich, durch geeignete Maßnahmen in der Gartengestaltung die Schäden zu reduzieren. Eine Baumhecke beispielsweise schützt das Getreidefeld und ein kleiner Strauch die dahinterliegenden Gartenpflanzen. Auch Netze und Gartenzäune wirken auf eine gewisse Distanz gut. Windgeschützte Muldenlagen oder ein Senkgarten sind hier vorteilhafter, weil auch hier das Hagelkorn in den Windschatten fällt.

Einjährige Sommerblumen und Blattgemüse reagieren besonders empfindlich auf extreme Witterungseinflüsse wie beispielsweise Hagelereignisse. Beim rechts abgebildeten Blumenbeet waren im Vergleich zu anderen Rabatten die Hagelschäden geringer, da die Gehölzbepflanzung auf der Wind-Wetterseite angelegt wurde. Ein Gehölzmantel, wie hier bei dieser Blumenrabatte, kann aber natürlich nur für eine sehr kleine Fläche Schutz bieten. Auf größeren Flächen kann aber mit der Bepflanzung von Büschen und Bäumen ein ähnlicher Effekt erzielt werden.

Bild 25: Hagelschutz: Blumenrabatte mit einem Gehölzmantel.

2.6 Prävention von Sturm- und Hagelschäden durch die Pflanzung von Bäumen und Gehölzen

Bild 26: Sturmsichere Bäume

Zwar muss man sich bewusst sein, dass es keine absolut sturmsicheren Bäume gibt. Je nach Bodenbeschaffenheit, dem lokalen Klima und der Artenwahl am Standort lässt sich aber mit der richtigen Wahl der Bäume die Gefahr von Sturm- und Hagelschäden deutlich verringern. Auf flachgründigen Böden mit felsigem Untergrund pflanzt man besser Flachwurzler; auf tiefgründigen Böden hingegen Tiefwurzler. Allgemein sind Tiefwurzler gegen Sturm besser geschützt als Flachwurzler, die oft mit dem ganzen Wurzelschirm umstürzen. Um geeignete Arten zu finden, schaut man sich am besten in der Umgebung um, was, wie und wo naturgemäß wächst.

Trockene Böden können bei einer geeigneter Pflanzenwahl nützlich sein, weil sie die Bäume zwingen, aufgrund des Wassermangels ein größeres Wurzelgeflecht auszubilden. Bei trockenen Böden wachsen die Bäume meist auch etwas langsamer, was das Holz widerstandsfähiger macht. In tiefgründigen feuchteren Böden sind auch Tiefwurzler geeignet, falls der Grundwasserspiegel nicht zu hoch steht.

STURM- UND HAGELSCHUTZ DURCH BÄUME: GEEIGNETE ARTEN (AUSWAHL)

Großbäume
Bergahorn *(Acer pseudoplatanus)*
Gemeine Esche *(Fraxinus exelsior)*
Walnuss *(Juglans regia)*
Graupappel *(Populus x canescens)*
Säulenpappel *(Populus nigra)*, Sorte 'Italica'
Stieleiche *(Quercus robur)* (stärker blitzgefährdet)
Platane *(Platanus acerifolia)*
Robinie, Falsche Akazie *(Robinia pseudoacacia)* (invasive Art, daher nur bedingt zu empfehlen)
Winterlinde *(Tilia cordata)*
Sommerlinde *(Tilia platyphyllos)*
Bergulme *(Ulmus montana)*

Kleinbäume (besonders gut geeignet bei geringen Platzverhältnissen)
Baumhasel *(Corylus colurna)*
Hainbuche *(Carpinus betulus)*
Feldahorn *(Acer campestre)*
In ländlichen Regionen werden oft auch Hochstamm-Sorten von Obstbäumen wie Kirsche *(Prunus avium)*, Apfel *(Malus domestica)*, Birne (*Pyrus communis*) und Vogelbeere (*Sorbus aucuparia*) an Zugangswegen zu Landhäusern verwendet. Im richtigen Abstand gepflanzt, bieten sie einen guten Windschutz sowie einen interessanten Fruchtertrag.

Hinweis: Baumschulen bieten ein großes Angebot von Züchtungen an, die kleinwüchsiger sind und engen Platzverhältnissen gut gerecht werden.

In Gefahrenzonen sollte man unbedingt eine periodische Baumkontrolle durchführen und dabei dürre Äste entfernen oder einen Entlastungsschnitt bei kopflastigen Ästen durchführen, um größere Schäden zu vermeiden. Die meisten Bäume kann man ganzjährig schneiden. Der Sommerschnitt ist gegenüber dem Winterschnitt vorteilhaft, da man Totholz besser sieht und die Wunden an den Bäumen während der Vegetationszeit schneller verheilen. Bei Bäumen in der Nähe von Gebäuden oder anderen Infrastrukturen kann es Sinn machen, eine Kronensicherung anzubringen. Baumpfleger montieren dazu in der Baumkrone Drahtseile, indem sie Hauptleitäste miteinander verbinden. Die Seile dürfen nicht zu straff angezogen sein, sodass eine gewisse Beweglichkeit der großen Hauptäste gewährleistet ist. Bei der Anbringung am Stamm ist eine gute Polsterung wichtig, um die Rinde nicht zu verletzen. Da der Baumschnitt und die Kronensicherung viel Fachwissen voraussetzt, ist es sinnvoll, hier Fachpersonen zu Rate zu ziehen.

STURM- UND HAGELSCHUTZ DURCH GEHÖLZE: GEEIGNETE ARTEN (AUSWAHL)

Schnittverträgliche Gehölze

Verwendet werden meist exotische Koniferen.

Lebensbaum (*Thuja occidentalis*, verschiedene Sorten). Auf nicht zu trockenen Standorten geeignet.

Leylands Zypresse *(Cupressocyparis leylandii)*. Trockenheitsverträglich.

Kirschloorbeer *(Prunus laurocerasus)*. Besser nicht mehr verwenden, da sehr invasiv!

Sauerdorn *(Berberis thunbergii)*. Dornig, dadurch nicht immer erwünscht. Trockenheitsverträglich.

Alternative heimische Gehölze

Buchs *(Buxus sempervirens)*. Langsam wachsend. Wird allerdings oft vom Buchsbaumzünsler befallen.

Eibe *(Taxus baccata)*. Sehr giftig. Dunkles Grün womöglich nicht erwünscht.

Rottanne, Fichte *(Picea abies)*. Für kühlere Gegenden (z. B. Voralpen) sehr geeignet.

Liguster *(Ligustrum vulgaris)*. Es gibt Sorten, die teilweise halbwintergrün bleiben.

Laubgehölze

Bei einigen Laubgehölzen werden die abgestorbenen Blätter des Vorjahres erst im neuen Frühjahresaustrieb abgestoßen. Dadurch haben sie eine ähnliche Windschutzwirkung wie die immergrünen Gehölze. Ein braunes Laubkleid kann im Winter den Garten auch ästhetisch bereichern.

Hainbuche *(Carpinus betulus)*. Anspruchslos; lässt sich formenreich schneiden.

Rotbuche *(Fagus sylvatica)*. Auf humosem, durchlässigem Boden geeignet.

Laubabwerfende Gehölze

Sie können sich eignen, wenn die Hecke etwas breiter gepflanzt wird und ein dichtes, verästeltes Holztriebwachstum aufweisen soll. Häufiger Schnitt fördert diesen; er sollte allerdings nicht an heißen Sommertagen erfolgen, weil die Pflanze sonst einen Sonnenbrand erleiden kann (das gilt für alle Formgehölze).

Kornelkirsche *(Cornus mas)*. Nach Anwachsphase recht trockenheitsverträglich.

Weißdorn *(Crataegus laevigata)*. Erträgt Trockenheit. Schützt auch vor Tieren.

Feldahorn *(Acer campestre)*. Erträgt Trockenheit.

2.7 Einige weitere wichtige Windeinflüsse

Wind hat neben den oben erwähnten Einflüssen weitere Aspekte, die es im Garten zu beachten gilt. Diese sind vielfältig und unterscheiden sich stark voneinander. Der Vollständigkeit halber sei hier kurz auf sie eingegangen. Einige dieser Phänomene werden in anderen Kapiteln noch ausführlicher erläutert.

Wind ist für viele Pflanzen bei der Bestäubung wichtig (vgl. weiter oben in diesem Kapitel). Im Garten ist dieser Effekt aber nicht immer erwünscht; beispielsweise bei den zahlreichen Beikräutern, die sich sehr schnell vermehren, und die Gärtner und Gärtnerinnen lieber nicht allzu zahlreich im eigenen Garten haben möchten. Hecken kommt dabei eine wichtige Rolle zu, weil ein beträchtlicher Teil dieser Samen in deren Ästen hängen bleibt und damit aus der Luft «gefiltert» wird.

Bild 27: Diese Efeuwand ist ein guter Staubfilter.

Eine andere Filterfunktion können gewisse Pflanzen auch gegen Staub ausüben; so z.B. Efeuwände oder Hecken, die den eigenen Garten in trockenen Sommern gegen aufgewirbeltes Erdreich schützen.

Bild 28: Nackte, offene Böden vermeiden.

Gegen Staub hilft aber auch, darauf zu achten, dass die Böden im eigenen Garten möglichst niemals unbepflanzt brachliegen, denn dann kann Wind trockenes Erdreich besonders leicht aufwirbeln. Das führt nicht nur zu einer Menge Staub in der Luft, sondern erhöht auch das Erosionsrisiko und damit den Abtransport des Humus aus dem Garten. Durch Zwischensaaten, Gründüngung, Mulch oder Spontanvegetation kann der Boden vor Wind und auch Auswaschung bei Niederschlägen geschützt werden.

3 Luftwechselströmungen

In diesem Kapitel geht es um die schwachen Luftzirkulationen, die vor Ort im eigenen Garten und der nahen, lokalen Umgebung entstehen. Je nach Exposition, Bodenbeschaffenheit und der Vegetation verändern sich Thermik, Kaltluft und Luftbewegungen im Verlaufe der Jahres- und der Tageszeit.

Obwohl im Flachland warme Luft auch abstrahlt, entsteht die eigentliche Thermik nur, wenn schwache Luftströmungen sich an Geländekanten brechen und als warme Luftblasen aufsteigen.

Bild 1: Thermische Gartenstandorte auswählen.

3.1 Thermische Eigenschaften

Die Thermikintensität wird durch verschiedene Faktoren beeinflusst. Ein zur Sonne gerichteter Hang erwärmt sich schneller, wodurch die Thermik stärker ist als an einem Hang, an dem sich die Luft langsamer erwärmt. Das bedeutet, dass, je größer die Temperaturschwankung an einem Ort ist, desto stärker dort auch die Thermik ist. Darum eignen sich für den Pflanzenbau leichte Neigungen und Böschungen im Garten besonders gut, wenn diese eine sonnige Exposition aufweisen: Durch die Sonneneinstrahlung am Vormittag wird zuerst der Boden aufgewärmt. Sobald der Boden dann eine gewisse Temperatursättigung erreicht hat, fließt die überschüssige warme Luft bergwärts auf (warme Luft steigt stets auf, kalte senkt sich ab). Wann genau die Thermik richtig in Gang kommt, hängt von der Beschaffenheit des Bodens resp. dessen Bepflanzung ab: Feuchte Böden und Vegetation mit viel Blattmasse enthalten mehr Wasser und können dadurch mehr Wärme aufnehmen. Hier setzt die Thermik daher später ein als auf trockenen Böden mit weniger Bepflanzung; letztere erwärmen sich schneller und die Thermik setzt früher ein.

Bild 1 zeigt eine vielfältig strukturierte Gartenlandschaft, die in eine Senke an einem Hang eingebettet ist. Das Gelände ist aufgrund dieser natürlichen Gegebenheiten besser vor Wind geschützt als dessen Umgebung; die Thermik kann hier entsprechend sehr gut funktionieren: In der Senke wärmt sich die Luft auf, ohne stets gleich vom Wind weggetragen zu werden. Die warme Luft steigt dann aus der Senke aus und zieht kühlere Luft nach. Die Folge ist ein permanenter leichter Luftzug, der durch die Thermik ausgelöst ist. Gerade Wärme liebende Arten profitieren von der Thermik. Es lohnt sich also bei der Gartenplanung, die Thermik im Auge zu behalten und an den besonders davon begünstigten Stellen die Wärme liebenden Kulturen anzupflanzen.

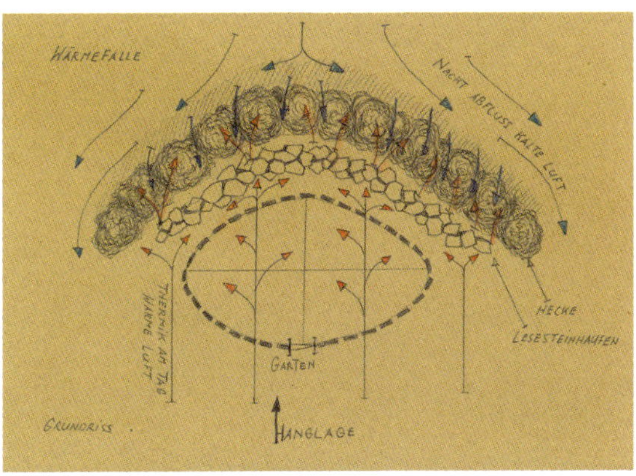

Bild 2: Unterhalb einer Wärmefalle darf die Thermik nicht durch horizontale Strukturen wie Hecken, Mauern, Gebäude usw. behindert werden.

Überall dort, wo warme Luftströmungen gestaut oder im Auftrieb verlangsamt werden, erhöht sich die Temperatur. Dichte Hecken, Mauern, Hauswände und Geländekanten, die horizontal in einer Hanglage stehen, verlangsamen den Wärmeauftrieb. Mauern oder Steinschichtungen nehmen tagsüber viel Wärme auf, die in der Nacht langsam an die Umgebung abgestrahlt wird. Dadurch kühlt derart begünstigtes Terrain weniger schnell aus. Bei der Gartenplanung lohnt es sich also, solche «Wärmefallen» zu berücksichtigen resp. sie durch eine geeignete Bepflanzung zu fördern. Wärmefallen, die wir mit der Thermik unterstützen können, bringen in kälteren Regionen den größten Nutzen. In wärmeren Gegenden ist die Wirkung hingegen vor allem im Frühjahr und Herbst erwünscht, um die Vegetationszeit zu verlängern. (siehe Kapitel Temperaturgeschehen).

Bild 3: Fallbeispiel: Thermik im Kräutergarten.

Der Eingangsbereich des Kräutergartens in Bild 3 ist offen, sodass die warme Luft leicht einströmen kann. Auf den Seiten und hinten wachsen hingegen rankende Beeren am Zaun entlang; sie halten die Wärme zurück. Oberhalb des Gartens steht zudem eine horizontale Hecke quer zum Hang, die den Wärmeauftrieb zusätzlich verlangsamt. Die Folge ist eine «Wärmefalle» im Kräutergarten, von der vor allem die vielen mediterranen Kräuter profitieren. Um auch die Thermik unterhalb des Gartens nicht zu beeinträchtigen, sind dort vertikale Fruchthecken gepflanzt, die vertikal zur Hangrichtung ausgerichtet sind. Diese Bepflanzung hilft, den Luftzustrom in den Kräutergarten nicht zu behindern.

3.2 Kaltluftabflüsse

Da bei Sonnenuntergang die wärmende Wirkung der Sonneneinstrahlung aufhört, schläft dann auch die Thermik ein. In der darauffolgenden Nacht strahlt nun der Boden die über den Tag gespeicherte Wärme in die Umgebung ab. Gleichzeitig beginnt bald nach Sonnenuntergang die kühlere schwerere Bergluft talwärts abzufließen. Das erklärt, weshalb es in der Nacht gegen den Sonnenaufgang hin am kältesten ist. Das Nachströmen von kalter Luft hört erst dann auf, wenn der Boden sich durch die Sonneneinstrahlung des nächsten Morgens wieder soweit erwärmt hat, dass die Thermik von Neuem beginnt. An Schattenhängen und Gräben, wo kaum Thermik entsteht, kann man oft den ganzen Tag über die kühle Luft fühlen, die talwärts fließt. Da kalte Luft stets abwärts fließt, sammelt sie sich immer an der tiefsten Stelle an. Dort bilden sich in der Folge Kälteseen. Man findet sie typischerweise in Talgründen sowie

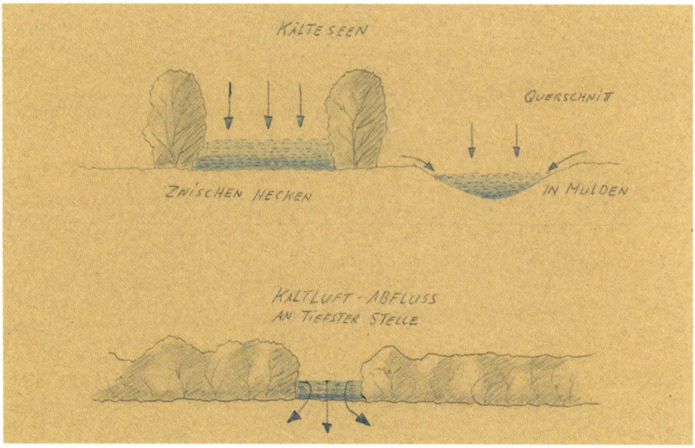

Bild 4: Schematische Darstellung von Kälteseen.

Bild 5: Heckenöffnungen für den Kaltluftabfluss nutzen.

– vor allem im Flachland – auch zwischen Gebäuden, Hecken, Mulden und anderen Vertiefungen. Für den Gärtner sind die Kaltluftabflüsse besonders im Frühjahr zu beachten, um junge Pflanzen vor Spätfrösten zu schützen.

Den eigenen Garten vor unerwünschten Kälteseen zu schützen, gelingt am einfachsten, wenn eine Möglichkeit besteht, der kalten Luft an der tiefsten Stelle des Gartens einen Abfluss zu schaffen. Gerade bei Gärten in Siedlungen ist dies aber oft nicht umsetzbar, weil

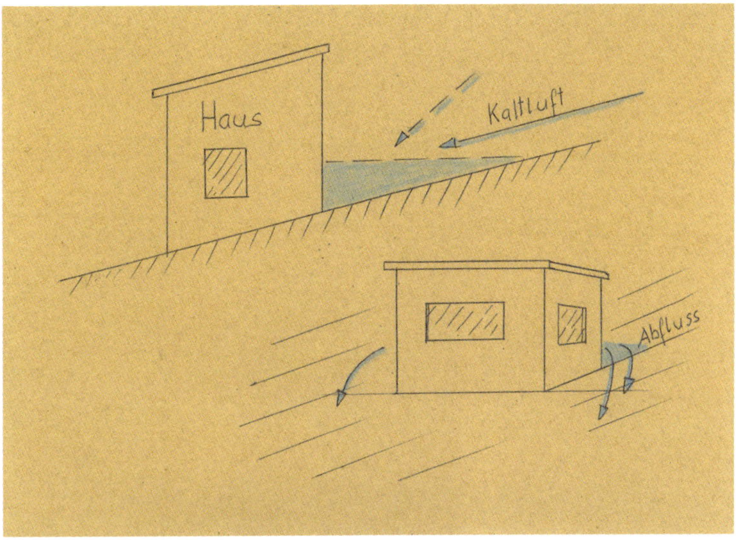

Bild 6: Schematische Darstellung des Verhaltens von Kaltluft am Hang.

Bild 7: Kaltluft am Feldweg – leicht am Reif zu erkennen. Die sich etwas weiter oben im Gelände befindende Böschung ist hingegen nicht betroffen.

die entsprechenden Stellen von Mauern und Gebäuden versperrt sind. Lässt sich die kalte Luft also nicht aus dem Garten abziehen, so muss man sich mit gärtnerischen Maßnahmen helfen. Eine gute Idee ist es, solche Gartenbereiche mit frostharten Gewächsen zu bepflanzen, denen die Kälte nichts ausmacht.

Bei freistehenden Mauern, Häusern und dichten Hecken, die sich an einem Hang befinden, entstehen auf deren Rückseite ebenfalls gerne Kälteseen. Ist dieser seitwärts neben dem Hindernis nicht begrenzt, so kann ein Teil der Kaltluft dort abfließen. Bei längeren Hecken und Mauern kann man einen solchen Abfluss schaffen, in dem man dazwischen Öffnungen einbaut. Zu beachten ist, dass die Luft auch in diesen Abflüssen kalt ist, da sie sich erst nach einigen Metern mit der wärmeren Umgebungsluft mischt; entsprechend sollten auch dort keine kälteempfindlichen Arten gepflanzt werden.

Fallbeispiele

Das Verhalten der thermischen Luftströmungen kann man sich im Garten zunutze machen, wie die folgenden beiden Beispiele zeigen:

Bild 8: Die Thermik berücksichtigt: Leicht erhöhte Lagen für den Obstanbau. Der Bauer hat sich die thermische Beschaffenheit seines Geländes zunutze gemacht: Die kälteempfindlichen Obstbäume sind in den Hang gesetzt worden, an dem es keine Kaltluftseen geben kann.

Bild 9: Auch hier wurde die Thermik bei der Anlage der Felder berücksichtigt. Zwar liegen diese Kräuterfelder naturgemäß bodennah, also dort, wo die Luft gerne kälter ist als einige Meter weiter in der Höhe, sie sind jedoch gleich unterhalb eines Waldes angepflanzt worden. Fließt des Nachts die kalte Luft durch den Wald, so erwärmt sie sich leicht, bevor sie beim Erreichen der Kräuterfelder aufs offene Ackerland fließt. Die Kräuterfelder sind daher gut vor der Kaltluft geschützt.

3.3 Luftwechsel als Ventilationseffekt

Nebst der Thermik und Kaltluftabflüssen spielen die Ventilationseffekte eine wichtige Rolle. Sonnige und schattige Bereiche und der nächtliche Wärmeverlust erzeugen immer einen Luftwechsel durch den Druckausgleich (siehe auch Kapitel «Windeinflüsse»). Dieser Prozess findet dauernd statt, auch bei Windstille. Obwohl der Luftaustausch zwischen Pflanzen, Mauern und Gebäuden oft kaum wahrnehmbar ist, ist er für die Pflanzengesundheit besonders wichtig: Die Durchlüftung mit frischem Sauerstoff vermindert Pilzkrankheiten und Schädlingsbefall. In Gewächshäusern, Folientunneln und Wintergärten ist es besonders wichtig, auf eine gute Frischluftzufuhr zu achten, weil die natürlichen Luftaustauschprozesse durch die Schutzvorrichtungen gestört und behindert werden. Im Freien gilt es hingegen hinreichend große Pflanzabstände einzuplanen, damit keine stickige Luft zwischen den Gewächsen stehen bleibt und die Luftzirkulation behindert.

Bild 10: Sichtbarkeit von Luftströmungen im Winter.

Bei der Entstehung von Raureif wird sichtbar, aus welcher Richtung die Luftströmungen und der Wind kommen: Eisnadeln wachsen immer der Luftzufuhr entgegen. An den Eiskristallen erkennt man daher, dass sich die Luftströmungen im Verlaufe von Stunden auch in ihrer Richtung stetig verändern. Auch an der Umströmung um die Zweige sieht man kleine Richtungsunterschiede an den Eisnadeln.

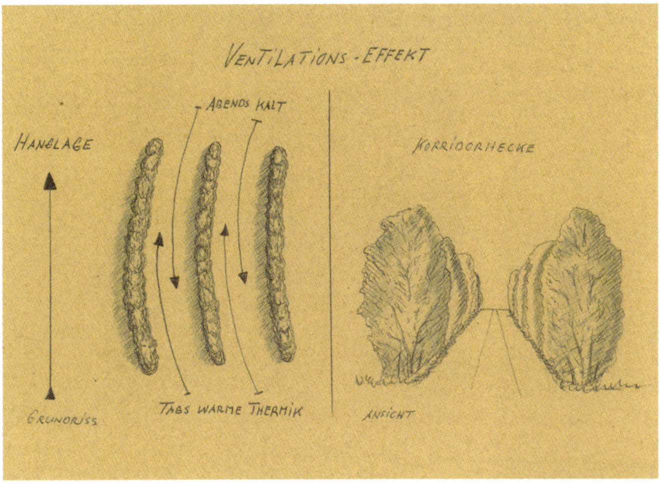

Bild 11: Ventilationseffekt: Alle Öffnungen und Durchgänge erzeugen eine erhöhte Luftzirkulation

Vertikale Fruchthecken in Hanglagen werden von der Thermik beeinflusst, Durchgänge im flachen Gelände hingegen meist nur von den Luftströmungen. Wenn die Hauptwindrichtung von der Seite kommt, bilden diese ein zusätzliches Windschutzsystem (s. Kapitel Windeinflüsse).

Bild 12: Ein strukturreiches Bergdorf.

Hauswände in jeder Exposition, mit Bäumen und Sträuchern, Gärten, Wiesen und Mauern bieten viele Zwischenräume mit kleineren und größeren Durchgängen für die Luftströmungen. So entstehen meist unbeabsichtigt viele Kleinklimazonen, die sich schon bei einigen Metern Abstand verändern. Dies schafft die Möglichkeit, eine größere Artenvielfalt anzusiedeln sowie auf wenig Raum kältetolerante Arten neben Wärme liebende Arten zu setzen. Hier lohnt es sich durch genaue Beobachtung gut zu überlegen, welche Pflanzen an einer Stelle im Garten am besten gedeihen.

Bild: 13: Fließgewässer kühlen die Umgebung.

Wenn man Bäche durchquert oder an Flüssen entlang geht, fühlt man sofort, dass es in ihrer Nähe immer etwas kühler ist. Die Fließgewässer kühlen ihre Umgebung ab, sowohl in Schatten- als auch in Sonnenbereichen. Je bewegter das Wasser, desto mehr Kälte wird an die nähere Umgebung abgegeben. Dies ist zum Beispiel unterhalb von Flussschwellen und Wasserfällen spürbar, wo stets ein kühler Luftzug herrscht. Voraussetzung dafür ist allerdings, dass das Wasser kälter ist als die Lufttemperatur. Das erklärt auch, weshalb man die Abkühlung bei Sommerhitze am stärksten spürt, denn dann ist der Temperaturunterschied zwischen Wasser und Luft am größten. Im Winter ist das Wasser hingegen meist wärmer als die Lufttemperatur, aber der Temperaturunterschied ist in der Regel weniger groß als im Sommer. Dadurch ist der Effekt kaum spürbar und der Nutzen für den Garten gering.

Fallbeispiele

Bild 14: Stadtbäume werden immer wichtiger. Zwischen den wärmeren sonnigen und den kühleren Schattenbereichen entsteht immer eine stärkere Luftumwälzung, da Wärme und Kälte einen Ausgleich suchen. Darum werden in Städten Bäume und andere Begrünungen zur Temperatursenkung im Sommer immer wichtiger.

Bild 15: Traubenpergola schützt vor Hitze und Luftfeuchtigkeit. Trauben, die an einer Pergola gezogen werden, sind weniger krankheitsanfällig als bodennah wachsende, da darunter ein guter Durchzug gewährleistet ist. Diese Trauben ertragen Sommerhitze besser, zudem trocknet die Feuchtigkeit auf ihren Blättern schneller ab, was Pilzkrankheiten verhindert.

Bild 16: Ventilationswirkung für heiße Tage. Bei Wegen und Durchgängen entsteht immer ein natürlicher Durchzug. Auch bei Windstille spürt man dort eine leichte Luftströmung. Im Garten werden solche Luftströmungen vor allem im Winter zu einem Thema, weil bei Kälte die Pflanzen an diesen Stellen Schaden nehmen können; insbesondere dann, wenn der Korridor der Luftströmung derselbe ist wie jener des kalten Nordwinds.

Bild 17: Fallbeispiel Sitzplatz im Weidenhaus. Ein Weidenhaus mit einem lichten Schatten empfinden die meisten Menschen als angenehm. Wenn die Zweige und Blätter nicht zu dicht wachsen, entsteht unter ihnen eine gute Luftzirkulation.

Bild 18: Kombination von Obst- und Gemüseanbau. Gemüsestreifen zwischen einer lockeren Obstplantage sind typisch für die Anbaumethoden der Permakultur. Blattgemüse wie Salate, Rettich, Spinat und Kohlgewächse mögen die Sommerhitze nicht. Durch die Blattmasse der sie umgebenden Bäume und der zusätzlichen Bodenbegrünung bleibt es bei Salat, Rettich und Kohl daher kühler. Des Weiteren entsteht zwischen und unter den Gehölzen eine Luftzirkulation, die die Kühlung zusätzlich begünstigt. Voraussetzung ist hier jedoch, dass die Gehölze nicht zu dicht beieinanderstehen und die Äste dem Boden nicht zu nahekommen.

Bild 19: Gute Pflege der Obstbäume in der Streuobstwiese. Obstbäume sind weniger krankheitsanfällig, wenn sie genügend Abstand zueinander haben. Auch der Kronenschnitt ist wichtig. Durch ihn wird die Krone gut durchlüftet, wodurch auch die Früchte, die weiter unten an den Bäumen wachsen, eine bessere Qualität erhalten. Im Erwerbsobstbau in großen Monokulturen werden meist Spalierbäume in engen Reihen angepflanzt. Die schlechtere Durchlüftung solcher Anlagen verlangt in der Folge einen höheren Einsatz von Pflanzenschutzmitteln.

Bild 20: Topfgärten können unterschiedlich eng bepflanzt werden. Bei zu engem Stand trocknet ihr Laub weniger schnell ab, was Pilzkrankheiten begünstigt. Stehen die Töpfe weiter auseinander, kann die Luftumwälzung zwischen ihnen leichter geschehen, was das Abtrocknen der Pflanzen beschleunigt. Auch in Topfgärten kann man sich also die Luftzirkulation zunutze machen.

4 Wasserhaushalt

Niederschlag ist ein Teil des ständigen Wasserkreislaufes der Erde. Dabei sind die Niederschläge auf dem Globus jedoch sehr unterschiedlich verteilt. Der Niederschlag, der zu einer bestimmten Jahreszeit an einem bestimmten Ort zu verzeichnen ist, ist von verschiedenen Faktoren abhängig; diese sind u. a. der Einfallswinkel der Sonnenstrahlen auf die Erdoberfläche, deren Topografie und Vegetation, die Temperaturen vor Ort, aber auch die vorherrschenden Windrichtungen und die Meeresströmungen in den Ozeanen.

Niederschlag entsteht nur, wenn Wasser verdunstet, aufsteigt, kondensiert und als Regen auf die Erde zurückfällt. Über den Meeren und großen Wäldern verdunstet am meisten Wasser, da dort mehr Feuchtigkeit vorhanden ist. Wie viel Feuchtigkeit die Luft aufnehmen kann, hängt wesentlich von ihrer Temperatur ab. Warme Luft kann mehr Feuchtigkeit aufnehmen als kalte. Und weil die Luft in Bodennähe wärmer ist als in größerer Höhe, kondensiert die aufgenommene Feuchtigkeit, sobald sie eine gewisse Höhe erreicht. Sobald die Luft mit Feuchtigkeit gesättigt ist, entstehen aus dem Wasserdampf der Wolken Tropfen, die dann als Niederschlag auf die Erde fallen. Falls es kalt genug ist, fällt der Niederschlag als Schnee (oder Hagel) auf die Erde, ist es wärmer, so regnet es. Steigt die feuchte Luft hingegen nicht in höhere Lagen auf, sondern bleibt in Bodennähe, nehmen wir ihn als Nebel wahr. Auch dann kann die Feuchtigkeit aber kondensieren; beispielsweise als Tau.

4.1 Niederschlagsverteilung

Für uns Gärtnerinnen und Gärtner sind Niederschläge von zentraler Bedeutung, denn unsere Pflanzen benötigen eine bestimmte Menge Wasser, gedeihen aber nicht, wenn es zu feucht oder zu trocken ist. Wir richten unsere Pflanzenwahl im Garten daher am besten immer nach den Gegebenheiten des Niederschlags vor Ort aus. Dabei ist es aber nicht ausreichend, sich die durchschnittlichen Jahresniederschlagsmengen anzuschauen, die man leicht in Erfahrung bringen kann. Da der Niederschlag sehr unterschiedlich über das Jahr verteilt fallen kann, ist eine detailliertere Betrachtung nötig. Gerade längere Trockenperioden, aber auch Starkregenereignisse nach einem Sommergewitter müssen in die Gartenplanung miteinbezogen werden.

4.2 Niederschlagsformen und ihre Wirkungen auf die Vegetation

Regen ist nicht gleich Regen

Wie oben bereits beschrieben worden ist, kann Niederschlag sehr unterschiedlich ausfallen. Regen ist nicht gleich Regen. Um sich ein Bild von der Niederschlagssituation im eigenen Garten zu verschaffen, ist die Anschaffung und das regelmäßige Ablesen und Dokumentieren der Niederschlagsmengen mit einem Regenmesser hilfreich.

Bild 1: Ein Regenmesser ist eine günstige und wertvolle Anschaffung. Ein Wasserhöhe von einem Millimeter im Regenmesser entspricht 1 Liter Niederschlag pro m^2. Fällt Schnee, muss dieser zuerst aufgetaut werden, sonst lässt sich die registrierte Niederschlagsmenge nicht messen.

Die im Garten wichtigsten Niederschlagstypen sind die folgenden:

- Ein **gleichmäßiger, warmer Sommerregen** am Abend für wenige Stunden ist für jeden Gärtner und jede Gärtnerin Musik in den Ohren. Der Boden hat dann genügend Zeit, die Feuchtigkeit aufzunehmen.
- Bei **Nieselregen** sind die Wassertröpfchen kleiner als bei normalem Regen. Sie bringen nur eine kleine Niederschlagsmenge, erfrischen jedoch Kulturflächen.
- **Anhaltende Regenfälle** über längere Zeit können auch ihr Gutes haben; vor allem nach langen Trockenperioden kann dank ihnen der Boden wieder gut durchfeuchtet werden. Dauern anhaltende

Regenfälle aber zu lange, wird der Boden mit Flüssigkeit übersättigt; zudem gehen Nährstoffe durch Auswaschung verloren.

- **Starkregen** auf ausgetrocknete Böden kann das Erdreich schlecht aufnehmen. Es geht dabei viel Wasser verloren, da es oberflächlich schnell abfließt. Zudem können dabei Erde weg- und Nährstoffe ausgespült werden. Im flachen Gelände besteht dann auch Überschwemmungsgefahr, weil das Wasser nicht schnell genug versickern kann.

Hagel

Gewitter mit Hagel sind der Schrecken jedes Gartenbesitzers. Früchte, Gemüse und Blumen erleiden dann einen Teil- oder Totalschaden. Hagel entsteht vor allem im Sommer durch die großen Temperaturunterschiede, die zwischen der aufgeheizten Erdoberfläche und der frostigen Kälte in großer Höhe besteht. Trockener Hagel ist schlimmer, als wenn dieser mit Regen vermischt ist. Wie groß der Schaden eines Hagelereignisses ist, hängt aber auch von der Exposition Ihres Gartens ab: Die dem Wind zugewandten Seiten vor Hügeln, Hecken und Gebäuden sind dem Hagel besonders stark und schutzlos ausgeliefert. Dafür ist der Schutz auf der windabgewandten Seite viel besser. Berge und Hügel beeinflussen die Intensität von Hagel auf großen Flächen. Um die Gefahr von Hagel für Ihren Garten einzuschätzen, ist es also wichtig, die Topografie Ihrer Umgebung zu studieren.

Schneefall

Schnee begünstigt die Pflanzen in ihrer Winterruhe, weil er gut isoliert und Temperaturunterschiede verringert. Allerdings ist auch Schnee nicht gleich Schnee: Leichter Pulverschnee bedeckt die Pflanzen auf sanfte Art, ohne Druckschäden zu verursachen. Nasser schwerer Schnee ist hingegen weniger günstig, vor allem, wenn er in großen Mengen fällt. Er kann vor allem auf Gehölzen Druckschäden verursachen.

Bild 2: Schneedruckschäden entstehen meist bei schwerem Nassschnee.

Der ungünstigste Zeitpunkt für Schneefall ist dann, wenn im Herbst der Laubfall der Gehölze noch nicht abgeschlossen ist, oder, noch schlimmer, im Frühjahr nach dem Laubaustrieb. Vor allem Nassschnee verursacht bei Bäumen dann gefährliche Bruchschäden, weil durch ihre Belaubung mehr Schnee in den Ästen hängenbleibt und der Baum ein größeres Gewicht tragen muss.

Besonders wertvoll ist der Schnee hingegen während der wärmer werdenden Tage im Frühling. Weil er relativ langsam schmilzt, kann er gut vom Erdreich aufgenommen werden und durchfeuchtet den Boden daher gründlich.

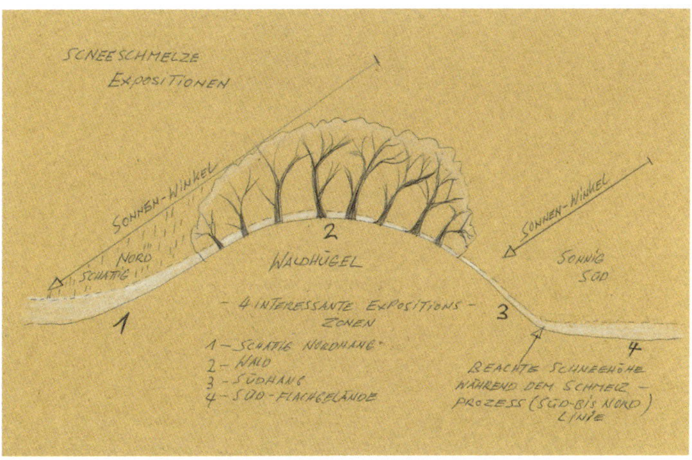

Bild 3: Verschiedene Expositionen beschleunigen oder verlangsamen den Schmelzprozess.

Schnee schmilzt im Frühling nicht überall gleich schnell; die Exposition ist dabei entscheidend:

- Auf nordseitigen Schattenhängen bleibt der Schnee am längsten liegen. Der Boden erwärmt sich hier im Frühjahr besonders spät.
- Im Wald schmilzt der Schnee unterschiedlich schnell. Wie schnell er jeweils schmilzt, hängt von der Exposition ab sowie von den jeweils vorhandenen Baumarten. Grundsätzlich schmilzt Schnee im Wald schneller als im freien Gelände. Der Grund dafür ist, dass der Schnee aus den Baumkronen starker Sonneneinstrahlung ausgesetzt ist und schnell abtropft, was wiederum den Schmelzprozess des Schnees am Boden beschleunigt. Die wärmere Laubstreu und die nächtliche Wärmeabstrahlung helfen zusätzlich, den Schmelzprozess zu beschleunigen. Da ein guter Waldboden viel Wasser speichert, geht im Wald am wenigsten Feuchtigkeit verloren.
- Bei rechtwinkliger Sonneneinstrahlung an Südhängen schmilzt der Schnee am schnellsten. Da entsprechend wenig Zeit für die Aufnahme des Schmelzwassers durch den Boden zur Verfügung steht, geht in diesen Lagen vergleichsweise viel Wasser verloren.
- Auf sonnigen, ebenen Flächen ist der Sonneneinstrahlwinkel flacher. Hier bleibt in der Regel der Schnee länger liegen; die Aufnahme des Schmelzwassers durch den Boden ist daher gut.

Nebel

Bild 4: Nebel ist ein Wasserspender für das Grünland.

Nebel ist eine Wolke, die in der Nähe der Erdoberfläche entsteht. Er erfrischt durch seine Feuchtigkeit die Kulturflächen. Besonders Grasland und Wälder profitieren davon, weil die Blätter und Nadeln der Pflanzen die Feuchtigkeit aus der Luft gut aufnehmen können. Nebel birgt aber auch Gefahren, da durch ihn auch Pilzsporen gut in die Pflanzen eindringen können. Es ist daher nicht ratsam, pilzanfällige Pflanzenkulturen in Gebieten anzupflanzen, die oft in Nebel gehüllt sind.

Bild 5: Tau ist für Pflanzen eine wertvolle Erfrischung in warmen Zeiten.

Wenn Wasserdampf an den Pflanzen kondensiert, bilden sich kleine Tröpfchen: der Tau. Vor allem im Frühjahr und Herbst entsteht er häufig. Tau fördert in der Regel keine schädlichen Pilzkrankheiten, da die Feuchtigkeit in den ersten Morgenstunden abtrocknet.

4.3 Wie funktioniert der Wasserhaushalt der Pflanzen?

Pflanzen passen ihren Wasserhaushalt den Standortbedingungen, dem Bodentyp, der Exposition und der verfügbaren Bodenfeuchtigkeit an. Sie verdunsten je nach Temperatur ständig mehr oder weniger Wasser. Am meisten Wasser geben Pflanzen über die Spaltöffnungen ihrer Blätter ab. Es verdunstet und verursacht dadurch einen Unterdruck in den Leitungsbahnen der Pflanze. Dieser reicht bis in deren Wurzeln und ist Ursache dafür, dass die Wurzeln Wasser aus dem Boden ziehen können. Auch der Transport des Wassers aus den Wurzeln in alle Organe der Pflanzen ist dem Transpirationssog zu verdanken, der durch den Unterdruck entsteht. Bei Hitze und Trockenheit wird er stark vermindert, da sich dann die Spaltöffnungen in den Blättern schließen. Zwar spart die Pflanze dadurch Wasser, dafür wird aber auch die Fotosyntheseleistung stark reduziert, was die Energiemenge, die der Pflanze zur Verfügung steht, reduziert.

Strategien der Pflanzen, um Trockenzeiten zu überstehen

Nebst der Schließung der Spaltöffnungen entwickelten Pflanzen, die Hitze- und Trockenzeiten überleben müssen, weitere Schutzmaßnahmen:

- Pflanzen reagieren auf trockene Standorte mit einem kleineren Wachstum und kleineren Blättern. Kleinere Blattflächen verdunsten weniger Feuchtigkeit als große.
- Wenn die Wasseraufnahme begrenzt ist, wachsen die Pflanzen langsamer. Da sie in trockenen Böden das Wasser suchen müssen, produzieren sie dafür ein größeres Wurzelvolumen.
- Viele Blätter und Stängel besitzen eine wachsartige Schicht auf ihrer Oberfläche (Cuticula). Diese produziert die Pflanze im Abschlussgewebe an der verdickten Außenwand (Epidermis). Sie schützt das darunterliegende Pflanzengewebe.
- Knollenpflanzen, Rüben und Wurzelverdickungen besitzen viele Zellen im Gewebe, um Wasser und Nährstoffe speichern zu können. Sie stellen auch die notwendige Energie für die Überwinterung und das erneute Wachstum im folgenden Frühling zur Verfügung.
- Eine dichte Behaarung an Sprossen, Blättern und Blüten vermindert die Verdunstung, weil sie die Blätter beschattet.
- Bei einigen Pflanzen trocknen deren oberirdische Teile bei ungünstigen Bedingungen ein. Sobald Wasser wieder in genügendem Maße vorhanden ist, werden die oberirdischen Pflanzenteile wieder neu gebildet.

Viele Pflanzen an Extremstandorten besitzen gleich mehrere der oben genannten Eigenschaften, um ihren Wasserhaushalt zu optimieren. Hier einige konkrete Beispiele:

Bild 6: Die Küchenschelle *(Pulsatilla vulgaris)* schützt sich mit starker Behaarung. Die Pflanze beschattet sich selbst; die hellen Pflanzenhaare reflektieren das Sonnenlicht und verhindern damit eine übermäßige Erwärmung der Pflanze.

Bild 7: Die Spinnweben Hauswurz *(Sempervivum arachnoideum)* schützt sich durch Behaarung und eine Wachsschicht auf den Blättern; beides verringert die Verdunstung. In den dicken Blättern befinden sich wasserspeichernde Pflanzenzellen als Vorrat für Trockenzeiten.

Bild 8: Das silbrige Laub des Sanddorns *(Hippophae rhamnoides)* reflektiert viel Licht und verhindert damit, dass sich die Pflanze stark aufwärmt und zur Kühlung viel Wasser verdunsten muss.

Bild 9: Der Schriftfarn wächst in warmen Trockensteinmauern. Er erträgt extreme Hitze. Sobald es der Pflanze zu trocken wird, rollt sie ihre Blätter ein, damit die Blattflächen nicht mehr der Sonne ausgesetzt sind. Die Pflanze sieht dann aus, als ob sie verdorrt wäre. Sobald wieder hinreichend Flüssigkeit zur Verfügung steht, entfaltet sie sich wieder in neuer Frische.

Bild 10: Kakteen sind Überlebenskünstler.

Kakteen besitzen viele Speicherzellen, um nach einem Regen Wasser einzulagern. Des Weiteren wehren deren Stacheln nicht nur Fressfeinde ab, sondern beschatten auch den Pflanzenkörper, der dadurch seine Verdunstung reduzieren kann. Eingebuchtete Vertiefungen am Pflanzenkörper erzeugen durch den Sonnenverlauf einen wechselnden Schattenbereich, weshalb nicht immer dieselben Stellen der Pflanzen der prallen Sonne ausgesetzt sind.

Trockenstress

Trockenstress entsteht, wenn sich die Pflanze vor zu hoher Transpiration schützen will, indem sie die Spaltöffnungen an den Blättern schließt. Sie reduziert damit den Wasserverlust, gleichzeitig wird dadurch aber auch die Fotosynthese-Leistung stark eingeschränkt. Dies reduziert die Produktion der Energiemenge, wodurch die Pflanze auf die eingelagerten Reserven zurückgreifen muss. Dauert der Trockenstress über längere Zeit an, so verliert die Pflanze also ihre Reserven, was dazu führt, dass sie schwächer und damit auch krankheitsanfälliger wird.

Am schlimmsten wirkt sich übermäßiger Wassermangel bei Gehölzen im Frühjahr aus, da im ersten Halbjahr die Hauptwachstumszeit stattfindet. Bei zu wenig Wasser können die jungen Triebe nicht voll ausreifen, was sich im Folgejahr negativ auswirkt. Wenn Laubbäume im Spätsommer unter Wassermangel leiden, werden sie braun und sterben vor der eigentlichen Herbstfärbung ab.

Bild 11: Trockenstress an Nadelhölzern ist ein Alarmzeichen. Werden alle Nadeln braun, sterben z. B. Föhren meistens ab.

4.4 Lebensräume und Bodenstandorte

Pflanzen wachsen nicht einfach irgendwo, sondern dort, wo ihnen die Umweltbedingungen und die Konkurrenzsituation behagen. Wenn wir diesen Faktoren Beachtung schenken, können wir also viel für die Bepflanzung des eigenen Gartens lernen. Einige der Umweltbedingungen können im Garten auch gut künstlich geschaffen werden. Schauen wir uns zuerst aber einmal die verschiedenen natürlichen Pflanzenstandorte etwas genauer an.

Um abschätzen zu können, welche Pflanzen an trockenen Standorten gedeihen können, muss man sich zuerst einmal deren Böden anschauen, da diese hier von entscheidender Bedeutung sind. Oft findet man in trockenen Gegenden nährstoffarme Böden mit wenig Humusanteil. Bei solchen Böden muss man besonders beim Düngen sehr vorsichtig sein, da sonst die Pflanzen in der Frühlingsfeuchtigkeit zu stark wachsen und in der folgenden Sommerhitze dann regelmäßig vertrocknen. Auf der anderen Seite sind diese Böden hervorragend geeignet für trockenheitsliebende Pflanzen, da sie hier gegenüber stark wachsenden Arten in normalen Gartenböden konkurrenzfähiger sind.

Anwendungsbeispiele für flachgründige Standorte

Auf flachgründigen Böden ist zu beachten, dass man bei Gehölzen und Stauden flachwurzelnde Arten verwendet.

Bild 12: Felsensteppen sind flachgründig.

Felsensteppen und ähnliche Lebensbereiche sind humusarm und, wie der Name schon sagt, ist deren Untergrund felsig und nicht tiefgründig. Wacholder, Ginster, Federgras, Fetthennen und Hauswurz-Arten kommen hier als Flachwurzler gut zurecht. Da der Boden durchlässig ist, sind aber auch längere Regenzeiten für diese Pflanzen kein Problem. Darum ist bei der Bodenvorbereitung darauf zu achten, dass keine Staunässe entsteht, ansonsten kann dies zu Wurzelfäulnis und zum Absterben der Pflanzen führen.

Bild 13: Da Dachbegrünungen flachgründig sind, verwendet man dort immer flachwurzelnde Gehölze und Stauden. Eine Aussaat von Wildpflanzen (Saatgutmischungen) ist meist erfolgversprechender als das Setzen von Jungpflanzen. Am besten verwendet man Mischungen mit mindestens 30 verschiedenen Arten. Einzelne Arten entwickeln sich je nach klimatischen Bedingungen unterschiedlich schnell und passen sich dem Standort an.

Bild 14: Unterschiedliche Substrathöhen auf Dächern ermöglichen eine größere Artenvielfalt.

Es empfiehlt sich, Fertigsubstrate zu verwenden. Oft werden Mischungen aus Lava, Ziegelschrot, Blähschiefer, Rindenhumus, Kies und Sand verwendet. Das Substrat muss durchlässig sein und trotzdem eine gewisse Wasserspeicherkapazität aufweisen. Jede Pflanze braucht eine bestimmte Substratauflage, damit sie optimal gedeihen kann. Wenn man Hügel planiert, entstehen unterschiedliche Substrathöhen. Dies hat den Vorteil, dass Pflanzen, die unterschiedliche Ansprüche haben, alle einen Ort finden, der ihnen zusagt. Das Gewicht des Substrates muss der Belastungsgrenze des Daches angepasst werden.

KLEINGEHÖLZE FÜR DACHBEGRÜNUNGEN (AUSWAHL). SUBSTRATHÖHE BIS CA. 50 CM

Gewöhnliche Felsenbirne *(Amelanchier ovalis)*
Sauerdorn *(Berberis vulgaris)*
Japanische Scheinquitte *(Chaenomeles japonica)*
Winter-Jasmin *(Jasminum nudiflorum)*
Perovskie *(Perovscia abrotanoides)*
Fingerstrauch-Sorten *(Potentilla fruticosa)*
Rosmarinblättrige Weide *(Salix rosmarinifolia)*
Erbsenstrauch *(Caragana arborescens)*
Blasenstrauch *(Colutea arborescens)*
Perückenstrauch *(Cotinus coggygria)*
Färberginster (*Genista tinctoria* und weitere Arten)
Heide-Wachholder *(Juniperus communis)*
Niedere Bergföhren *(Pinus mugo)*

HEIMISCHE WILDSTAUDEN FÜR EXTENSIVE DACHBEGRÜNUNGEN UND ANDERE FLACHGRÜNDIGE TROCKENE GARTENBEREICHE (AUSWAHL)

Gemeine Küchenschelle *(Pulsatilla vulgaris)*
Traubenhyazinthe *(Muscari racemosum)*
Zypressenwolfsmilch *(Euphorbia cyparissias)*
Blutroter Storchenschnabel *(Geranium sanguineum)*
Zittergras *(Briza media)*
Nickendes Leimkraut *(Silene nutans)*
Scharfer Mauerpfeffer, Fetthenne *(Sedum acre)*

Weißer Mauerpfeffer (*Sedum album* und weitere Arten)
Frühlingsfingerkraut *(Potentilla verna)*
Silberfingerkraut *(Potentilla argentea)*
Kriechendes Fingerkraut (*Potentilla erecta* und weitere Arten)
Sonnenröschen *(Helianthemum nummularium)*
Kartäusernelke (*Dianthus carthusianorum* und weitere Arten)
Mittlerer Wegerich *(Plantago medium)*
Frauenflachs *(Linaria vulgaris)*
Rundblättrige Glockenblume *(Campanula rotundifolia)*
Echte Hauswurz *(Sempervivum tectorum)*
Echtes Johanniskraut *(Hypericum perforatum)*
Feldthyman (*Thymus serpyllum* und weitere Arten)
Kleiner Wiesenknopf *(Sanguisorba minor)*
Kriechende Hauhechel *(Ononis repens)*
Wimper-Perlgras *(Melica ciliata)*
Kleines Habichtskraut *(Hieracium pilosella)*
Doldenhabichtskraut *(Hieracium umbellatum)*
Hufeisenklee *(Hippocrepis comosa)*
Hornklee *(Lotus corniculatus)*
Knolliges Mädesüß *(Filipendula vulgaris)*
Golddistel *(Carlina vulgaris)*

Die obigen Pflanzen kann man natürlich auch für tiefgründige Trockenstandorte verwenden.

WILDSTAUDEN
Weinberglauch *(Allium vineale)*
Kugelköpfiger Lauch (*Allium sphaerocephalon* und weitere Arten)
Wundklee *(Anthyllis vulneraria)*
Knäuelglockenblume *(Campanula glomerata)*
Pfirsichglockenblume *(Campanula persicifolia)*
Schwarze Flockenblume *(Centaurea nigra)*
Diptam *(Dictamnus albus)*
Wilde Kugeldistel *(Echinops spaerocephalus)*
Feldmannstreu *(Eryngium campestre)*
Pyrenäenstorchenschnabel *(Geranium pyrenaicum)*
Grasschwertlilie *(Iris graminea)*
Rosenmalve *(Malva alcea)*
Moschusmalve *(Malva moschata)*
Saatluzerne *(Medicago sativa)*
Saatesparsette *Onobrychis viciifolia)*
Dornige Hauhechel (*Ononis spinosa)*
Kugelige Teufelskralle *(Phyteuma orbiculare)*
Aufrechtes Fingerkraut *(Potentilla recta)*
Gelber Wau *(Reseda lutea)*
Echtes Seifenkraut *(Saponaria officinalis)*
Taubenskabiose *(Scabiosa columbaria)*
Große Fetthenne *(Sedum maximum)*
Taubenkropfleimkraut *(Silene vulgaris)*
Gewöhnlicher Thymian *(Thymus pulegioides)*
Schwarze Königskerze *(Verbascum nigrum)*

Durchlässige, tiefgründige und trockene Böden

Tiefgründige Böden bestehen vorwiegend aus Ablagerungen von Gletschermoränen und Schwemmland. Im Flachland und in Flussniederungen profitieren Kulturpflanzen meistens von einem Grundwasserspiegel. Bewirtschaftete Flächen in diesen Regionen besitzen eine gute Humusschicht mit Grundwasseraufstieg und leiden dadurch weniger unter Trockenheit. Durchlässige Sandböden und Moränen in erhöhten Lagen entwässern sich hingegen schneller und neigen zu großer Trockenheit. Wenn man zusätzlich in einem niederschlagsarmen Gebiet wirtschaftet, trocknen die Böden noch schneller aus. Diese Flächen besitzen dann, wenn sie nur extensiv bewirtschaftet werden, meist nur eine dünne Humusschicht. Es ist daher eine Herausforderung, den Wasserhaushalt in diesen Böden im Griff zu haben. Im Garten gelten sie daher oft als schlechte Böden, da Gemüse und Blumen humusreiches Erdreich für ein gutes Wachstum brauchen. Es gibt allerdings durchaus Pflanzen, die sich für solche Böden eignen.

ZIERSTAUDEN
Akanthus *(Acanthus spinosus)*
Goldgarbe (*Achillea 'Coronation Gold'* und andere Sorten)
Zierschafgarbe *(Achillea tomentosa)*
Steinkraut *(Alyssum saxatile)*, auch für Trockenmauern
Gänsekresse (*Arabis caucasica* in verschiedenen Sorten) auch für Trockenmauern
Grasnelke *(Armeria maritima, A. juniperifolia)*
Seidenpflanze *(Asclepias syriaca, A. tuberosa)*
Sommerastern (*Aster amellus* in verschiedenen Sorten)
Blaukissen (*Aubrieta hybride* in verschiedenen Sorten), auch für Trockenmauern
Glockenblumen (*Campanula carpatica, C. garganica* in verschiedenen Sorten)
Bleiwurz *(Ceratostigma plumbaginoides)*

Nelken (Dianthus *deltoides, D. gratianopolitanus* in verschiedenenSorten)
Lilienschweif (*Eremurus* x *isabellinus*)
Edeldistel *(Eryngium alpinum)*
Wolfsmilch *(Euphorbia amyigdaloides, E. characias, E. polychroma)*
Kokardenblume (*Gaillardia* in verschiedenen Sorten)
Präriekerze *(Gaura lindheimeri)*
Storchenschnabel *(Geranium dalmaticum, G. cinereum)*
Sonnenröschen (*Helianthemum* sp., viele verschiedene Sorten)
Schleifenblume *(Iberis saxatilis)*
Alant *(Inula ensifolia)*
Schwertlilie *(Iris germanica)*
Sandglöckchen *(Jasione laevis)*
Marokkanisches Leinkraut *(Linaria maroccana)*
Mauermiere *(Paroychia kapela)*, auch für Trockenmauern geeignet
Flammenblume (*Phlox douglasii*-Gruppe, viele verschiedene Sorten)
Brandkraut *(Phlomis russeliana)*
Fingerkraut (*Potentilla* sp., in verschiedenen Sorten)
Salbei *(Salvia nemorosa)*
Sonnenhut *(Rudbeckia fulgida)*
Wollziest *(Stachys byzantina)*

Bild 15: Die Spornblume *(Centranthus ruber)* ist eine extrem anpassungsfähige Pflanze. Sie wächst nicht nur an heißen Standorten, sondern auch in feuchten und schattigen Bereichen.

Bild 16: Sonnig trockene und offenen Böden eignen sich für Ruderalpflanzen.

Ruderalpflanzen sind an trockenes Gelände, aber auch an vorübergehende Nässe nach Regenfällen gut angepasst. Sie fühlen sich auf halboffenen Böden wohl. Viele dieser Pflanzen weisen nur eine zweijährige Lebensdauer auf. Im ersten Jahr bildet sie z.B. eine Blattrosette, im zweiten Jahr blühen sie und sterben danach ab. Damit sie längerfristig im Garten bestehen, brauchen sie immer wieder offene Gartenflächen.

ATTRAKTIVE RUDERALPFLANZEN FÜR OFFENE BÖDEN

Ochsenzunge *(Anchusa officinalis)*
Färberkamille *(Anthemis tinctoria)*
Große Klette *(Arctium lappa)*
Rainfarn *(Chrysanthemum vulgare)*
Wegwarte *(Cichorium intybus)*
Hundszunge *(Cynoglossum officinale)*
Wilde Möhre *(Daucus carota)*
Wilde Karde *(Dipsacus silvestris)*
Natternkopf *(Echium vulgare)*
Färberwaid *(Isatis tinctoria)*
Echtes Herzgespann *(Leonurus cardiaca)*
Kleine Malve *(Malva neglecta)*
Wilde oder Große Malve *(Malva silvestris)*
Weißer Steinklee *(Melilotus alba)*
Echter Steinklee *(Melilotus officinalis)*
Gemeine Nachtkerze *(Oenothera biennis)*
Kleinblütige Nachtkerze *(Oenothera parviflora)*
Färberwau *(Reseda luteola)*
Mariendistel *(Silybum marianum)*
Huflattich *(Tussilago farfara)*
Eseldistel *(Onopordum acanthium)*
Großblütige Königskerze *(Verbascum densiflorum)*

Bild 17: Attraktive Königskerzen auf einer Weinbergbrache.

EINJÄHRIGE, KURZLEBIGE PIONIERPFLANZEN OFFENER BÖDEN

Sommeradonisröschen *(Adonis aestivalis)*
Kornrade *(Agrostemma githago)* Giftig!
Ackergauchheil *(Anagallis arvensis)*
Echte Kamille *(Matricaria chamomilla)*
Ackerlöwenmäulchen *(Anthirrhinum orontium)*
Ackerringelblume *(Calendula arvensis)*
Kornblume *(Centaurea cyanus)*
Saatwucherblume *(Chrysanthemum segetum)*
Ackerrittersporn *(Delphinum consolida)*
Erdrauch *(Fumaria officinalis)*
Saatmohn *(Papaver dubium)*
Klatschmohn *(Papaver roheas)*
Ackerstiefmütterchen *(Viola arvensis)*

Spezielle Standorte

Bild 18: Fallbeispiel: Wegränder für trockenheitsverträgliche Wildpflanzen nutzen. Wegränder werden in der Sommertrockenheit oft braun, wenn sie nicht bewässert werden. Wenn man wie hier am Rande den Rasen auf einem schmalen Streifen entfernt, siedeln sich bunte Wildkräuter wie Johanniskraut, Wilder Majoran und Rosenmalven an. Man kann sie auch anpflanzen oder aussäen. Dadurch entsteht ein dynamisches Blumenbeet, dass nicht viel Arbeit bereitet.

Bild 19: Fallbeispiel: Gehölzränder mit Stauden bepflanzen. Wenn man Stauden an einem Gehölzsaum anpflanzen will, ist es am besten, wenn man dies im Herbst tut. In dieser Zeit ist der Wurzeldruck der Gehölze auf Wasser und Nährstoffaufnahme am niedrigsten. So können Stauden besser anwachsen.

STAUDEN, DIE MIT WURZELDRUCK GUT ZURECHTKOMMEN

Ackerglockenblume *(Campanula rapunculoides)*
Pfirsichglockenblume *(Campanula persicifolia)*
Nesselblättrige Glockenblume *(Campanula trachelium)*
Verschiedene Seggen (Gräser) (*Carex*-Arten)
Schöllkraut *(Chelidonium majus)*
Wirbeldost *(Clinopodium vulgare)*
Maiglöckchen *(Convallaria majalis)*
Kleinblütiger Fingerhut *(Digitalis lutea)*
Immergrün *(Vinca minor)*
Echte Nelkenwurz *(Geum urbanum)*
Weiße Taubnessel *(Lamium album)*
Goldnessel *(Lamium galeobtolon)*
Gefleckte Taubnessel *(Lamium maculatum)*
Frühlingsblatterbse *(Lathyrus vernus)*
Waldhainsimse *(Luzula silvatica)*
Schneehainsimse *(Luzula nivea)*
Nickendes Perlgras *(Melica nutans)*
Gewöhnlicher Gilbweiderich *(Lysimachia vulgaris)*
Ährige Teufelskralle *(Phyteuma spicatum)*
Vielblütige Weißwurz *(Polygonatum multiflorum)*
Salamonsiegel *(Polygonatum odoratum)*
Kriechendes Fingerkraut *(Potentilla reptans)*
Klebrige Salbei *(Salvia glutinosa)*
Knotige Braunwurz *(Scrophularia nodosa)*
Echte Goldrute *(Solidago virgaurea)*
Salbeigamander *(Teucrium scorodonia)*
Immenblatt *(Melittis melissophylum)*

Feuchte Standorte

Feuchte Gartenbereiche kann man an der schattigen Lage und den undurchlässigen Böden erkennen. Viele Gartenbesitzer mögen feuchte Böden nicht besonders, weil ihre Wunschpflanzen dort schlecht gedeihen. Den Boden solcher Standorte zu verbessern, ist meist mit einem großen Aufwand verbunden. Als Alternative pflanzt man hier feuchtigkeitsliebende Arten aus, die zwischenzeitliche kurze Trockenphasen gut ertragen. Diese wachsen auf feuchten Böden gut, wenn dessen oberste Schicht gut durchlüftet ist.

Wo findet man feuchte Standorte?

Bild 20: In schattigen Laubwäldern funktioniert der Wasserhaushalt hervorragend. Wälder in Schluchten und schattigen Nordhängen sind perfekt an den Wasserhaushalt angepasst. An den vielen Moosen erkennt man, dass hier meistens genügend Feuchtigkeit vorhanden ist. Moose sind wertvolle Wasserspeicher, die über längere Zeit mithelfen, einen Feuchtigkeitsausgleich zu schaffen. Es wird weder zu trocken noch zu nass, und die Pflanzen sind an Feuchtigkeitsschwankungen bestens angepasst.

Bild 21: Zeigerpflanzen geben uns wichtige Hinweise zu einem Standort. Der Bärlauch *(Allium ursinum)* wächst häufig in schattigen Wäldern. Er ist eine Zeigerpflanze, die Feuchtigkeit liebt. Manchmal werden feuchte Böden im Sommer jedoch auch trockener. Da feuchtigkeitsliebende Frühjahrsblüher häufig Zwiebeln und Knollen besitzen, ziehen diese die Nährstoffe gegen Sommer in den Wurzelbereich zurück. Für ein gutes Gedeihen brauchen sie also vor allem die Frühlingsfeuchtigkeit.

Bild 22: Im Schatten und an feuchten Stellen wächst die Vegetation oft üppig. An anständig nassen und schattigen Standorten in Wäldern und an Bächen entlang wachsen oft großblättrige Pflanzen wie Pestwurz-Arten, Alpendost und Waldfarne. Grosse Blattflächen benötigen dauernd feuchten Boden. Trockenheit ertragen solche Vegetationszonen schlechter.

Fallbeispiele

Bild 23: Schattenbereiche unter Bäumen und Gebäuden nutzen. Schattige Standorte bei Häusern und unter Bäumen eignen sich, um feuchtigkeitsbedürftige Pflanzen anzusiedeln. Unter Bäumen ist allerdings der Wurzeldruck zu berücksichtigen. Flachwurzelnde Gehölze oder Bäume mit einem großen Wasserbedarf eignen sich hier nicht.

Bild 24: Der Schatten eignet sich zur Ansiedlung vieler Blattpflanzen. Nebst Blütenpflanzen sind hier auch Farnpflanzen mit schönen Formstrukturen geeignet.

PFLANZEN FÜR FEUCHTE UND SCHATTIGE BIS LICHTE STANDORTE

Grauer Alpendost *(Adenostyles alliariae)*
Echte Engelwurz *(Angelica archangelica)*
Kohlkratzdistel *(Cirsium oleraceum)*
Roter Fingerhut *(Digitalis purpurea)* Giftig!
Behaarte Karde *(Dipsacus pilosa)*
Schmalblättriges Weidenröschen *(Epilobium angustifolium)*
Wasserdost *(Eupatorium cannabium)*
Mädesüß *(Filipendula ulmaria)*

Schwalbenwurzenzian *(Gentiana asclepiadea)*
Ruprechtskraut *(Geranium robertianum)*
Waldstorchenschnabel *(Geranium silvaticum)*
Orangerotes Habichtskraut *(Hieracium aurantiacum)*
Kuckuckslichtnelke *(Lychnis flos-cuculi)*
Pfennigkraut *(Lysimachia nummularia)*
Blutweiderich *(Lythrum salicaria)*
Rossminze *(Mentha longifolia)*
Weiße Pestwurz *(Petasites alba)*
Gewöhnliche Pestwurz *(Petasites officinalis)*
Schlangenknöterich *(Polygonum bistorta)*
Großer Wiesenknopf *(Sanguisorba officinalis)*
Rotes Leimkraut *(Silene dioica)*
Echter Baldrian *(Valeriana officinalis)*
Veilchen (*Viola* in verschiedenen Arten)
Schlüsselblumen *(Primula veris)*
Hirschzungenfarn *(Asplenium scolopendrium)*
Wurmfarn *(Dryopteris filix-mas)* und weitere Waldfarne

EINIGE ZIERPFLANZEN, DIE SICH FÜR FEUCHTE STANDORTE EIGNEN

Prachtspiere (*Astilbe*, verschiedene Arten-Gruppen und Sorten)
Bergenie (*Bergenia* in verschiedenen Sorten)
Schirmsteinbrech *(Darmera peltata)*
Storchenschnabel (*Geranium* sp., große Sortenvielfalt)
Purpurglöckchen (*Heuchera* sp., verschiedene Arten und Sorten)
Funkie (*Hosta* sp., große Sortenvielfalt von Blattschmuckstauden)
Schaublatt *(Rodgersia pinnata)*

4.5 Anwendungsbeispiele für die Wasserverteilung bei Kulturpflanzen

Durch geschickte Gestaltung und Pflanzenzusammensetzung können wir die Verteilung von Wasser optimieren. Dies lässt sich sowohl in größeren Kulturflächen als auch in kleineren Gärten umsetzen.

In der Landwirtschaft und in Gärten können sich Kulturpflanzen untereinander konkurrenzieren, wenn Bäume, Sträucher und Heckengehölze mit ihren Wurzeln in angrenzende Getreidefelder, Gemüse- und Blumengärten hineinwachsen. Durch Aushub von Gräben lässt sich die Wurzelausbreitung durch die Gehölze reduzieren. In bodennassen Gebieten dienen diese auch zur Entwässerung. Solche Gräben bereichern zusätzlich die Artenvielfalt durch feuchtigkeitsliebende Pflanzen.

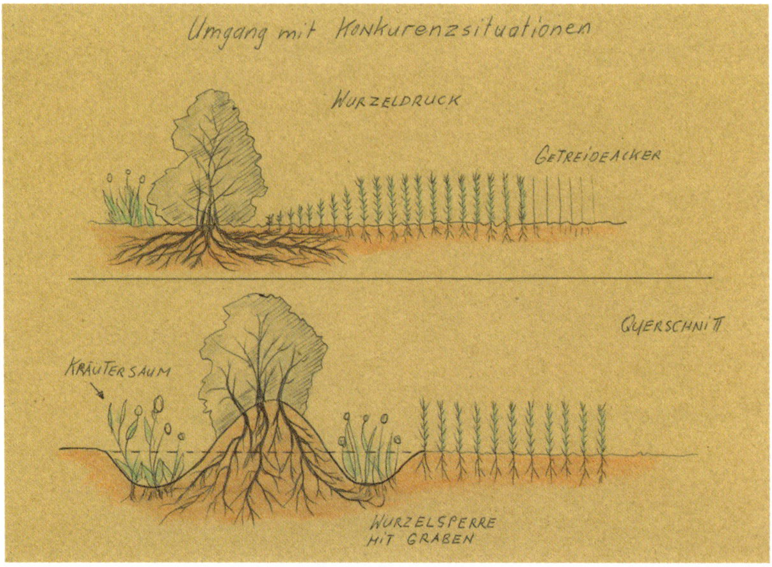

Bild 25: Wurzeldruck auf Kulturpflanzen reduzieren.

Bild 26: Mit verdichteten Wegen die Konkurrenz im Kulturland brechen: Verfestigte Feldwege mit ihrer Bodenverdichtung hemmen den Wurzeldruck auf das Umland. Zudem entsteht durch sie auch eine natürliche Distanz zwischen den Gehölzen zum Kulturland und dem Gemüse- und Blumengarten.

Bild 27: Eine Pflanzenkombination, die sich gegenseitig unterstützt: Pflanzabstände, Platzbedarf, Wuchsgröße und bei Gehölzen Tief- und Flachwurzler berücksichtigen (z.B. Kartoffeln und Weintrauben).

4.6 Die Bewässerung

Bewässerungsmethoden

Für die Bewässerung gibt es ein sehr großes Angebot verschiedener Geräte und Materialien auf dem Markt. Manchmal ist es aber nicht einfach, die beste Auswahl zu treffen. Nicht empfehlenswert sind billige Kunststoffmaterialien, die oft nach wenigen Jahren schon defekt sind und ersetzt werden müssen. Leider sind diese Produkte die häufigsten Angebote, die man im Gartencenter kaufen kann. Wenn man ein größeres Grundstück bewirtschaftet, kauft man besser professionelle Ware, am besten aus Metall mit Schnellverschlüssen wie beispielsweise Geka-Kupplungen. Auch bei Gartenschläuchen gibt es verschiedene Qualitäten, die man beachten sollte. Je nach Größe und Bewirtschaftungsform sollte man sich gut überlegen, was sich am besten für die eigenen Bedürfnisse eignet. Jede Anwendungsform hat wie immer seine Vor- und Nachteile.

Die beliebte **Spritzkanne** für den Kleingarten oder den Balkon ist allen bekannt.
Vorteile: Günstig in der Anschaffung, richtig eingesetzt wassersparend.
Nachteile: Weniger geeignet für große Gemüsegärten, zeitaufwendig und anstrengend.

Der **Gartenschlauch** wird heute am häufigsten verwendet. Fast jedes Bewässerungssystem benötigt ihn.
Vorteile: Man hat hier die Auswahl zwischen verschiedenen Handgießgeräten, Brausen und Sprinklern und kann sie vielfältig einsetzen. Der Wasserdruck lässt sich regulieren. Mit dem Gartenschlauch können gezielt einzelne Pflanzen oder Flächen begossen werden.
Nachteile: Gartenschläuche sind aus Gummi oder Kunststoff. Der Wasserverbrauch ist bei unsachgemäßer Anwendung hoch.

Der **Schwitzschlauch** ist ein durchlässiges Gummimaterial, das durch schwachen Druck im Inneren das Wasser langsam durch kleine Poren in die Erde abgibt. Die Schläuche werden im Wurzelbereich von Pflanzen eingegraben.
Vorteile: Geringer Wasserverbrauch. Die Erde bleibt gleichmäßig feucht. Kein Arbeitsaufwand, sobald einmal verlegt.
Nachteile: Pflanze wird verwöhnt und bildet ein weniger verzweigtes Wurzelwerk, da das Wasser immer an der gleichen Stelle austritt. Die Plastikverschmutzung im Boden ist nicht zu unterschätzen. Bewässerungsschläuche unter der Wurzelscheibe begünstigen anaerobe Fäulnisbakterien, die das Wurzelwachstum negativ beeinflussen können. Defekte sind nicht schnell erkennbar.

Sprühschläuche sind flache, fein gelochte Kunststoffschläuche. Der Wasserdruck darf nicht zu hoch eingestellt werden. Für eine gleichmäßige Verteilung

sollte die Länge der Sprühschläuche 25 Meter nicht übersteigen. Man legt sie einfach auf den Boden und lässt sie während des Jahres dort liegen.
Vorteile: Günstig, schnell verlegt. Geeignet für Streifenbepflanzung, insbesondere für schmale Formhecken. Geringer Arbeitsaufwand.
Nachteile: Wie beim Schwitzschlauch besteht auch beim Sprühschlauch Verstopfungsgefahr. Man kann sie allerdings, wenn nötig, einfach durchspülen.

Wasserpumpen werden meistens bei großen Wassertanks, Zisternen und Teichen eingesetzt.
Vorteile: Geeignet für große Plantagen.
Nachteile: Bei Wasserpumpen besteht die Gefahr, den Grundwasserspiegel zu stark abzusenken, wenn diese großflächig in einer Region eingesetzt werden.

Bild 28: Große Sprinkler für große Gartenanlagen.

Sektorenregner werden häufig auf Rasen-Wiesenflächen und im Gemüseanbau eingesetzt. Es gibt sowohl kleinere Geräte für den normalen Hausanschluss als auch große, bei denen Hydranten mit 10 bis 20 bar Wasserdruck verwendet werden.
Vorteile: Für großflächige Vegetationsflächen geeignet. Sie lassen sich gut in Sektorenbereiche einstellen.
Nachteile: Großer Wasserverbrauch. Wasser wird oft aus Gewässern entnommen. Durch Verdunstung und Windeinflüsse geht sehr viel Wasser verloren. Fördert die Ausbreitung von Pilzkrankheiten, wenn die Laubmasse von Obstbäumen oft benetzt wird. Wenn der Wasserdruck falsch eingestellt ist, fördern große Tropfen die Bodenverdichtung. Bei angrenzenden Feldbiotopen wie Gehölzstrukturen wird die Tierwelt (Vögel und Insekten) empfindlich gestört.
Hinweis: Für alle Bewässerungspunkte wird empfohlen, Zuleitungen im Boden zu erstellen.

Bild 29: Bodennahe Sprinkler sind vielfältig einsetzbar.

Bodensprinkler eignen sich für kleinere Flächen und sind je nach Stückzahl mehr oder weniger teuer. Zu den besten gehört die Nelson-Schildkrötenform.
Vorteile: Bodensprinkler sind aus Metall und daher langlebig. Gegenüber anderen Sprinklern besitzen sie keine anfälligen, beweglichen Teile und sind robust. Je nach Wasserdruck lassen sich mit Verteilern mehrere Sprinkler gleichzeitig einsetzen. Ihre Mobilität ist praktisch. Sie berieseln bei unterschiedlichem Wasserdruck immer gleichmäßig. Vor allem für niedere Pflanzflächen, Grasflächen oder sehr gut auch unter Gehölzen geeignet. Mit wenig Druck lässt sich bodennah sparsam bewässern. Man kann sie auch auf Stangen montieren, damit man auch erhöhte Pflanzungen gut bewässern kann. Keine Verstopfungsgefahr durch Sedimente. Die Vielseitigkeit ist unschlagbar in kleinen und größeren Gärten. Keine relevanten **Nachteile**.

Bild 30: Tropfbewässerungen sind effizient und wassersparend.

Die **Tröpfchenbewässerung** wird häufig in Baumschulen und Obstplantagen eingesetzt. Die Zuleitungen werden meistens mit Kunststoffrohren verlegt.

Ab den Hauptrohren werden mehrere dünne, flexible Schläuche angebracht. Mit wenig Druck sickert das Nass zu den Wurzeln.
Vorteile: Langlebig. Wenig Verdunstung, da bodennah bewässert wird. Große Zeiteinsparung.
Nachteil: Etwas teuer und aufwendigere Installation. Ab den Verzweigungen der Hauptschläuche ist die gleichmäßige Mengenverteilung des Wassers etwas schwieriger zu steuern.

Von wo kommt das Wasser und wo speichern wir es?

Meteorwasser durch Regen und Schneefall sind die ergiebigsten Wasserquellen. Gespeichert wird es durch gute Bodeneigenschaften direkt auf und in der Landfläche.

Wann, wie oft und wieviel bewässern?

Zu diesen Fragen gibt es verschiedene Meinungen, die sich aber nicht einfach verallgemeinern lassen. Zu beachten sind jedoch die folgenden Punkte:

- Wenn möglich, sollte man nie bei Sonnenschein gießen, da dann viel Wasser verdunstet.
- Das Gießen am frühen Morgen ist in der Regel besser als am Abend. Tagsüber kann so die Feuchtigkeit auf den Blättern verdampfen, was die Gefahr von Pilzkrankheiten verringert. Das abendliche Gießen zieht zudem auch Schnecken an.
- Eine Bewässerung am Abend kann bei Gehölzen sinnvoll sein, wenn es möglich ist, deren Blätter nicht nass zu machen. Bei der abendlichen Bewässerung verdunstet weniger Wasser; der Boden kann also mehr davon aufnehmen.

Bild 31: Dächer sind hervorragende Wassersammler.

Wer die Möglichkeit hat, das Dachwasser zu sammeln, sollte dies in Betracht ziehen. Zum Auffangen eignen sich Wassertanks, Teiche und Sumpfzonen, je nach Verwendungszweck. Die Größe der Wasserbehälter stimmt man auf die Dachflächen ab. Auf dem Markt steht ein riesiges Angebot an Auffangbehältern zur Verfügung, auf das wir hier nicht näher eingehen. Bei den Abflussrohren vom Dach gibt es technische Systeme, die bei Regenbeginn die ersten Liter anderweitig ableiten und nicht direkt in den Wassertank füllen. Gerade nach längerer Trockenheit werden so schädlicher Feinstaub, Pollen und andere Substanzen davon abgehalten, in den Wasserbehälter zu gelangen.

Vor allem kleine Regenfässer, Kübel etc. sollte man immer mit einer Abdeckung versehen. Damit beugt man Stechmückenplagen vor. Teiche sollten immer mit Wasserpflanzen besiedelt werden. Nur so können sich die Fressfeinde der Mückenlarven ansiedeln (Lurche, Libellenlarven etc.).

Bild 32: Gießmulden eignen sich in trockenen Regionen. Für punktuelles Bewässern sind Gießmulden immer sinnvoll. Diese neugepflanzte Wildhecke wurde vertikal in die Böschung gepflanzt. Wasser, das am Boden wegfließt, kommt hier automatisch auch den unteren Gehölzen zugute. Das gezielte Bewässern in Mulden erbringt auch den Effekt, dass die Gehölze tiefer wurzeln, da die letzte Restfeuchte darunterliegt. In regenreichen Regionen, wo der Boden dauerfeucht ist, pflanzt man Gehölze besser höher, da die Wurzeln sonst absterben können.

- Es ist besser, wenn man weniger häufig, aber dafür gründlich wässert, da das Wasser, wenn es in größerer Menge ausgebracht wird, tiefer in den Boden eindringt. Dadurch wurzeln die Pflanzen auch tiefer, was später vor Austrocknung schützt. Aus diesem Grund ist es auch besser, wenn man punktuell gießt und nicht flächig. Junge Setzlinge brauchen anfänglich aber mehr Wasser, da sie noch nicht tief wurzeln. Das gilt vor allem für Gemüse und einjährige Kulturen.
- Bei Tomaten, Paprika und Gurken bewährt es sich auch, wenn man Töpfe neben den Pflanzen eingräbt und das Wasser dort hineinfließen lässt. So wird das Laub weniger nass.
- Temperiertes Wasser aus Regentonnen ist für Jungpflanzen besser als kaltes Leitungswasser.
- Nach Regenfällen und dem Gießen entsteht auf der Erdoberfläche eine brettartige, verschlämmte Schicht. Darum ist es sinnvoll, nach dem Gießen und nach Schauern die Erde an der Oberfläche leicht aufzulockern. Dies unterbricht die Kapillarität, was die Verdunstung reduziert. Einmal lockern ersetzt zweimal gießen.

Bild 33: Terrassen halten Wasser zurück. (1) Häufig baut man in Rebbergen Trockensteinmauern. (2) An Orten, wo kein Steinmaterial verfügbar ist, werden Steilböschungen mit Hecken bepflanzt, die in gewissen Abständen übereinander angelegt werden. (3) Miniböschungen zu planieren ist eine weitere Form der Terrassierung, die in Gärten mit wenig Aufwand zu bewerkstelligen ist. (4) Oft entstehen von selbst sogenannte Viehtreppen durch die Beweidung durch Tiere. Terrassierungen speichern Wasser und vermindern auch die Erosion bei Starkniederschlägen.

Bild 34: An steilen Böschungen die Erosion verhindern: Zuviel Düngung und Bewässerung fördert in Böschungen Hangrutschungen. Hochgewachsener Gras- und Kräuterwuchs kann ein Hinweis sein, dass zu viel Nährstoffe und Wasser im Boden sind. Kurzgewachsener Wuchs deutet hingegen eher auf magere, trockene Standorte hin. Es mag etwas paradox klingen, dass starker Wuchs rutschgefährdeter ist als schwaches Wachstum. Der Grund dafür liegt in der Versorgung durch Dünger und viel Wasser. Stark wachsende Gräser bilden eher kurze Wurzeln, da ihnen genügend Wasser oberflächennah zur Verfügung steht. Eine Trockenwiese mit kurzem Wuchs wurzelt dagegen tief ins Erdreich, weil sie Nährstoffe und Wasser suchen muss. Dies stabilisiert eine Böschung sehr gut.

4.7 Entwässerung und Bodenversalzung

Bild 35: Entwässerung auf dem Kartoffelacker.

Kartoffeln lieben es feucht, aber nicht zu nass, sonst können die Knollen verfaulen. In regenreichen Regionen werden die Furchen oder Pflanzgräben daher hangwärts angelegt. So fließt das überschüssige Regenwasser schnell ab. In Regionen mit langen Trockenperioden pflanzt man sie hingegen besser in Pflanzgräben, die quer zum geneigten Gelände stehen. So kann sich das Wasser von Regen oder Bewässerung besser anstauen und vom Boden gut aufgenommen werden. Allerdings besteht hier die Gefahr, dass bei Starkregen durch die Anstauung in den Furchen das Erdreich weggeschwemmt wird. Hier kann man einen Trick anwenden, indem man die Pflanzgräben seitlich etwas schräg zum Hang anlegt. So kann bei Starkregen überschüssiges Wasser seitwärts wegfließen.

Durch die zunehmenden Klimaveränderungen entstehen immer häufiger extreme Wettersituationen. Lange Trockenzeiten wechseln sich mit Starkregen in kurzer Zeit ab. Die Böden können dann das Wasser nicht mehr aufnehmen. An Böschungen wird das Erdreich weggespült und in Senken bleibt es stehen. Vorbeugende Maßnahmen sind kostengünstiger, als Schäden zu beheben. Ein Hauptproblem ist die Versiegelung von Flächen auf Wegen und Plätzen. Das Wasser fließt dort schneller ab und belastet anschließend die angrenzenden unversiegelten Flächen. Hier sollte man, wenn möglich, das Wasser in bestimmte Bereiche lenken.

Bild 36: Entwässerungsgräben als Gartengestaltungselement nutzen.

Wenn man die Möglichkeit nutzen kann, um schnell abfließendes Wasser von versiegelten Flächen wie Asphalt, Plattenplätzen wegzuleiten, sind Gräben und Vertiefungen eine sehr effiziente Maßnahme. Diese Entwässerungsgräben bieten zudem einen eigenen Lebensbereich für Pflanzen- und Tierarten. In solche Vertiefungen pflanzt man am besten Stauden, die Wechselfeuchtigkeit ertragen. Gut geeignet ist beispielsweise das Schmalblättrige Weidenröschen, welches Feuchtigkeit liebt, aber auch vorübergehende Trockenheit erträgt.

Bild 37: Bei Bodenverdichtung entwickelt sich kein gesundes Pflanzenwachstum.

So wie sich der Boden auf dem Foto präsentiert, sollte kein Boden aussehen! Bodenverdichtung, die durch falsche Bodenbewirtschaftung entsteht, ist für das Pflanzenwachstum nachteilig: Es gibt hier zu viel Wasser und zu wenig Sauerstoff im Wurzelbereich. Diese ungünstige Bodenstruktur verhindert ein gutes Gedeihen der Pflanzen. Ein weiteres Problem ist die Bodenversalzung. Diese entsteht oft in niederschlagsarmen Regionen und während langer Trockenphasen, wenn im Jahresverlauf mehr Wasser verdunstet, als durch Regen und Bewässerung zugeführt wird. Bei zu hoher Verdunstung lösen sich die Mineralsalze im Wasser auf, die sich dabei an der Bodenoberfläche ablagern und so zu hohen Salzkonzentrationen führen, was das Pflanzenwachstum beeinträchtigt. Vorbeugende Maßnahmen sind die folgenden:

- Bei offenen Böden kann man die oberste Schicht gegen die Verschlämmung regelmäßig auflockern.
- Ein niedriger Pflanzenbewuchs sowie eine Mulchabdeckung verringern die Verdunstung.
- Bei starken Regenfällen und Überflutungen die Böden nach Möglichkeiten entwässern: Stehendes Wasser erhöht die Versalzungsgefahr.
- Auf mineralische Dünger verzichten, da diese den Boden auslaugen und selbst Mineralsalze auf Kulturflächen ablagern.
- Dünger, insbesondere in flüssiger Form, zurückhaltend einsetzen. Vor allem bei Kübelpflanzen kann er die Versalzung fördern.
- Böden, die bereits eine zu hohe Versalzung aufweisen, müssen vorübergehend stark bewässert werden, um die Mineralsalze in tieferen Bodenschichten auszuspülen.

MARINE

Teil II
Gartenpraxis

5 Gartenplanung und Ausführung

5.1 Wünsche und Bedürfnisse

Als Allererstes stellt sich die Frage, welche Wünsche und Bedürfnisse wir im eignen Garten umsetzen möchten. Kompromisse sind eigentlich immer nötig, da kaum ein Garten die perfekten klimatischen Bedingungen aufweist, die es erlauben, Ihre Wünsche ohne Abstriche umzusetzen. Am besten arbeitet man daher mit einer Checkliste, die die individuellen Bedürfnisse an den Garten auflistet, und schaut dann, welche gartenbaulichen Maßnahmen, die zu deren Realisierung nötig sind, mit wie viel Aufwand umsetzbar sind. Ziel ist es dabei, mit der Natur und nicht gegen sie zu arbeiten. Wer die Kunst der Einfachheit anzuwenden versteht, dem bietet sich auch die Möglichkeit, spätere Veränderungen ohne allzu große Kosten anzupassen.

5.2 Beobachten und Ressourcen erkennen

Aus den vorangehenden Kapiteln wissen wir bereits, dass aufmerksames Beobachten wichtig ist, um die Witterungseigenschaften an einem Ort zu optimieren. Wenn Sie mit den örtlichen Gegebenheiten bereits ein wenig vertraut sind, so lässt sich dieser Beobachtungsprozess verkürzen. Wenn Sie jedoch in einer Ihnen bislang fremden Gegend beginnen, so sollten Sie sich genügend Zeit lassen, Erfahrungen durch Beobachtung zu sammeln. Ideal ist es, sich hierzu ein ganzes Jahr Zeit zu lassen, weil so jede Jahreszeit einmal durchlebt und aufmerksam studiert werden kann. Da sich aber auch dann noch langjährige klimatische Eigenschaften kaum einschätzen lassen, lohnt es sich, auch die einheimische Bevölkerung, Landwirte und Bäuerinnen sowie Gärtner zu befragen; sie sind wertvolle Informationsquellen.

Damit die Beobachtung systematisch ist, ist es sinnvoll, ein Protokoll in Form eines Tagebuches zu führen. Neben Informationen zum Wetter sollen da vor allem auch die phänologischen Abläufe dokumentiert werden: Wann blüht der erste Löwenzahn? Wann öffnen sich die Kirschblüten an den Bäumen? Wann brüten die ersten Vögel? Und wann kann man die ersten Grillen zirpen hören? Aus welcher Richtung wehen die Winde; sind sie eher kalt oder eher warm? Aus welcher Himmelsrichtung kommt in der Regel das Wetter? Und wie ist die Niederschlagsverteilung über das Jahr? Je mehr Informationen Sie notieren, desto besser können Sie anschließend die klimatischen- und witterungsbedingten Faktoren am Standort Ihres Gartens einschätzen.

Als Vorzeichen für Wetterveränderungen orientierte man sich früher auch an Bauernregeln. Allerdings sind diejenigen, die das Wetter über Monate voraussagen, bei den jetzigen Klimaveränderungen nur noch teilweise zuverlässig. Besser verlässt man sich auf kurz bevorstehende Wetterwechsel durch Beobachtungen, wie Wolkenbilder, Windrichtungen und auf die meteorologischen Dienste.

Die Vegetation zeigt uns, welche Pflanzenarten in der umliegenden Landschaft und den Gärten wachsen. Diese Zeigerpflanzen liefern uns wichtige Hinweise zum Klima und der Bodenbeschaffenheit.

Bild 1: Die Beobachtung der umgebenden Landschaft liefert wertvolle Hinweise zu Witterung und Klimabedingungen in Ihrem Garten. Saftige Wiesen und üppiges Wachstum der Haselhecke zeigen uns an diesem Ort, dass hier genügend Niederschläge fallen und die Böden ein gute Wasserspeicherung aufweisen.

Hauptsache GARTEN

Bild 2: Kenntnisse von typischen Garten-Zeigerpflanzen sind hilfreich. Der nicht ganz frostverträgliche Rosmarin zeigt uns hier, dass zwischen den Mauern ein mildes Klima vorherrscht. Er ist ohne Aussaat selber in den Mauerfugen gewachsen; offenbar ist dort das Mikroklima für ihn gut genug, damit er gedeihen kann.

Parallel zu der Beobachtungsphase lohnt es sich, ergänzend einschlägige Literatur über Wetter- und Bodenkunde, Pflanzen und Tiere zu studieren, und gegebenenfalls auch die Jahrbücher von Landwirtschaftsämtern zu konsultieren. Aus diesen Erkenntnissen sammeln Sie Informationen, die in irgendeiner Form für die Bepflanzung und Gestaltung Ihres Gartens nutzbar gemacht werden können.

Besonders wichtig ist auch der persönliche, sinnliche Eindruck. Dabei geht es nicht um das Sammeln von Fakten, sondern um die gefühlsmäßige Wahrnehmungen Ihres Gartens.

5.3 Planungsphase

Im nächsten Schritt geht es nun darum, die Informationen, die Sie gesammelt haben, in einen funktionellen Gestaltungsplan einfließen zu lassen. Dazu erstellen Sie am besten eine Liste, die die bereits vorhandenen Ressourcen auflistet sowie jene, die Sie neu dazufügen möchten. Alte Bäume, Mauern und andere Strukturen sollten dabei in die Gestaltung mit einbezogen werden. Sie können nun auch erkennen, welche Wünsche und Möglichkeiten nicht umsetzbar sind und wo Kompromisse nötig sind. In einem ersten Schritt gilt es, verschiedene Planskizzen zu zeichnen. Dabei versuchen Sie, die Pflanzungen möglichst so zu gestalten, dass die Wettereinflüsse sich optimal auf die Vegetation auswirken; nachteilige Einwirkungen, z.B. starke Winde, sollten verlangsamt und vorteilhafte Wirkungen, z.B. eine Wärmefalle, verstärkt werden. Dabei ist zu beachten, dass jede Anwendung immer Vor- und Nachteile mit sich bringen kann. Entsprechend ist es auch nicht

Bild 3: Planskizze mit Witterungseigenschaften.

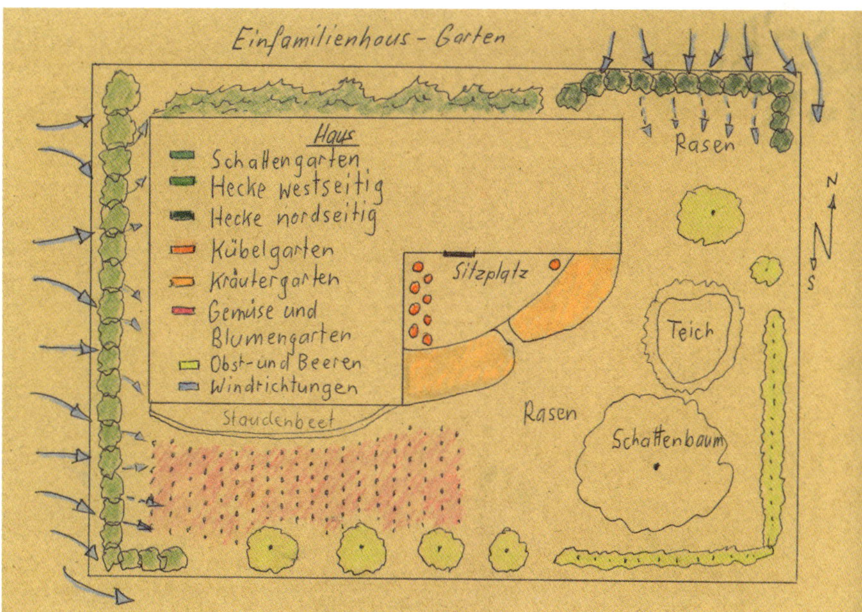

einfach, die richtigen Entscheidungen zu treffen. Es ist aber immer bereichernd, wenn die Vor- und Nachteile bekannt sind.

Gartenpläne, die man im Auftrag durch Fachleute anfertigen lässt, sind in Bezug zu den Witterungseigenschaften nur teilweise aussagekräftig, da Fachleute zwar viel Erfahrung mitbringen, vor Ort aber keinen längeren Beobachtungsprozess vornehmen können. Sollten Sie sich doch für einen Gartenplan von Fachleuten entscheiden, so empfiehlt es sich, ihnen Ihre Beobachtungen detailliert mitzuteilen.

Neben der Geländestruktur sollten auch die Beobachtungen zu den Witterungseinflüssen im Gartenplan berücksichtigt werden. Ein Gebäudeschatten eignet sich beispielsweise für frostverträgliche Schattenpflanzen, eine westseitige Wildhecke bremst die Hauptwindrichtung in den Gemüse- und Blumengarten und eine nordseitige, immergrüne Hecke schützt im Winter vor kaltem Nordwind. Die Sitzplatzecke kann sinnvollerweise in einer Wärmefalle angelegt werden, wo sich auch nicht-winterharte Kübelpflanzen wohlfühlen. Dieser Bereich ist auch für den Kräutergarten geeignet. Am Rande der Süd- und Ostseite des Grundstückes können Sie gut Obst- und Beerenpflanzen setzen, denn die Luftzirkulation an der Grundstückgrenze ist für das Obst von Vorteil.

5.4 Die Ausführungsphase

Die baulichen Maßnahmen

Die praktische Umsetzung, die Ausführungsphase, kann nun in Angriff genommen werden. Es ist wichtig, dass Sie sich dafür Termine und Etappenziele setzen. Für größere Anlagen werden in der Regel Gartenbauunternehmen beauftragt. Bei Projekten mit viel Eigenleistung können Sie sich vielleicht von Freunden helfen lassen. Das geht aber nur, wenn die Arbeit geplant wird, daher sind die Etappenziele wichtig. Dasselbe gilt für das benötigte Material (Maschinen, Werkzeuge, Transportmittel usw.), welches termingerecht zur Verfügung stehen muss. Alle Faktoren lassen sich aber nicht planen; so beispielsweise das Wetter: Bei Regen können Erdarbeiten nicht gut ausgeführt werden. Eine gewisse Flexibilität ist also auf alle Fälle nötig.

Wenn dann die ausgeführten Arbeiten in realer Form sichtbar werden, entdeckt man oft noch kleine Verbesserungsmöglichkeiten, sodass man von den Plänen etwas abweichen muss. Damit das Endresultat dann stimmig ist, lohnt es sich, solche Abweichungen umzusetzen, man sollte dabei aber den Gesamtplan nicht aus den Augen verlieren.

Bild 4: Findlinge – ein unerwartetes Gestaltungselement des Aushubs: Bei Aushubarbeiten von Neubauten kommen oft große Steine zum Vorschein, die sich anschließend sehr gut als Gestaltungselemente verwenden lassen.

Das Auspflanzen

Beim Auspflanzen fängt man sinnvoller Weise mit den Gehölzen an, da diese nebst den baulichen Elementen das Rückgrat eines Gartens darstellen.

Bild 5: Das Sortieren der verschiedenen Pflanzenarten verschafft uns bei einer größeren Pflanzenlieferung eine bessere Übersicht.

Bild 6: Zuerst schaffen wir uns Orientierungshilfen zu den Gehölzpflanzungen.

Um bei großen Gartenanlagen eine übersichtliche Situation zu erhalten, macht es Sinn, das ganze Gelände auszumessen und mit Pfosten die einzelnen Elemente zu markieren. Besonders wichtig ist dies für die Standorte von größeren Bäumen. Nach dem Auspflanzen der Gehölze setzen wir die mehrjährigen Stauden, anschließend die einjährigen Nutzpflanzen. Dabei sollten wir die Endgröße der verschiedenen Pflanzen kennen: Da diese beim Auspflanzen noch klein sind, ist man immer geneigt, die Abstände zu knapp zu halten. In der Folge pflanzt man dann zu viel auf die Fläche, was sich auf die Luftzirkulation zwischen den Gewächsen nachteilig auswirkt.

5.5 Die Unterhaltspflege und Weiterentwicklung des Gartens

Ein Garten ist nie fertig. Über längere Zeit wird es immer nötig sein, gewisse Veränderungen durchzuführen. Wünsche und Bedürfnisse müssen auch immer wieder an die sich verändernden Vorstellungen angepasst werden. In einem Familiengarten, in dem die inzwischen nicht mehr ganz so kleinen Kinder nicht mehr spielen, kann beispielsweise der Spielrasen verkleinert werden. Und wenn Sie als Gartenbesitzer langsam älter werden, haben Sie vielleicht das Bedürfnis, den Garten so zu gestalten, dass die Unterhaltspflege möglichst gering und die damit verbundenen Arbeiten nicht zu anstrengend sind. Schließlich sollte uns ein Garten immer auch Freude bereiten und nicht zur Qual werden.

5.6 Fallbeispiele

Bild 7: Nutzgarten in freier Landschaft. Dieser Gemüse-Blumengarten liegt in einer leichten Mulde in Hanglage. Diese begünstigt die Thermik: Am Tag wärmt sich der Garten schnell auf und nachts fließt kühle Luft ab; Kälteseen gibt es in diesem Garten nicht. Er wird durch die Hauptwindrichtung aus Westen mit hohen Bäumen, Obstgehölzen und Hecken geschützt. Dadurch trocknen die Böden weniger stark aus und die Verdunstung wird reduziert.

Bild 8: Gebäude schützen den Ziergarten. Dieses U-förmige Gebäude, das in dieser Ansicht die Südseite zeigt, ist für diesen Garten vorteilhaft. Es schützt die Pflanzen vor kalten Nordwinden und der Hauptwindrichtung aus Westen. Gleichzeitig entstand in dieser Nische eine Wärmefalle, die sich auch für Wärme liebende Pflanzen eignet.

Bild 9: Große Gartenanlage mit optimalem Mikroklima. Bei dieser größeren Gartenanlage wurden gestalterisch ideale Bedingungen geschaffen, die einen guten Schutz vor der Witterung bieten. Die großen Bäume wurden so gepflanzt, dass sich Sonnen- und Schattenbereiche abwechseln. Diese schützen vor starken Windeinflüssen; die niederen Hecken bieten zudem für die Blumen zusätzlichen Schutz vor dem Wind in Bodennähe. Die lockere Bepflanzung ermöglicht trotzdem eine gute Luftumwälzung, was dem gesunden Wachstum der Pflanzen förderlich ist.

Bild 10: In der Permakultur versucht man Ökosysteme zu entwickeln, die einem natürlichen Wald nahekommen. Der Wald braucht weder künstliche Bewässerung noch Düngung. Nährstoffe werden durch den Abbau der Laubstreu selbst produziert. Die Bodenbearbeitung erledigen die vielen Bodenlebewesen und Pilze (Mykorrhiza).

Bild 11: Auch in kleinen Gärten kann man in Etagen Pflanzen anbauen. Im Permakultur-Garten verwendet man dazu vorwiegend Nutzpflanzen.

Einige wichtige Aspekte, die bei der Anlage eines Waldgartens zu berücksichtigen sind:

- Auswahl der geeigneten Pflanzenarten an das Klima vor Ort anpassen.
- Ein Waldgarten sollte nicht zu klein sein; je größer desto besser.
- Der Abstand der großen Bäume muss so erfolgen, dass die kleinen Bäume, Sträucher und Stauden darunter bis zum Boden genügend Licht bekommen.

Bild 12: Im Waldgarten verbessert sich das Mikroklima dank einer ausgeglichenen Nährstoff- und Wasserversorgung.

- Gehölze so pflanzen, dass Flach- und Tiefwurzler einander abwechseln.
- Die verschiedenen Expositionen in den Randzonen mit einem Strauch- und Staudensaum bepflanzen. Süd- und westseitig Wärme liebende Arten pflanzen und ost- bis nordseitig Arten, die kühlere Temperaturen mögen.

Bild 13: Der Permakultur-Landschaftsgarten des Autors als Fallbeispiel.

Projektfindung und Zielsetzung

Der Autor dieses Buches hat selbst Erfahrung mit der Anlage eines Gartens. Im Sinne eines Fallbeispiels sei hier sein Garten näher beschrieben. Der Autor entschied sich für eine Parzelle Landwirtschaftsboden im Wallis (Schweiz). Sein Ziel war es, einen Landschaftsgarten zu bauen und so weiterzuentwickeln, dass er sich an den Grundsätzen der Permakultur orientiert. Der Garten sollte der Selbstversorgung dienen und einen kleinen Nebenerwerb durch den Verkauf seiner Produkte generieren.

Ort: Vispertal im Kanton Wallis (Schweiz).
Höhe: 850–900 m ü. M., in leicht erhöhter Tallage.
Größe: 7000 m^2
Gelände: Westhang, teilweise leichte Südwestlage. Hangneigung 15–30 %.
Bodenbeschaffenheit: Tiefgründige, durchlässige Moränenböden, die aus Sand und Lehm bestehen und mit viel Feinanteil und kiesigem Material durchsetzt sind. Die oberste Humusschicht beträgt nur ca. 10 cm. Der pH-Wert liegt bei 7–7,5.
Bestehende Landschaftselemente: Trockensteinmauern und Vegetationsflächen, bestehend aus Wiesen, Weiden, Felsensteppen, Einzelbäumen, Feldhecken und Wald.
Klima: Inneralpines Trockentalklima; niederschlagsärmste Region der Schweiz mit 450–550 mm jährlichem Niederschlag pro m^2. Ganzjährig meist tiefe Luftfeuchtigkeit mit heißen, trockenen Sommermonaten. Im Winter nicht allzu viel Schnee, dafür sehr kalt. Im Sommer oft starker Talwind und im Winter kalter Nordwind. Vom Winter gegen das Frühjahr hin oft warmer Südföhn, wobei die Temperaturen während dieser Phase stark ansteigen.

Landschaftsgestaltung: Die bestehenden Landschaftselemente wurden in die neue Gartengestaltung einbezogen. Der Autor versuchte, alle Eigenschaften aus den Witterungskapiteln dieses Buches funktionell in der Gestaltung des Geländes zu berücksichtigen. Da die ganze Fläche zu 80% aus Wiesen bestand, nutzte er die Möglichkeit, diese Freiflächen optimal zu bepflanzen. Als Hauptstrukturen entstanden Fruchthecken, Einzelbäume sowie mehrere Gemüse- und Kräutergärten, die sich über das ganze Gelände verteilen.

Die wichtigsten Herausforderungen sind

- die Trockenheit und Hitze mit wenig Niederschlag,
- die starken Windeinflüsse,
- der Wildverbiss durch Rotwild im kalten Winter.

Maßnahmen zur Verbesserung der klimatischen Bedingungen: Da das Tal, in der sich der Garten befindet, in Nord-Süd-Richtung verläuft, ist die vorherrschende Windrichtungen von Norden. So pflanzten wir mehrere bergwärts angelegte Fruchthecken, die den Wind bremsen und die Verdunstung reduzieren. Die Artenzusammensetzung der Fruchtgehölze pflanzten wir so, dass die robusteren Sorten nordseitig an der Grenze des Grundstücks stehen und bei jeder nachfolgenden Reihe zunehmend empfindlichere Arten hinzukommen. Durch diese Staffelung schützt jede Pflanzreihe die darauffolgende zusätzlich vor dem Wind und dem Austrocknen der Böden.

Bild 14: Durch Hecken Wind bremsen und die Thermik nutzen.

Zwischen den bergwärts gepflanzten Hecken entsteht im Verlaufe des Tages eine gute Thermik, wovon der obere Bereich des Gartens profitiert. Sie funktioniert aber nur dann gut, wenn kein starker Talwind aufkommt, der die thermische Strömung wegbläst. Oberhalb des Kräutergartens steht eine Hecke horizontal im Hang. Diese staut die Wärme, damit diese langsamer dem Hang entlang aufsteigt. In der Nacht wird der Kaltluftabfluss oberhalb dieser Hecke verlangsamt. Da es im Frühjahr oft kalte Nächte gibt, ist dieser Effekt vor allem in dieser Zeit wertvoll.

Auswahl geeigneter Kulturpflanzen: In der Planungsphase erstellten wir eine Artenliste der vorhandenen Vegetation. Zeigerpflanzen an bestimmten Standorten gaben uns wichtige Hinweise zur Auswahl geeigneter Pflanzen. Linden, Nussbäume, Mehlbeeren, Perlgras, Knäuelglockenblume, Italienisches Leinkraut, um nur wenige zu nennen, gaben besonders nützliche Hinweise.

Bild 15: In den Wiesen wachsen viele essbare Wildkräuter. Die Wiesen wurden von unseren Vorbesitzern häufig bewässert. Da wir sparsamer mit dem Wasser umgehen, veränderten sich die Fettwiesen recht schnell zu Trockenwiesen. Diese brauchen weniger Wasser, werden bei uns aufgrund der extremen Trockenheit aber nicht artenreicher. Durch unterschiedliche Schnitt- und Bewässerungszeitpunkte in den Wiesen können wir nun auch viele essbare Wildkräuter ernten.

Bild 16: Die Schwarze Maulbeere *(Morus nigra)* wächst in unserem Klima sehr gut.

Wir pflanzten 250 verschiedene Wild- und Edelobstgehölze. Diese sind natürlich nicht alle Trockenheitskünstler. Durch das Wachstum der Gehölze verbesserte sich über die Jahre aber das Mikroklima, sodass sie mit etwas weniger Wasser auskommen. Dennoch ist es aber vor allem während der Fruchtentwicklung hier notwendig, ein gewisses Maß an Feuchtigkeit zu gewährleisten. Wir bewässern nach Bedarf mit Gletscherwasser aus Leitungen.

Bild 17: Ruderalpflanzen trockener Standorte kommen ohne Bewässerung aus. Pionierpflanzen als Erstbesiedler, wie etwa Königskerze *(Verbascum densiflorum)* und Wegwarte *(Cichorium intybus)*, lieben halboffene Böden.

Bild 18: Kräuter bauen wir auf verschiedenen Parzellen im Gelände an; zurzeit sind es rund 150 Arten und Sorten. Wir verwenden z. T. heimische Pflanzen wie den Walliser Ysop oder Wildlaucharten. Des Weiteren eignen sich viele frostharte mediterrane Gewürzkräuter an unserem Standort. Die sandig-durchlässigen Böden verhindern Staunässe, was für diese Kräuter vorteilhaft ist.

Bild 19: Schattige Bereiche bleiben kühler und trocknen weniger aus. In Schattenbereichen der Gehölze entstehen zunehmend auch feuchtere Zonen, wo jetzt auch Pflanzen wachsen, die sonst in unserem Trockengebiet weniger oft vorkommen (z. B. die Rote Lichtnelke *(Silene dioica)*).

Bild 20: Artenvielfalt schafft Stabilität und ein gutes Gleichgewicht in der Natur. Die Vielfalt ist ein Erfolgsfaktor, da durch extreme Witterungsperioden, wie hohe Temperaturen, Spätfröste, Sturm und Starkniederschläge, nie die gesamte Vegetation geschädigt wird und es dadurch immer etwas zu ernten gibt. Insgesamt wachsen ca. 600 verschiedene Kultur- und Wildpflanzen auf dem Gelände. Diese Artenvielfalt schafft zudem ein besseres Gleichgewicht bei der Schädlingsabwehr.

Mulch, Gründüngung, Bodenverbesserung: In unserem trockenen, heißen Sommerklima ist auch Mulch eine wichtige Komponente, um die Feuchtigkeit im Boden zu erhalten. Wir verarbeiten fast alle Gartenabfälle zu Kompost oder zu Mulch für die Flächenkompostierung. Am meisten Mulch fällt bei uns durch Gras und Heu an. Auf einigen Flächen weiden Schafe, wodurch auch Stallmist zur Kompostierung anfällt. Um die Gehölze tragen wir eine ca. 10–20 cm dicke Heuschicht auf. Dank des Mulchs verbesserte sich zunehmend die Bodenstruktur durch Humusbildung und Wasserrückhaltevermögen. Unter dem Mulch bleibt es im Sommer auch kühler. Zwischen den Gemüsen verwenden wir periodisch etwas Grasschnitt als dünne Mulchschicht. Oft lassen wir auch das ausgerissene Unkraut als Mulch in den Beeten liegen. Wir verzichten auf das Umgraben und lockern Kulturflächen nur auf. Gründüngung und Zwischensaaten gehören auch zu den praktizierten Maßnahmen.

Bild 21: Teilausschnitt aus dem Heckengarten. Obwohl die Bäume im Laufe der Zeit größer wurden, hat sich der Wasserbedarf durch die Bewässerung durchschnittlich verkleinert.

6 Bodenbewirtschaftung

Auf der Erde gibt es viele verschiedene Bodentypen; sie eignen sich für den Pflanzenanbau mehr oder weniger gut. Die verschiedenen Bodentypen entstehen durch das darunterliegende Gestein, dessen Verwitterungs- und Erosionsprodukte, durch Niederschläge, Wind und Temperatur sowie durch das organische Material, welches sich über die Jahrtausende darauf ablagert.

Leider gibt es zahlreiche Gartenbesitzer, die den Wert eines gesunden Bodens noch nicht erkannt haben. Ein gesunder Boden ist aber essenziell für gesundes Pflanzenwachstum. Darum ist die Bodenpflege genauso wichtig wie die Pflanzenpflege selbst.

In den folgenden Abschnitten zeigen wir, was im Zusammenhang mit den Witterungseinflüssen zu den Bodeneigenschaften beachtet werden sollte. Wir verzichten jedoch auf detaillierte Angaben zur Bodenverbesserung und zur Nährstoffversorgung, da es dazu bereits viel gute Literatur im Handel gibt (vgl. hierzu das Literaturverzeichnis am Ende dieses Buches).

6.1 Witterungseinflüsse auf verschiedene Bodentypen

Sandböden

Sandböden sind luftdurchlässig und trocknen schnell aus. Der Tonanteil beträgt nur bis 10 %. Feuchter Sand ist formbar, aber zerfällt schnell in der Hand. Sandböden sind nährstoffarm und Wasser versickert schnell in ihnen, da durch fehlenden Ton- und Humusanteil das Festhaltevermögen durch Speicherung nicht vorhanden ist. Organisches Material zersetzt sich in Sandböden schnell; die Nährstoffe werden aber auch schnell ausgewaschen. Durch das Beimischen von Lehm, Kompost, Stallmist, Pflanzenkohle und Gründüngung kann aus Sandboden aber ein guter Gartenboden entstehen. Diese Böden brauchen jährlich durch Beimischen von organischem Material eine gute Bodenpflege.

Tonböden

Tonböden sind die schwersten Böden. Sie enthalten über 60 % Tonanteil. Sie erwärmen sich langsamer als Sandböden und enthalten zu wenig Sauerstoff, um ein gutes Pflanzenwachstum zu gewährleisten. In Tonböden wird viel Wasser eingelagert, weshalb sie nach Regenperioden nur langsam abtrocknen. Sie sind glatt und seifig und Klumpen in der Hand zerfallen kaum. Um die obersten Schichten fruchtbar zu machen, muss man im Herbst während der ersten Jahre der Bewirtschaftung tief umgraben, um die Frostgare zu fördern. So werden verdichtete Erdschollen durch das gefrorene Bodenwasser im Winter gesprengt. Beim Umgraben sollte man zudem viel Sand und Kompost beimischen, da so mit der Zeit eine durchlässige Bodenstruktur entsteht. Wenn sich nach 2–3 Jahren eine ausgeglichene Humusschicht gebildet hat, kann man auch auf alternative Bodenbearbeitungsmethoden umstellen (Mulchen, Gründüngung und Bodenlockerung).

Lehmböden

Lehmböden werden zwischen Sand- und Tonböden eingeteilt, da in ihnen schon Ton- und Sandanteile vorhanden sind. Lehmböden können je nach Tonanteil, der zwischen 25 % und ca. 55 % liegt, stark variieren. Entsprechend fallen Klumpen von Lehmböden auch mehr oder weniger leicht auseinander. Ist der Tonanteil relativ hoch, sollte man auch bei diesem Bodentyp tief umgraben. Bei leichteren Lehmböden genügt es aber, in den ersten Jahren Humus und Kompost zuzuführen. Lehmböden im mittleren Bereich sind die besten Böden, weil sich bei ihnen die Speicherfähigkeit von Wasser und der Luftaustausch im Gleichgewicht befinden.

Weitere Bodentypen sind Kalk- und Mergelböden sowie Lössböden mit unterschiedlichen Anteilen von feinem Quarzsand, Lehm und Kalk. Auch diese Böden kann man alle mit Humuszufuhr und späteren Kompostgaben verbessern.

Humusboden

Humus ist die lebendige Erde, die in den obersten Schichten der oben beschriebenen Bodentypen vorkommt. In der Natur entsteht Humus natürlicherweise durch abgestorbenes Pflanzenmaterial, das durch Bodenorganismen zu Humus abgebaut wird. Wie stark diese Humusschichten sind, hängt von der jeweiligen Vegetation, der Temperatur und Feuchtigkeit ab, sowie davon, wie alt ein Boden ist. Laubwaldböden produzieren beispielsweise eine dickere Humusschicht als Wiesen und Weideland. Beim Gartenboden entwickelt sich durch eine richtige Bewirtschaftung eine optimale Humusschicht. Um diesen Zustand zu erreichen und zu erhalten, muss den Bodenlebewesen Sorge getragen werden; sie müssen mit genügend organischem Material versorgt werden, damit sie in ausreichender Anzahl im Boden überleben können. Gründüngung, Stallmist, Mulch und Kompostgaben sind gute Nahrungsquellen für Regenwürmer, Kleintiere, Bakterien und Pilze, die in einem aktiven Boden in enorm großer Zahl vorkommen. Das organische Material zu Humus abzubauen, gelingt mit Bodenlebewesen am besten, wenn die Böden feucht und durchlüftet sind. Guter Humus klumpt nicht, zerfällt in der Hand aber zu lockeren Krümeln.

Humus setzt sich zusammen aus bis zu 50 % organischen Bestandteilen, die sich im Übergang zur Verrottung zu Dauerhumus befinden. Ein guter Mutterboden enthält ca. 15 % Humus. Die restlichen Bestandteile sind mineralischer Natur; vor allem Lehm, Sand und Steine.

6.2 Den Boden im eigenen Garten analysieren

Der pH-Wert

Die Zusammensetzung von organischem Material, Humus, Ton, Sand, und Kalk bestimmen den Säuregehalt, also den pH-Wert des Bodens. Die Messskala reicht von 0 für extrem sauer bis 14 zu extrem basisch. Gartenböden liegen meist so im Bereich zwischen 6,0 und 7,5. Um den pH-Wert des eigenen Gartenbodens zu ermitteln, kann man sich ein entsprechendes Messgerät anschaffen oder aber eine Erdprobe in ein entsprechendes Labor einschicken.

Bei sauren Böden kann durch die Zugabe von Kalkstoffen die Säure abgemildert und der pH-Wert erhöht werden. Das Regulieren des pH-Wertes ist aber auch mit Risiken für bestehende Pflanzungen verbunden, da der pH-Wert auch die Nährstoffaufnahme durch die Pflanzen beeinflusst. Wenn der Boden weder zu basisch noch zu sauer ist, werden die Nährstoffe am besten aufgenommen. Stickstoff, Phosphor, Kalium und Magnesium sind die Hauptnährstoffe der Pflanzen. Wenn bei einem dieser Stoffe ein Überschuss besteht, kann dies die Aufnahme der anderen Stoffe behindern. Darum ist es besonders wichtig, dass alle wichtigen Nährstoffe im richtigen Verhältnis zueinander vorhanden sind.

Die Spatenprobe

Um unseren Gartenboden besser kennenzulernen, ist es hilfreich, wenn wir mit dem Spaten ein Bodenprofil erstellen. Dabei heben wir den Boden bis in eine Tiefe von 50 cm aus. An den Seitenwänden des so geschaffenen Lochs erkennen wir nun die verschiedenen Bodenschichten. Beim Aushubmaterial sehen wir die Strukturzusammensetzung. Beim Graben bemerken wir auch, ob der Boden leicht oder durch Verdichtung schwerer zu bearbeiten ist.

Bild 1: Abgetragene Wegböschungen geben uns Hinweise zu verschiedenen Bodenschichten. Wertvoll sind auch Aushubarbeiten bei Neubauten jeglicher Art. Dort erkennen wir die Bodenschichten sehr gut, da diese mehrere Meter tief ausgehoben werden.

Kompostierung

Wie man am besten kompostiert ist Gegenstand vieler Diskussionen. Auch werden dabei verschiedene Methoden angewendet. Wir beschränken uns hier auf einige Grundregeln, die es stets zu beachten gilt, sowie auf die Witterungseinflüsse, die die Kompostierung von organischem Material beeinflussen. Dabei gilt es zunächst einmal zu beachten, dass die Kompostmiete unbedingt abgedeckt sein sollte, z. B. mit einem Kompostvlies. Die Abdeckung verhindert, dass die Miete durch Niederschläge vernässt wird, was zu Fäulnis, nicht aber zu einem optimalen Verrottungsprozess führt. Des Weiteren ist zu beachten, dass eine Kompostmiete auch nie austrocknen sollte, da dann der Abbauprozess durch die Bodenlebewesen stark verlangsamt bzw. unterbrochen wird. Um einen ausgewogenen Feuchtigkeitshaushalt in der Kompostmiete zu gewährleisten, gibt es eine einfache Regel: Leicht verrottbares Material stets mit schwer verrottbarem Material vermischen.

Bild 2: Kompost-Mitarbeiter. Gute Komposterden entstehen nur dank unserer fleißigen Mitarbeiter in der Miete. Kompostwürmer, Asseln, Tausendfüßler, Käfer usw. erkennen wir von bloßem Auge. Sie liefern uns Hinweise über die Güte des Klimas im Komposthaufen. Die Komposterde sollte gut riechen und keinen Fäulnisgeruch entwickeln.

Leicht verrottbares Material, wie z.B. frischer Rasenschnitt, enthält viel Wasser. Schwer verrottbares Material, beispielsweise trockenes Laub, schafft so mit dem Rasenschnitt vermischt, ein ausgeglichenes Feuchtigkeitsverhältnis. Dadurch verläuft auch die Verrottung gut ab. Schließlich ist es auch wichtig, darauf zu achten, dass die Kompostmiete nicht zu mächtig wird. In diesem Falle wird nämlich der untere Teil der Miete nicht mehr gut mit Sauerstoff versorgt, was tendenziell zu anaeroben Verhältnissen führt und den Abbauprozess des organischen Materials ebenfalls behindert oder gar unterbricht.

6.3 Welche Bodentypen und Substrate eignen sich für welche Pflanzengruppen?

Die meisten Gemüse und Sommerblumen sind nährstoffliebende einjährige Kulturen. Um sie zu kultivieren, braucht es gute lehmhaltige Humusböden. Diese speichern nach Regenfällen viel Feuchtigkeit und entwässern dank ihrer Durchlässigkeit auch zuverlässig.

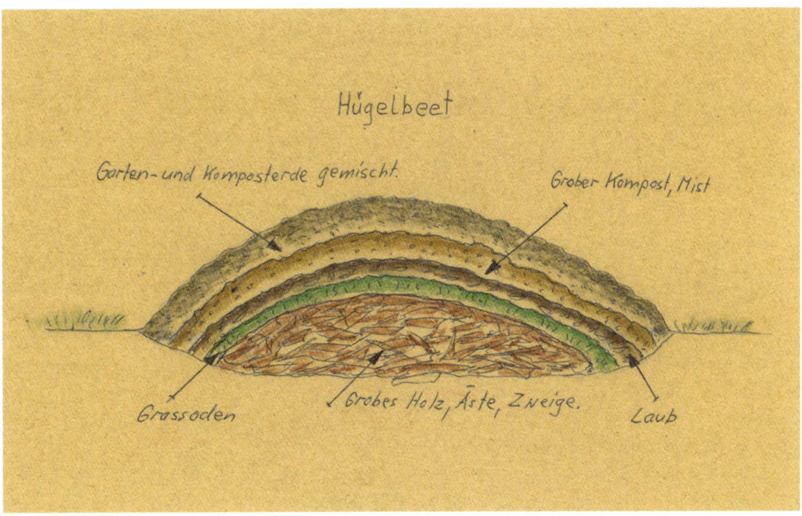

Bild 3: Schichtaufbau eines Hügelbeetes.

Hügelbeet

Hügelbeete eignen sich vor allem an nassen Standorten und in kalten Klimazonen. Nach ergiebigen Regenfällen versickert überschüssiges Wasser in einem durchlässigen Hügelbeet sehr gut; es besteht daher keine Gefahr vor übermäßiger Durchnässung. Ein weiterer Vorteil von Hügelbeeten ist es, dass sich deren Boden im Frühjahr schneller erwärmt und die Abbauprozesse der Bodenlebewesen daher früher einsetzen. In trockenen und heißen Gegenden hingegen führen Hügelbeete zu mehr Verdunstung und neigen zur Austrocknung. Sie müssen entsprechend häufiger bewässert werden und sind weniger geeignet als in kühleren und feuchteren Regionen.

Wie aber wird ein Hügelbeet aufgebaut? Das ist relativ einfach: Zuerst gilt es, die Fläche für das Hügelbeet auszustecken und die Rasensoden sowie die oberste Erdschicht getrennt voneinander zu deponieren. Auf die so entstandene Fläche wird dann eine Schicht aus grobem Holz, Ästen und Zweigen verlegt. Das verrottende Holz wirkt später wie ein Schwamm und gibt Feuchtigkeit langsam an seine Umgebung ab. Über diese Holzschicht werden anschließend die Grassoden verteilt, die man zuvor abgehoben hat. Darüber wird eine Laub- oder Strohschicht gelegt, die mit Kompost oder altem Mist vermischt wird. Schließlich kommt zuoberst noch eine Schicht guter Garten- und Komposterde dazu. Eine zusätzliche Mulchabdeckung reduziert den Verdunstungsprozess.

Wenn Hügelbeete in Nord-Süd-Richtung angelegt werden, erhalten alle Pflanzen über den Tag verteilt gleich viel Sonne. Im ersten Jahr werden dann Starkzehrer im Hügelbeet angepflanzt, z.B. Kohl, Zucchini und Tomaten, da durch die frische Schichtung viele Nährstoffe freigesetzt werden. In den Folgejahren nimmt der Nährstoffgehalt im Boden ab, sodass man dann auch mittel- bis schwachzehrende Gemüse auspflanzen kann, z.B. Krautstiel und Karotten. Um den Platz gut auszunutzen, pflanzt man die großblättrigen Gemüse eher an den Rand und die Tomaten auf den Scheitel des Beetes.

Hochbeet

Bild 4: Das Hochbeet

Beim Hochbeet müssen grundsätzlich zwei Systeme unterschieden werden; nämlich Hochbeete mit einem geschlossenen Boden und Hochbeete mit einer Verbindung zum umgebenden Freilandboden.

Hochbeete mit Verbindung zum Freilandboden: Bei diesem Hochbeet-Typ kann man beim Bau dieselben Materialschichten verwenden wie bei den oben beschriebenen Hügelbeeten. Bei zu großen Mengen an Grünzeug ist aber Vorsicht geboten. Da die Seitenwände nicht luftdurchlässig sind, können sich je nach Feuchtigkeit auch Fäulnisbakterien entwickeln, da der Luftaustausch geringer ist als in einem Hügelbeet. Da sich durch den Abbauprozess jedes Jahr das Substrat stark absenkt, muss man es immer wieder mit frischer Erde auffüllen, was mit größerem Arbeitsaufwand verbunden ist.

Dieses Hochbeet-System eignet sich für einjährige Pflanzen. Von der Verwendung mit mehrjährigen Pflanzenarten wird wegen der starken Absenkung des Bodens abgeraten.

Hochbeete mit geschlossenem Boden: Dieser Hochbeet-Typ wird häufiger verwendet, da er sich auf Terrassen und versiegelten Flächen sehr gut eignet. Aufgrund des geschlossenen Bodens ist bei diesem Hochbeet-Typ eine Drainageschicht nützlich. Als Material für dieselbe verwendet man Kies, Blähton, Ziegelschrot oder ähnliches Material. Je nach Höhe kann diese Schicht 10–20 cm dick sein. Dann kommt ein Vlies als Trennschicht zum Erdsubstrat darüber. Die Schicht über dem Trennvlies wird anschließend mit durchlässiger, grober Erde aufgefüllt, der man auch kiesiges Material beimischen darf. So bleibt die Strukturstabilität lange erhalten, die Erde verklumpt nicht. Als oberste Auflage kommt dann das nährstoffreiche Pflanzsubstrat darüber. Oft wird die oberste Pflanzschicht mit gekaufter Sackerde aufgefüllt. Diese ist aber nicht empfehlenswert, weil diese Substrate meist sehr leicht sind und zu schnell austrocknen. Besser ist es, kompostdurchsetzte, lehmhaltige Gartenerde zu verwenden.

Dieses Hochbeet-System eignet sich auch für mehrjährige Pflanzen, da die Bodenabsenkung geringer ist als beim oben beschriebenen System.

Substrate für Kübel und Töpfe

Kübel und Töpfe ähneln geschlossenen Hochbeeten insofern, als dass es sich bei ihnen ebenfalls um bodenunabhängige Erdsubstrate für Pflanzen handelt. Hier werden die Erdmischungen nach den Bedürfnissen der entsprechenden Pflanzen ausgewählt. Für einjährige Pflanzen verwendet man nährstoffreiche Substrate, z.B. Gemüse- oder Blumenerde. Bei mehrjährigen Kübelpflanzen sind hingegen Mischungen gefragt, bei denen der mineralische Anteil etwas höher liegt, weil dies die Struktur des Substrats länger aufrechterhält. Geeignete Materialien zur Beimengung sind Blähton und Sand. Bei größeren Gefäßen ist eine Drainageschicht ebenfalls sinnvoll (etwa aus Kies, Blähton oder Tonscherben). Töpfe und Kübel sollten zudem immer auch eine Abzugsöffnung für überschüssiges Wasser aufweisen.

Nun könnte es natürlich sein, dass Sie in Ihren Töpfen Regenwürmer entdecken und sich darüber freuen, weil Regenwürmer wertvolle Bodenlockerer sind. Dem ist in Töpfen aber nicht so: Da in diesen wenig organisches Material vorhanden ist, bleibt den Regenwürmern nichts anderes übrig, als das vorhandene Erdsubstrat mehrfach zu verarbeiten. Dadurch wird die Erde im Topf mit der Zeit klumpig und neigt zu Vernässung; sie verliert ihre Strukturstabilität, wodurch es zu Verdichtung und Luftmangel kommt. Sollten Sie also Regenwürmer in Ihren Töpfen und Kübeln entdecken, so ist es besser, sie von dort zu entfernen.

Damit die Pflanzen in Kübeln und Töpfen weniger austrocknen, wählt man in sommerwarmen Regionen besser solche mit hellen Farben; sie reflektieren mehr Sonnenlicht und heizen sich dadurch weniger stark auf. Dadurch reduziert sich auch der Wasserverbrauch. Aber Achtung: Wenn Sie in einer kälteren Umgebung gärtnern, z.B. in einem hoch gelegenen Bergdorf, sollten Sie eher dunkel gefärbte Töpfe verwenden, weil hier mehr Wärme erwünscht ist.

6.4 Bodenbearbeitung

Die üblichste Methode der Bodenbearbeitung ist immer noch das Pflügen und das grobschollige Umgraben. Dabei wird die Humusschicht vom Unterboden getrennt; es entsteht eine Schnittstelle, die «Pflugsohle» genannt wird, und die zu Verdichtung neigt. Auch die Mikroorganismen werden durch das Pflügen und Umgraben durcheinandergemischt und gestört. Pflügen und Umgraben hat neben dem offensichtlichen Vorteil der effizienten Bodenbelüftung also auch einige Nachteile. Es ist daher oft sinnvoll, den Boden nicht zu pflügen, sondern nur gründlich aufzulockern. Auf diese Weise entsteht ein fließender Übergang zwischen Ober- und Unterboden, ohne dass dabei die oben erwähnte Pflugsohle entsteht. Pflanzenwurzeln können so auch in tiefere Bodenschichten vordringen und dort den Unterboden auflockern. Auch der Wasseraufstieg aus tieferen Bodenschichten wird bei dieser Methode begünstigt. Böden, die man nur lockert, sollten allerdings im Winter immer abgedeckt werden. Gründüngung oder Mulch fördern dann die erwünschte Krümelstruktur im Boden.

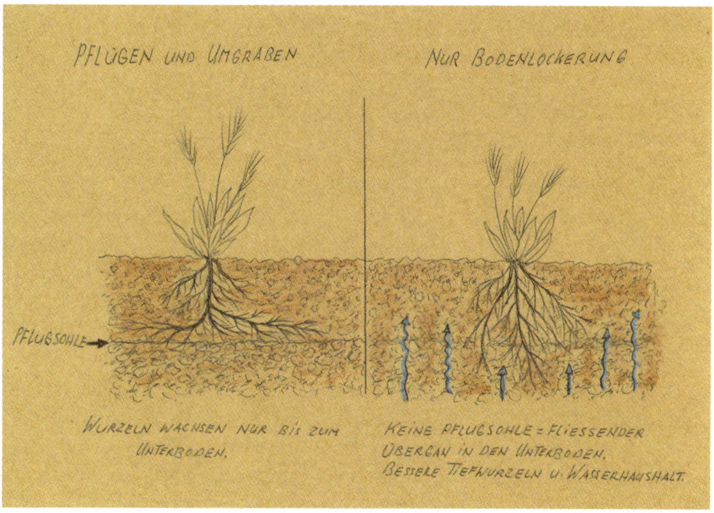

Bild 5: Schematische Darstellung des Wurzelwachstums. Links: umgegrabener Boden; rechts: gut gelockerter Boden.

Die Bodenlockerung erfolgt am besten mit einer Grabgabel, Gartenkralle oder einem Kultivator mit Zinken. Maschinell eignet sich eine Bodenhacke mit langsamer Drehbewegung, damit das Erdreich nicht zu fein wird. Verzichten sollte man aus diesem Grunde auf hochtourige Bodenfräsen. Die Erde wird damit zwar schön fein, aber man zerschlägt die Krümelstruktur.

Bild 6: Offene, unbearbeitete Gartenböden sollten vermieden werden.

Wenn im Herbst nicht grobschollig umgegraben wird, sollte das Erdreich mit einer Gründüngung oder Mulchschicht abgedeckt werden. Regentropfen, die auf nackten Boden fallen, schwemmen immer feinen Humus ab. Durch Humusabtrag entsteht eine schleichende Erosion, die nicht sofort sichtbar wird, dem Boden aber trotzdem nicht guttut.

Wie erarbeiten wir einen neuen, humusreichen Gartenboden auf einer Fläche, die zuvor eine Wiese war?

Auch hier gibt es verschiedene Methoden. Aus der Permakultur kennen wir eine Anwendungsform, die immer häufiger ausgeführt wird. Statt das Beet umzugraben, wird dabei eine Abdeckungsmethode gewählt. Als Abdeckmaterial bietet sich z. B. Pappkarton an, der auf der Wiese ausgelegt und danach mit einer dicken Schicht altem Mulch abgedeckt wird. Anschließend können bereits Jungpflanzen durch das Material hindurch in den Boden gepflanzt werden. So entwickelt sich über eine gewisse Zeit ein guter Boden. Wie gut dies funktioniert, hängt aber stark von der Bodenbeschaffenheit ab.

Bild 7: Abdecken und einmal umgraben.

Bei harten, undurchlässigen Böden ist die oben beschriebene Permakultur-Methode nicht geeignet, da in solchen Böden die Aktivität der Bodenlebewesen träge ist und es entsprechend seine Zeit braucht, bis ein wirklich guter Boden entsteht. Wenn ein Boden also verdichtet, steinhart und nährstoffarm ist sowie lediglich eine dünne Humusschicht aufweist, ist folgendes Vorgehen besser geeignet:

- Im Herbst das ausgewählte Gartenstück mit einem Kompostvlies abdecken. Weil bei der Verwendung von schwarzer, undurchlässiger Folie der Boden darunter ersticken kann, ist es besser, Bändchengewebe oder Kompostvlies zu verwenden. Diese sind luft- und wasserdurchlässig.
- Einige Monate (oder besser noch eine ganze Vegetationsperiode) abgedeckt lassen. Im darauffolgenden Herbst wird dann einmal tiefgründig umgegraben. Da bis zu diesem Zeitpunkt das Gras, die Kräuter und Wurzeln in der Fläche abgestorben sind, geht diese Arbeit viel leichter, als wenn wir eine grüne Wiese umgraben würden.
- Beim Umgraben wird viel organisches Material wie Pflanzenabfälle und Stallmist eingearbeitet. Der Boden wird über den Winter zusätzlich mit Mulch abgedeckt.

Bild 8: Das Einarbeiten von viel organischem Material hilft, einen Boden zu einem guten Gartenboden zu machen.

- Im darauffolgenden Frühling werden mit Vorteil Kartoffeln auf der Fläche angepflanzt. Diese lockern den Boden zusätzlich sehr gut auf.

Anschließend muss nicht mehr umgegraben werden; es ist ausreichend, den Boden zu lockern und mit Mulch und Gründüngung zu versorgen.

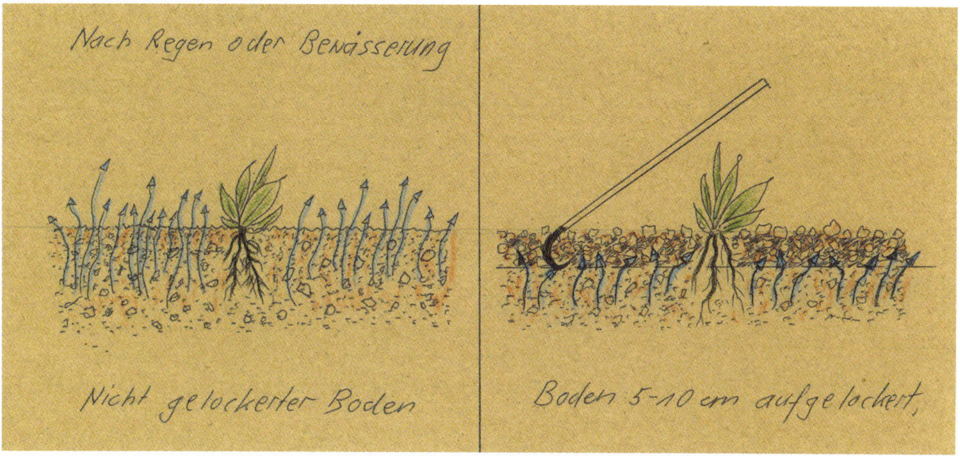

Bild 9: Konventionelle Bodenlockerung.

Traditionellerweise wird der Boden bei ausgepflanzten Gemüsen und Blumen durch die Lockerung der obersten Schicht gepflegt. Um die Verdunstung zu reduzieren, wird dabei nur das Erdreich in der obersten Schicht (ca. 5–10 cm) aufgelockert. Aufgelockert wird am besten mit einem Einzinker. Die Bodenlockerung ist nützlich, weil nach Regenfällen und Bewässerung sich auf der Oberfläche gerne eine brettartige, verschlämmte Schicht bildet. Wenn man diese nicht auflockert, verdunstet sehr viel Wasser an der Oberfläche. Man sollte aber auch darauf achten, den Boden nicht zu fein aufzulockern, damit es zwischen den Krümeln an der Oberfläche genügend große Hohlräume gibt. Durch die lockeren Krümel auf der Oberfläche wird die Kapillarität unterbrochen und somit die Verdunstung reduziert. Auf diese Weise kommt auch mehr Sauerstoff in den Boden, der das Wachstum der Pflanzen begünstigt. Der Vorteil der offenen Bodenlockerung ist, dass man die Pflanzen gut unter Kontrolle hat und gleichzeitig Unkraut leicht entfernen kann. Gegenüber anderen Methoden ist allerdings der Arbeitsaufwand relativ groß.

6.5 Bodenbegrünung

Wenn man offene Böden vermeidet und sie ganzjährig mit Kulturpflanzen, Gründüngung oder Spontanvegetation überwachsen lässt, schützt man die Böden vor Erosion und dem Auswaschen der Nährstoffe. Zudem lockern die Pflanzen durch das Wurzelwachstum den Boden und machen ihn durchlässiger. Für die Bodenbegrünung stehen verschiedene Möglichkeiten zur Auswahl, die man einzeln oder in verschiedenen Kombinationen anwenden kann.

Zwischensaaten als Kurzkultur verwenden

Bild 10: Schnellwachsende Kresse als Zwischenkultur bei Salat.

In der Regel werden bei Zwischensaaten vorab angezogene Setzlinge in Längsreihen ausgepflanzt. Typischerweise verwendet man dazu schnellwachsende Pflanzen wie Kresse, Radieschen, Rettich, Schnitt- und Pflücksalate. Sie bedecken nach dem Auflaufen den Boden und Beschatten ihn bereits nach einigen Tagen. Diese Kurzkulturen werden in den folgenden Wochen nach und nach geerntet. Sobald sie vollständig abgeerntet sind, beschatten die unterdessen ausgepflanzten, größeren Setzlinge das Erdreich. Zu empfehlen sind auch Mischkulturen, bei denen man allerdings auf die Kombination der Pflanzenarten achten sollte: Nicht alle Pflanzenarten vertragen sich gleichermaßen gut.

Bild 11: Dynamisch pflanzen, dynamisch ernten.

Spannend ist das dynamische Gemüsebeet. Hier pflanzt man die Setzlinge nicht in Reihen, sondern verstreut auf der Fläche. Wenn man viele verschiedene Sorten pflanzt, müssen die «gut nachbarschaftlichen Beziehungen» zwischen verschiedenen Pflanzenarten nicht mehr so genau berücksichtigt werden, da sie bereits weiter auseinanderstehen. Viel wichtiger ist hier jedoch eine sich ausgleichende Konkurrenz: Großwachsende Gemüse also nicht mit kleinwüchsigen Arten mischen. Wie bei der Reihenpflanzung, säet man dazwischen Kurzkulturen ein. Was dann zu eng beieinander wächst, wird vorzeitig bei einer Auslichtungsernte entfernt.

Bild 12: Den richtigen Erntezeitpunkt wählen.

Gründüngung

Bild 13: Schnell wachsende Gründüngung am Beispiel Buchweizen. Die Gründüngung bietet viele Vorteile: Verdunstungsschutz, Schutz vor Bodenerosion und Nährstoffbildung.

Eine Gründüngung wird auf offenen Flächen ausgesät und bleibt auf dem Beet stehen bis zur Folgekultur. Die Gründüngung wird dann meistens nur abgeschnitten, die Wurzeln verbleiben im Erdreich. Das geschnittene Kraut wird als Zwischenmulch verwendet; die bei der Verrottung sich bildenden Nährstoffe kommen der neuen Kultur zugute. Auch bei der Gründüngung muss auf gewisse Bodenansprüche geachtet werden. So ist es beispielsweise wichtig, dass die Gründüngung nicht mit einer Pflanzenart vorgenommen wird, die aus derselben Pflanzenfamilie stammt, die in der Folgekultur angebaut wird.

Bild 14: Gemüse anstelle von Gründüngung. In geeigneten Klimazonen kann man auch Wintergemüse als Gründüngung anbauen; zum Beispiel Lauch, Federkohl, Rosenkohl und Winterzwiebeln.

Unter Obstbäumen eignen sich auch mehrjährige Gründüngungspflanzen. Rot- und Weißklee, Luzerne und Esparsette sind Luftstickstoffsammler, die die Gehölze über längere Zeit mit Nährstoffen versorgen. Weitere Gründüngungspflanzen sind Buchweizen, Ölrettich, Blauer Lein, Futtererbse, Sommerwicke, Winterrüben, Winterroggen, Winterraps und das sogenannte Landsberger Gemenge (eine Inkarnatklee-Zottelwicke-Raygras-Mischung). Eine Gründüngung mit verschiedenen Arten ist von Vorteil, da nicht alle gleich tief wurzeln und damit der Boden durchgehend gut gelockert wird.

Niedere Bodenbedecker

Bild 15: Fallbeispiel: Die bodenbedeckende Vogelmiere verbessert das Mikroklima.

In guten, nährstoffreichen Böden wächst natürlich auch das unerwünschte Unkraut hervorragend. Oft sieht man die Vogelmiere, die schnell den Boden überwächst. Sie ist eine Zeigerpflanze für guten Gartenboden. Wenn sie zwischen den neu ausgepflanzten Setzlingen wächst, kann man sie eine kurze Zeit mitwachsen lassen. Da sie sich flachwachsend über dem Boden ausbreitet, beschattet sie den Boden und konkurrenziert die frisch gepflanzten Setzlinge in der Anfangsphase noch nicht. Dadurch unterdrückt das niedere Unkraut höherwachsende, unerwünschte Beikräuter. Wenn die Kulturpflanzen dann etwas größer sind, jätet man die Vogelmiere aus und lässt sie als Mulch liegen. Durch das Auszupfen der Beikräuter kommt dann mehr Sauerstoff in den Boden, was das Wachstum der Kulturpflanzen beschleunigt.

Bild 16: Ausdauernde Bodenbedecker als Verdunstungsschutz.

Zwischen Hochstauden und Obstgehölzen lassen sich Wald- oder ausläuferwachsende Monats-Erdbeeren verwildern. Diese bedecken den Boden gut und wachsen nicht in die Höhe. Zudem sind sie Flachwurzler und konkurrenzieren die Gehölze nicht. Alle Wildveilchen sowie Waldmeister, Kriechender Günsel und die Kleine Brunelle eignen sich zu diesem Zweck ebenfalls gut. Verschiedene Taubnesseln, Gundermann, Baumtropfen, Kriechendes Fingerkraut, Scharbockskraut sowie alle Sauerkleearten sollte man hingegen nicht verwenden, da sich diese gerne stark ausbreiten. Geeignet sind diese Arten jedoch immer in Wildhecken und unter Bäumen.

Bild 17: Vegetationshöhe zwischen Gehölzen beachten.

Wenn zwischen Obstgehölzen und im angrenzenden Bereich Wiese wächst, sollte man die Wuchshöhe der Wiesengräser beachten. Wenn eine Wiese nach dem Schnitt braun und dürr wird, trocknen die Gehölze daneben ebenfalls stärker aus. Der Grund dafür ist, dass ganz allgemein dann nur noch wenig Feuchtigkeit im Boden vorhanden ist. Darum muss man in Trockengebieten die Wiese anfänglich etwas bewässern, damit sie schnell wieder grün wird. Wenn die Krauthöhe 10–20 cm hoch steht, ist der Verdunstungsschutz am besten. Der Boden trocknet dann durch die Beschattung weniger aus und in Bodennähe ist auch die Luftfeuchtigkeit am Morgen höher. Ab einer gewissen Wuchshöhe (ca. 30 cm und höher) ziehen jedoch die Kräuter und das Gras mehr Wasser aus dem Boden, als gleichzeitig durch ihre Beschattung im Boden zurückgehalten wird. Es sollte dann also geschnitten werden. Diese Kulturmethode wird zunehmend auch in Weinbergen angewendet.

Gehölze in Wiesen oder Rasen auspflanzen

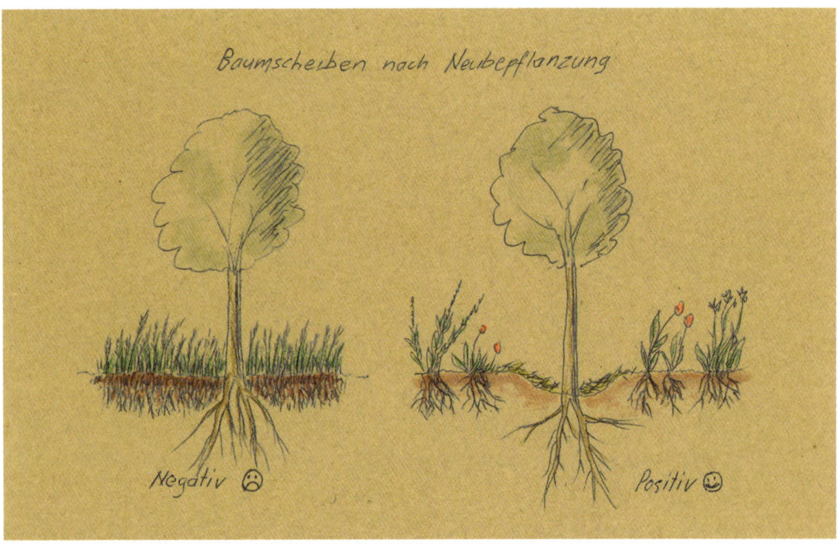

Bild 18: Bei Neubepflanzung von Gehölzen immer Baumscheiben erstellen.

Bei Gehölzen, die man in Wiesen und Rasen auspflanzt, sollte man in den ersten Jahren darauf achten, dass kein Graswuchs um den Stammbereich entsteht. Der Grund dafür ist, dass Gräser einen starken Wurzelfilz ausbilden, der den Luftaustausch im Boden reduziert; zudem stehen die Gräser in Konkurrenz um Nährstoffe und Wasser mit den Gehölzen. Man lässt zu diesem Zweck um das neu gepflanzte Gehölz eine sogenannte Baumscheibe stehen; darunter versteht man eine kreisrunde Fläche um das neu gepflanzte Gehölz, auf welcher man jeglichen Bewuchs entfernt. Bei kleineren Gehölzen reicht es, wenn der Durchmesser der Baumscheibe einen Meter beträgt, bei größeren Gehölzen sollte sie zwei Meter Durchmesser haben. Damit eine Baumscheibe unbewachsen bleibt, muss aufkommender Bewuchs entfernt werden oder zur Unterdrückung eine Mulchabdeckung beigefügt werden.

Bild 19: Bei kleineren Sträuchern sieht man hier die Wachstumsstockung.

Bild 20: Lockere und beschattende Baumscheibenbepflanzung.

Bild 21: Der Sommergehölzschnitt reduziert den Wasserverbrauch.

Eine Baumscheibenbepflanzung ist dann möglich, wenn die Pflanzen nicht zu dicht stehen und somit kein flächiger Wurzelfilz entsteht, wie dies bei Rasenflächen der Fall ist. Durch die richtige Pflanzenwahl lässt sich eine Baumlebensgemeinschaft erstellen. Allerdings braucht es etwas Fachwissen, damit sich diese Pflanzengemeinschaft gegenseitig positiv beeinflusst. Steinobst wie Pflaumen, Zwetschgen, Aprikosen und Kirschen lassen sich bei der Fruchtreife oft gut beernten, wenn man dabei einen Teil der Fruchtäste gleich wegschneidet. Besonders gut eignet ist diese Erntemethode auch für strauchförmig gewachsenes Wildobst sowie für Johannis-, Josta- und Stachelbeeren. Dazu kommt, dass diese Erntemethode dann auch einen Winterschnitt des Geästes überflüssig macht und die Verdunstung durch diesen stark reduziert wird, da der Wasserbedarf der Früchte wegfällt und Laubmasse entfernt wird.

6.6 Mulchwirtschaft

Unter «Mulch» versteht man die Bodenabdeckung mit organischem Material. Durch das Mulchen entsteht über dem Boden eine zusätzliche Schicht. Mulchen ist nützlich: Es reduziert den Arbeitsaufwand, weil weniger gegossen werden muss, der Unkrautwuchs reduziert wird und auch das Umgraben überflüssig wird. Mulchen ist aber auch eine Art der Flächenkompostierung. Sie hilft, den Boden zu lockern und besser zu belüften; Mulchen fördert auch die Aktivität der Bodenlebewesen. Schließlich kann das Mulchen auch Pilzkrankheiten verringern, vor allem bei bodennahen Kulturen. Mulch eignet sich für alle Böden, besonders gut jedoch in trockenen, luftdurchlässigen, sandigen Böden; man kann hier den Mulch in dickeren Schichten auftragen. Bei zu dicken Schichten erreicht bei kurzen Regengüssen das Wasser jedoch die Bodenschicht kaum; man sollte es mit der Dicke der Mulchschicht also auch nicht übertreiben. In kühlen Gebieten mit schweren, nassen Böden sollten nur dünne Mulchschichten aufgetragen werden. Ist die Schicht zu dick, entsteht zwischen Mulch und Boden eine Fäulnisschicht, die den Luftaustausch behindert. Darum besser öfter, dafür weniger Mulch auftragen. Am besten verwendet man für den Mulch stets dasjenige Material, welches vor Ort anfällt. Ob man ganzjährig Dauermulch einsetzt oder nur zeitweise, hängt von den Kulturmethoden ab.

Die Wirkung von Mulch auf den Wasser- und Temperaturhaushalt im Beet

Ein wesentlicher Vorteil des Mulchens ist es, dass mit diesem viel Feuchtigkeit im Boden zurückgehalten wird und Nährstoffe gebildet statt aus dem Boden ausgewaschen werden. Eine durch Mulch erstellte ausgeglichene Bodenstruktur hilft aber auch, dass nach intensiven Regenfällen das Wasser im Boden schneller versickert. Während im Winter der Mulch verhindert, dass die Temperatur unter der Beetoberfläche stark absinkt, hat er im Frühling den gegenteiligen Effekt: Wenn die erste Sonne kräftig auf das Beet scheint, verhindert er die Erwärmung des Bodens. Da dieser Effekt nicht erwünscht ist, ist es sinnvoll, im Frühling die Mulchschicht vorübergehend zu entfernen.

Eigenschaften von Mulchmaterial

Das chemische Symbol «C» steht für Kohlenstoff, «N» für Stickstoff. Das C/N-Verhältnis der verschiedenen Mulchmaterialien beeinflusst entscheidend die Vor- und Nachteile bei deren Anwendung. Glücklicherweise gibt es einfache Erkennungsmerkmale für das C/N-Verhältnis im Mulch:

- Feuchtes, krautiges Grünzeug ist stickstoffreich (N). Stickstoffreiche Materialien sind Gras, Rasenschnitt, Gemüseabfälle, grünes saftiges Holz und Beikräuter. Diese Stoffe werden schnell abgebaut und in Nährstoffe umgewandelt.
- Trockenes, grobes Material enthält mehr Kohlenstoff (C). Kohlenstoffreiche Materialien sind Stroh, trockenes Holz- und Rindenschnitzel. Bei ihrem Abbauprozess entziehen sie dem Boden Stickstoff. In der Folge können vor allem Gemüse in der Anfangsphase einen Nährstoffmangel erleiden.

Ideal ist es, wenn wir schwer verrottbare mit leicht verrottbaren Materialien mischen, um so ein gutes C/N-Verhältnis zu erhalten.

Verwendung der Mulchmaterialien

Frisches Schnittgut

Bild 22: Junges, angetrocknetes Gras zwischen Gemüse

Frischer Rasenschnitt, kurzes Wiesengras, Gemüseabfälle und junge Beikräuter enthalten viel Wasser und zersetzen sich schnell. Mulch aus diesen Materialen sollte man zwischen Gemüse und Blumen nicht zu dick auftragen, weil sich sonst zwischen Boden und Mulch eine matschige Fäulnisschicht bildet, die den Luftaustausch zum Boden verringert. Empfehlenswert ist es hingegen, diese Materialien auf der Wiese zunächst liegen zu lassen, damit sie etwas trocknen können, bevor sie vermulcht werden.

Bild 23: Abgerüstete Blätter von Rhabarber und anderen Gemüseabfällen kann man gleich als Mulch auf dem Beet liegen lassen.

Bild 24: Anstelle des Kompostierens lassen sich Grünabfälle aus der Küche auch als Winterabdeckung auf den Flächen verwenden. Gut ist es, wenn dabei verschiedene Materialien vermischt werden.

Bild 25: Überschüssiges Schnittgut aus dem Kräutergarten bereichert den Mulch unter Beerensträuchern. Die Inhaltsstoffe der Kräuter stärken die Pflanzen in ihrer Vitalität.

Heu

Trockenes Heu hat einen mittleren Nähstoffgehalt. Da es in der Regel viele Samen enthält, eignet es sich nicht als Mulch zwischen den Gemüseflächen, da diese bei Feuchtigkeit keimen würden. Das feinere Heu (Emd) vom zweiten Schnitt eignet sich als Mulch hingegen sehr gut, wenn man es vor dem Blühen mäht. Da Heu in der Struktur luftdurchlässig ist, darf die Schichtung in regenarmen Regionen etwas dicker ausfallen. An regenreichen Orten sollte Heu gleich verwendet werden wie frisches Schnittgut.

Bild 26: Heu verwenden, das örtlich anfällt.

Bild 27: Kartoffeln im Hausgarten setzen.

Pflanzen wie Kartoffeln kann man gut mit Stroh mulchen, da die Kartoffelpflanzen in der ersten Phase des Wachstums ihre Nährstoffe aus den Knollen beziehen und weniger vom Stickstoff im Boden abhängig sind; die oben beschriebene Stickstofffixierung von Stroh ist daher kein Problem. Stroh verursacht bei dickeren Auflagen auch weniger Fäulnis über dem Erdreich als Gras.

Stroh

Dieses Material wird immer beliebter. Richtig eingesetzt, ist es eine wertvolle Bodenabdeckung. Allerdings entzieht Stroh dem Boden in der Anfangsphase viel Stickstoff (Stickstofffixierung). Wenn man es bei einjährigen Kulturen verwendet, sollte man daher zusätzlich mit Kompost, Hornspänen oder Pflanzenjauchen den Nährstoffgehalt im Boden erhöhen. Stroh eignet sich sehr gut zur Mischung mit anderen Materialien.

Herbstlaub

Bild 28: Herbstlaub ist zu kostbar, um es bei der Grünabfuhr zu entsorgen.

Herbstlaub ist ein wertvoller und wichtiger Mulchlieferant im Garten. Wo möglich, sollte man das Laub unter Bäumen und Hecken liegen lassen. Niedere bodenbedeckende Stauden unter Gehölzen darf man natürlich nicht zu stark zudecken, da sie sonst darunter absterben. Dort, wo nichts wächst, darf aber großzügig Laub unter Gehölzen verwendet werden. Wenn man Laub trocken lagert, kann man es im Verlaufe des Jahres vielseitig zum Mischen mit anderen Mulchmaterialien einsetzen. Es eignet sich auch hervorragend als Mischmaterial bei der Kompostierung.

- Birken-, Ahorn- Buchen- und Obstbaumlaub eignet sich vor allem in schweren Böden. Nach der Zersetzung wird Laub zu einer leichten Erde und hilft damit, die schweren Böden zu lockern.
- Halb verrottetes Laub ist auch unter Beerensträuchern geeignet. Für Gemüsegärten sollte es jedoch fertig kompostiert verwendet werden.
- Kastanien- und Walnusslaub enthält viel Gerbstoffe, was auf andere Pflanzen wachstumshemmend wirkt. Als Mulch sollte es daher nur unter Kastanien- bzw. Walnussbäumen verwendet werden.
- Eichenlaub und Nadeln von Fichten, Föhren und Lärchen sind wegen ihrer Inhaltsstoffe saurer und eignen sich als Mulch in Moorbeeten als Torfersatz.
- Meistens wird das Laub verschiedener Gehölze zusammengetragen und steht durch die Mischung bereits in einem ausgewogenen Verhältnis zueinander.

Bild 29: Laub als Winterabdeckung.

Rinden- und Holzhackschnitzel

Diese holzigen Materialien verrotten sehr langsam. Darum eignen sie sich besonders gut, um unter Gehölzen als Mulch eingesetzt zu werden. Sie unterdrücken dort die unerwünschten Beikräuter. Für einjährige Kulturen sind Rindenprodukte hingegen nicht geeignet, da diese wuchshemmende Inhaltsstoffe besitzen.

Kompost

Normaler Mischkompost ist jener Dünger, den wir in unserem Garten selbst herstellen können. Fertige Komposterde verwendet man zur Bodenverbesserung und in Erdmischungen. Fertige Komposterde gilt daher nicht als Mulch. Wenn er aber nur angerottet ist, also noch viel organisches Material sichtbar ist, eignet er sich vor allem im Herbst, um über die Beete verteilt zu werden. Er kann dann dort weiter verrotten und ist im Frühling, wenn die Pflanzen sprießen, fertig kompostiert.

Stallmist

Stallmist ist meistens mit einem guten Anteil Stroh durchsetzt. Zum Mulchen sollte er nicht zu frisch ausgebracht werden, sondern abgedeckt vorkompostiert sein. Frischer Mist kann Verbrennungen an Kulturpflanzen verursachen, da er schnell viel Stickstoff in hoher Konzentration abgibt und zu einer Überdüngung der Pflanzen führt. Des Weiteren gehen die leicht löslichen Stickstoffanteile auch zum großen Teil über die Luft und durch Auswaschung verloren. Halbverrotteter Mist, der nicht mehr stark riecht, eignet sich jedoch sehr gut als Bodenabdeckung über den Winter; im Frühjahr kann man ihn dann ohne umzugraben in die oberste Bodenschicht einhacken. Wenn Mist als Mulch eingesetzt wird, ist zu berücksichtigen, dass er je nachdem, von welcher Tierart er stammt, unterschiedliche Wirkungen erzielt:

- Geflügel- und Kaninchenmist ist sehr stickstoffhaltig.
- Pferdemist hat weniger Nährstoffe als Mist von anderen Tierarten.
- Rindermist ist sehr geeignet, weil er ein ausgewogenes C/N-Verhältnis aufweist.

Bild 30: Mulchabdeckung.

Wenn man im Herbst Obstgehölze auspflanzt, bilden diese vor dem Winter noch neue Wurzeln und wachsen schon etwas an. Um diesen Prozess zu unterstützen, hilft eine Mulchabdeckung mit altem, halbverrottetem Mist. Die winterliche Kälte dringt dadurch weniger tief in den Boden ein und schützt den Wurzelbereich. Bei wärmer werdenden Temperaturen im Frühjahr werden vom Mist Nährstoffe freigesetzt, die das Wachstum der Gehölze begünstigen. Wegen Überdüngungsgefahr sollte man bei Obst nicht alljährlich Mist verwenden.

Bild 31: Mineralische Mulchmaterialien.

Kies, Splitt, Glimmerschiefer, Lavasubstrate sind mineralische Materialien, die keine organischen Bestandteile enthalten. Sie werden in Steingärten eingesetzt, die man nicht zusätzlich mit Nährstoffen anreichern sollte. Durch die grobe Struktur an der Oberfläche wird die Kapillarität unterbrochen, sodass weniger Feuchtigkeit verdunstet und gleichzeitig mehr Wärme aufgenommen werden kann.

Teil III
Anbau und Pflege

Kein Trinkwasser

In diesem Teil geht es um die Pflege von Pflanzengruppen, Einzelpflanzen sowie um die Freiflächenpflege. Vermehrungsmethoden, Pflegearbeiten und Ernte müssen sich immer an bestimmten Zeitpunkten orientieren, damit im Zusammenhang mit den Klima- und Witterungseinfüssen erfolgreich gegärtnert werden kann. Die im folgenden angegebenen Zeitpunkte sind aber immer nur grobe Richtlinien, die je nach Regionen stark voneinander abweichen könne: In einem Weinbauklima können Sie frostempfindliche Pflanzen bereits nach den Eisheiligen Mitte Mai auspflanzen; in einem kühlen Bergdorf kann dies jedoch durchaus erst zwei Wochen später sein. Auch sollten Sie sich nicht zu stark auf traditionelle Datumsangaben wie beispielsweise die „Eisheiligen-Regel" verlassen: Oft gibt es auch nach Mitte Mai noch einmal eine Phase mit kaltem Wetter. Darum ist es besser, die örtliche Wetterentwicklung zu beobachten und danach zu handeln.

7 Pflanzenvermehrung

7.1. Die Aussaat

Meistens kauft man Saatgut von Blumen, Gemüse und Stauden aus dem Fachhandel. Falls möglich, sollte man aber immer auch nach Saatgut aus der eigenen Region und nach Lokalsorten Ausschau halten, da diese genetisch an das örtliche Klima besser angepasst sind als das im Fachhandel verfügbare Saatgut, welches womöglich von weit weg herkommt.

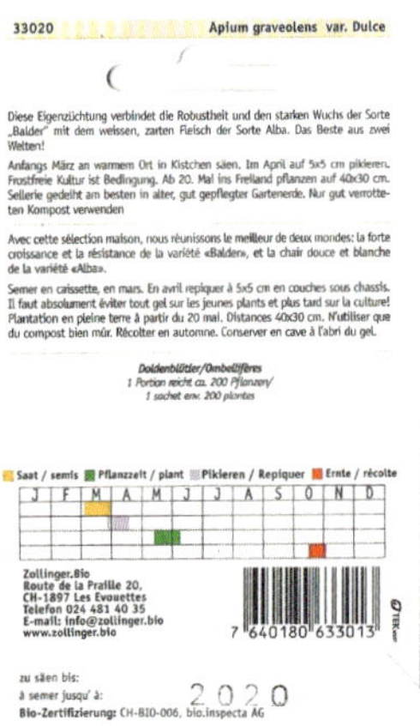

Bild 1: Meistens steht die Kulturanleitung auf den Samentüten.

Bild 2: Es ist immer gut, mit selbst geerntetem Saatgut zu arbeiten.

Wenn Sie eigene Samen ernten, ist zu beachten, dass diese Arbeit nur bei trockener Witterung ausgeführt werden sollte, um Schimmelbefall vorzubeugen. Da draußen immer etwas Feuchtigkeit vorhanden ist, muss nach der Samenreinigung das Material nachgetrocknet werden, bevor es in Gläser oder Tüten abgefüllt und an einem kühlen, dunklen Ort gelagert wird. Des Weiteren ist darauf zu achten, dass bei Gemüsen und Blumen eine eigene Ernte von Samen nur dann möglich ist, wenn Sie keine Hybrid-Sorten angepflanzt haben; bei diesen können nämlich keine sortenechten Samen nachgezogen werden.

Die Keimfähigkeit der Samen hängt von verschiedenen Faktoren ab. Vor allem bei einjährigen Pflanzen lässt die Keimkraft der Samen relativ schnell nach; Stauden- und Gehölzsamen bleiben länger erhalten, wenn die Lagerung der Samen an einem kühlen, trockenen und dunklen Ort erfolgt.

- Die meisten Gemüse- und Blumensorten sind **«Normalkeimer».** Diese deckt man nach der Aussaat mit Erde ab, und zwar etwa ein- bis zweimal so dick, wie der Samen selbst groß ist. Eine Ausnahme von dieser Regel gibt es allerdings: Sehr feine Samen sollten nicht mit Erde abgedeckt werden.
- **«Lichtkeimer»** brauchen Licht, damit sie keimen können. Entsprechend deckt man diese nicht mit Erde ab, sondern drückt sie nach dem Aussäen nur leicht auf dem Erdreich an. Die Samen von Lichtkeimern sind meistens winzig kleine Körner. Basilikum, Thymian, Sellerie, Kamille und viele Unkräuter gehören dazu.
- **«Dunkelkeimer»** werden wie bei der Normalsaat ausgesät, allerdings bis zur Keimung im Dunkeln gehalten. Dies gilt es vor allem bei der Voranzucht im Gewächshaus zu beachten; in diesem Falle deckt man sie am besten mit dunklen Tüchern ab. Nach der Keimung werden sie dann sofort ans Licht gestellt. Meistens sind die Samen der Dunkelkeimer relativ groß: Kürbis, Gurken, Mais, Borretsch und Bechermalven gehören zu dieser Gruppe. Bei der Freilandaussaat genügt es, wenn die Samen etwas tiefer in den Boden gesteckt und mit Erde abgedeckt werden, als dies bei der Normalsaat der Fall ist.
- **«Kalt- und Frostkeimer»** trifft man häufig bei Gehölzen und Stauden an. Ihre Samen brauchen

eine Kälteruhe, damit sie bei den anschließenden wärmeren Temperaturen gut keimen. Bei vielen Pflanzenarten ist diese Kälteruhe auch ein Schutz gegen ein zu frühes Keimen vor dem Winter: Würden sie dies bereits nach der Samenbildung im ersten Jahr tun, so wären die Pflänzchen noch zu schwach, um den kommenden Winter zu überleben. Wenn die Keimung erst im folgenden Frühjahr erfolgt, haben sie mehr Zeit, um zu Kräften zu kommen und den folgenden Winter zu überleben. Für die Aussaat von Kalt- und Frostkeimern kann man die Samen eine Zeit lang im Kühlschrank lagern, oder man sät sie im Herbst in Töpfe oder Schalen und lässt sie dann an einem geschützten Ort im Freien stehen. Im Frühjahr kann man sie draußen auflaufen lassen oder auch an einen wärmeren Ort stellen, um die Keimung zu beschleunigen.

- Das gleiche Verfahren wendet man auch bei Wildobst wie Weinbergpfirsich, Kirschen, Mandeln und Pflaumen an. Man legt die Fruchtkerne dazu in den Kühlschrank oder setzt sie in mit Sand gefüllte Töpfe, die man draußen dem Frost aussetzt. Im Januar/Februar kann man sie dann an einen wärmeren Ort stellen. Am besten lässt man die Kerne gleich im Sand auflaufen und pikiert sie später in die Erde um. Man nennt dieses Verfahren **Stratifikation**.

Bild 3: Steinobstkerne stratifizieren.

7.2 Aussaatverfahren

Grundsätzlich unterscheidet man zwischen der Reihenaussaat und der breitwürfigen Aussaat. Je nach Kultur wendet man das jeweils geeignete Verfahren an (mehr dazu weiter unten).

Direktsaat

Der Vorteil der Direktsaat im Freiland ist der geringere Arbeitsaufwand gegenüber der Voranzucht. Nach der Keimung muss bei zu dichtem Auflaufen der Sämlinge erdünnert werden. Dabei zupft man einen Teil der zu eng stehenden Keimlinge aus, damit die verbleibenden genügend Platz zum Weiterwachsen haben. Dies verbessert die Qualität und sorgt dafür, dass die einzelnen Pflanzen nicht zu dicht beieinanderstehen. Bei wärmebedürftigen Blumen und bei Gemüse ist darauf zu achten, dass erst dann ins Freiland gesät wird, wenn der Boden mindestens 10°C warm ist. Zu früh ausgesäte Pflanzen wachsen oft langsamer und generell weniger gut. Pflanzen mit Pfahlwurzeln sollten direkt gesät werden (z.B. Karotten und Pastinaken). Beim Verpflanzen oder Pikieren werden sonst die Wurzeln verletzt, was dazu führt, dass sie keine schöne Pfahlwurzel entwickeln. Viele einjährige Arten eignen sich sehr gut zur Direktsaat; so z.B. Kamille, Ringelblumen und Kornblumen. Zweijährige Ruderalpflanzen entwickeln sich durch Direktsaat am besten. Um bei diesen die nachfolgende Selbstaussaat zu fördern, muss immer etwas offener Boden geschaffen werden.

Voranzucht

Der richtige Zeitpunkt für die Voranzucht bei Einjährigen ist März bis April. Dadurch verlängert man bei frostgefährdeten Pflanzen die Ernte- und Blütezeit, da man sie nach Mitte Mai als starke Setzlinge ins Freiland pflanzt und sie dort dann zügig weiterwachsen können. Wenn man nur wenige Samen zur Verfügung hat, ist die Voranzucht auch besser geeignet als die Direktsaat, weil man so die einzelnen Pflänzchen besser unter Kontrolle und weniger Verluste hat. Auch langsam wachsende, winterharte Stauden kann man durch die Voranzucht vermehren; sie lassen sich ganzjährig unter Glas vorziehen.

Für die Aussaat sind folgende Punkte zu beachten:

- Verwenden Sie nährstoffarmes Substrat, um Verbrennungen an den Keimwurzeln zu vermeiden.
- Gießen Sie nach der Aussaat die Fläche mit einer feinen Brause an und halten Sie sie danach schön feucht.
- Das Substrat für Lichtkeimer sollte vor dem Säen angegossen werden, damit die Samen nicht davonschwimmen.
- Gefäße, in die Sie ausgesät haben, sollten an hellen Standorten, nicht aber in die pralle Sonne gestellt werden.

- In den ersten Tagen ist es sinnvoll, die Pflanzen mit einem Vlies abzudecken.

Bild 4: Für die Aussaat eignen sich alle Gefäße, die am Boden einen Wasserabzug besitzen.

Bild 5: Wenn nach dem Auflaufen die Keimblätter gut ausgebildet sind, werden die Pflänzchen vereinzelt (pikiert), damit sie nicht zu sehr in die Länge wachsen.

Bild 6: Beim Pikieren werden die langen Hälse bis zu den Keimblättern in die Erde gepflanzt.

Wenn die jungen Setzlinge stark genug sind, werden sie vor dem Auspflanzen an einem geschützten Ort im Freien noch einige Tage abgehärtet. Sie wachsen danach im Freien besser an.

Wie bei der Direktsaat gilt auch für wärmebedürftige Setzlinge, dass sie besser wachsen, wenn der Boden über 10 °C warm geworden ist.

Bild 7: Für die Abhärtungsphase eignen sich Frühbeetkästen, die man je nach Temperatur mit der Fensterabdeckung mehr oder weniger stark belüften kann.

7.3 Vegetative Vermehrungsmethoden

Der Vorteil der vegetativen Vermehrung ist, dass man schneller eine neue Pflanze heranziehen kann, als dies durch die Aussaat der Fall ist. Auch Sorteneigenschaften bleiben durch die ungeschlechtliche Vermehrung gut erhalten. Alles pflanzliche Material, welches man für die verschiedenen Vermehrungsmethoden auswählt, sollte von gesunden Mutterpflanzen stammen. Dies gilt nachfolgend für alle beschriebenen Formen der vegetativen Vermehrung.

Stecklinge

Bild 8: Beispiel verschiedener Stecklinge.

Die Stecklings-Vermehrung ist neben der Aussaat die häufigste Vermehrungsmethode. Bei den Stecklingen handelt es sich um belaubte Triebe, die je nach Pflanzenart vom Früh- bis Spätsommer geschnitten werden. Die Stecklings-Vermehrung wird bei vielen Stauden, Balkon- und Zimmerpflanzen angewendet; so z.B. bei Geranien, Phlox, Chrysanthemen, Aster, Fuchsien, Hortensien, Kakteen, Minzen, Lavendel, Rosmarin, Feigen und Rosen. In der Regel verwendet man dazu junge, krautige Triebe von Mutterpflanzen, die jedoch nicht zu weich, aber auch noch nicht zu holzig sein sollten. Bei Bäumen und Sträuchern verwendet man halbverholzte Triebe. Wenn der Steckling zu weich ist, kann es vorkommen, dass vor der Wurzelbildung die Fäulnis einsetzt, womit man dann von Neuem beginnen muss. Ist ein Steckling hingegen zu stark verholzt, so dauert die Zeitspanne bis zur Wurzelbildung lange, was das Risiko erhöht, dass er zuvor von einem Pilz befallen wird und in der Folge abstirbt.

Bei großblättrigen Stecklingen kann man einen Teil der daran wachsenden Blätter entfernen oder diese mit der Schere einkürzen. Stecklinge werden in kleine Töpfe mit nährstoffarmer, sandiger Erde gesteckt. Viele lassen sich auch in einem Wasserglas bewurzeln.

Klimatische Faktoren, die es bei der Stecklings-Vermehrung zu beachten gilt:

- Gesundes Pflanzenmaterial verwenden.
- Unteres Laub am Trieb entfernen, evtl. auch zu weiche Triebspitzen.

- Den Steckling an einem geschützten Standort im Freien oder im Haus wurzeln lassen; er sollte hell, aber nicht in der prallen Sonne stehen.
- Falls der Steckling in Erde wurzeln soll, diese stets feucht halten, aber darauf achten, dass sie nicht zu nass ist (Vernässungsgefahr).
- Eine Vliesabdeckung schützt vor Verdunstung.
- Ein warmer Standort und eine erhöhte Bodentemperatur fördern die Wurzelbildung.
- Nach der Wurzelbildung den Steckling in leicht gedüngte Erde umpflanzen.
- Bewurzelte Stecklinge, die noch etwas schwach sind, nie vor dem Winter in den Garten auspflanzen. Besser im Topf an geschützter Stelle überwintern (evtl. mit Frostschutz).

Risslinge

Risslinge werden von holzigen Pflanzen abgerissen. Dabei bleibt ein kleines Rindenstück am unteren Ende des Risslings erhalten. Risslinge können junge kleine Seitentriebe von Nadelhölzern, Rosen oder Rosmarin sein. Wichtig ist, dass sie sofort eingesteckt werden und nicht austrocknen. Risslinge werden im Sommerhalbjahr vermehrt.

Steckholz

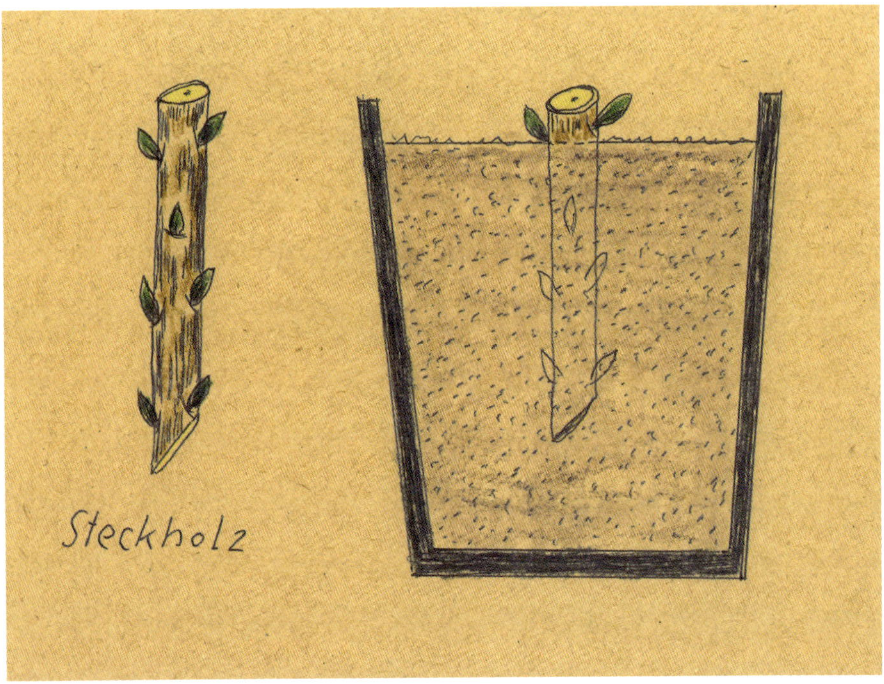

Bild 9: Das Steckholz ist ein verholzter Steckling ohne Laub.

Material für Steckhölzer fallen oft beim winterlichen Gehölzschnitt an. Am besten wurzeln sie an jungem, letztjährig (einjährig) gewachsenem Holz. Feigen, Hasel, Holunder, Johannisbeeren, Weiden und etliche Ziersträucher eignen sich dafür. Die Hölzer steckt man gegen das Frühjahr hin in der frostfreien Zeit in große Töpfe oder direkt in den Freilandboden. Vorgängig geschnittene Hölzer legt man bis zur Verwendung in feuchten Sand; so bleiben sie gut erhalten, bis man sie steckt. Die Hölzer schneidet man auf ca. 10–20 cm Länge. Man steckt sie so tief, dass nur die obersten zwei Knospen sichtbar sind. Gebündelte Steckhölzer kann man auch in einen fließenden Brunnen stellen, wo sie sich ebenfalls gut bewurzeln (z.B. Johannisbeeren). Steckhölzer lassen sich im Winter auch drinnen bewurzeln. Bei Steckhölzern, die man gegen Herbst vermehrt, wird das Laub entfernt.

Die Teilung

Bild 10: Viele mehrjährige Gartenstauden müssen für einen vitalen Blütenreichtum nach einigen Jahren geteilt werden.

Horst bildende Wurzelstöcke, wie beispielsweise Herbst-Astern, trennt man mit einem Spaten oder dem Messer. Knollenpflanzen, z. B. Dahlien, kann man auseinanderreißen und so verjüngen. Alle Pflanzen, die Brutzwiebeln ausbilden (Schnittlauch, Tulpen, Narzissen usw.) lassen sich einfach trennen. Die beste Zeit für die Teilung ist der zeitige Herbst. Nach dem erneuten Einpflanzen wachsen sie vor dem Winter noch gut an. Dies gilt natürlich nur für winterharte Pflanzen. Dahlienknollen müssen frostfrei überwintert werden und werden erst für die Frühjahrespflanzung geteilt. Nach dem Setzen müssen die Pflanzen gut angegossen werden.

Wurzelschnittlinge

Junge, kräftige Wurzeln, die ohne Spross geschnitten werden, schneidet man ungefähr auf eine Länge von 10 cm. Am besten pflanzt man sie in Töpfe ein und wässert sie gut an. Himbeeren und Brombeeren eignen sich besonders gut als Wurzelschnittlinge, wenn man viele Pflanzen heranziehen möchte. Die Wurzelstücke schneidet man am besten während der Vegetationsruhe, also im Winter. Achten Sie darauf, diese feucht, aber nicht zu nass zu halten.

Ausläufer

Bild 11: Das beste Beispiel für Ausläufer sind die rankenden Monatserdbeeren.

Triebe, die bodennah wachsen und an denen sich neue Jungpflanzen bilden, werden oberirdische Ausläufer genannt. Wenn sie mit dem Boden in Berührung kommen, bilden sie Wurzeln und lassen sich dann leicht von der Mutterpflanze trennen. Seitliche Austriebe, die aus dem Boden wachsen, nennt man unterirdische Ausläufer; man kann sie beispielsweise bei Sanddorn, Wildrosen und Bambus beobachten. Wenn die Bodentriebe eine gewisse Höhe erreicht haben, gräbt man sie tiefgründig aus und pflanzt sie an einer anderen geeigneten Stelle wieder ein. Ausläuferpflanzen am besten im zeitigen Frühjahr oder im Herbst von der Mutterpflanze trennen. Zum Anwachsen der Ausläufer ist auf eine genügende Wasserversorgung zu achten. Für hangrutschgefährdete Böschungen eignen sich Gehölze mit Bodenausläufern.

Absenker und Ableger

Bild 12: Viele biegsame Sträucher eignen sich als Ableger.

Beim Absenker wird ein bodennaher Ast eines Strauchs gebogen und im Erdreich versenkt. Dabei muss allerdings die Triebspitze noch aus der Erde schauen. Der Ast wird dann gut am Boden verankert und z.B. mit einer Astgabel oder einem Stein beschwert. Johannisbeeren, Josta-, Brom- und Himbeeren eignen sich gut für diese Methode der Vermehrung. Wenn man den Absenker im Frühling macht, bilden sich bis zum Herbst an diesem neue Wurzeln. Allerdings sollte man den abgesenkten Ast dann erst im darauffolgenden Frühjahr von der Mutterpflanze trennen, da so die neue Pflanze im Winter noch durch diese versorgt werden kann.

Abmoosen

Bild 13: Beim Vermehren kann man auch gut experimentieren.

Das Abmoosen ist eine etwas aufwendigere Vermehrungsmethode, für den Hobbygärtner aber interessant, weil sich damit schnell eine größere Pflanze anziehen lässt. Dabei kann man auch etwas dickere Äste verwenden (bis ca. 5 cm im Durchmesser), die allerdings nicht länger als einen halben Meter sein sollten. Feigen und Maulbeeren eignen sich besonders gut für das Abmoosen.

Beim Abmoosen schält man einige Zentimeter Rinde mit dem darunterliegenden Kambium des Astes ab (Ringelmethode). Um die entrindete Stelle bindet man dann einen Moosklumpen, der zusätzlich mit Plastik abgedichtet wird. Besonders wichtig ist es, dass man darauf achtet, dass das Moos immer schön feucht bleibt. Die beste Zeit zum Abmoosen ist das Frühjahr, kurz vor dem Laubaustrieb. Bis zum Sommer/Herbst bilden sich dann am oberen Rand der entrindeten Stelle Wurzeln. Sobald es soweit ist, schneidet man den bewurzelten Ast ab und pflanzt ihn am besten in einen großen Topf ein. Im folgenden Jahr pflanzt man ihn dann ins Freiland um.

Veredeln

Diese Methode wird häufig bei Ziersträuchern, Rosen und bei Obst angewendet. Ein Vorteil des Veredelns ist es, dass man durch diese Methode Sorten erhalten kann, die sich genetisch nicht durch Samen vermehren lassen. Voraussetzung für das Veredeln sind eine robuste Veredlungsunterlage sowie das Edelreis. Ein Edelreis ist ein einjähriger Trieb jener Pflanze, die man vermehren will. Man schneidet dieses von den entsprechenden Bäumen ab und lagert sie am besten im feuchten Sand in einer Kiste, die man in einem kühlen Keller oder einem windgeschützten Ort im Freien bis zum Winterende aufbewahrt. Die Veredelungsunterlage wiederum ist jenes Stück organisches Pflanzenmaterial, auf welches das Edelreis aufgepfropft wird. Das Edelreis wächst nun auf der bewurzelten Unterlage zu einem neuen Baum heran. In Baumschulen werden unterschiedliche Unterlagen gezogen, die sich je nachdem besser für verschiedene Baum- und Straucharten eignen. Bei der Wahl einer passenden Unterlage ist es sinnvoll, sich von Fachleuten beraten zu lassen. Unterlagen pflanzt man am besten vorgängig am gewünschten Standort im Herbst aus; sie können dann gut anwachsen, bevor das Edelreis aufgepfropft wird.

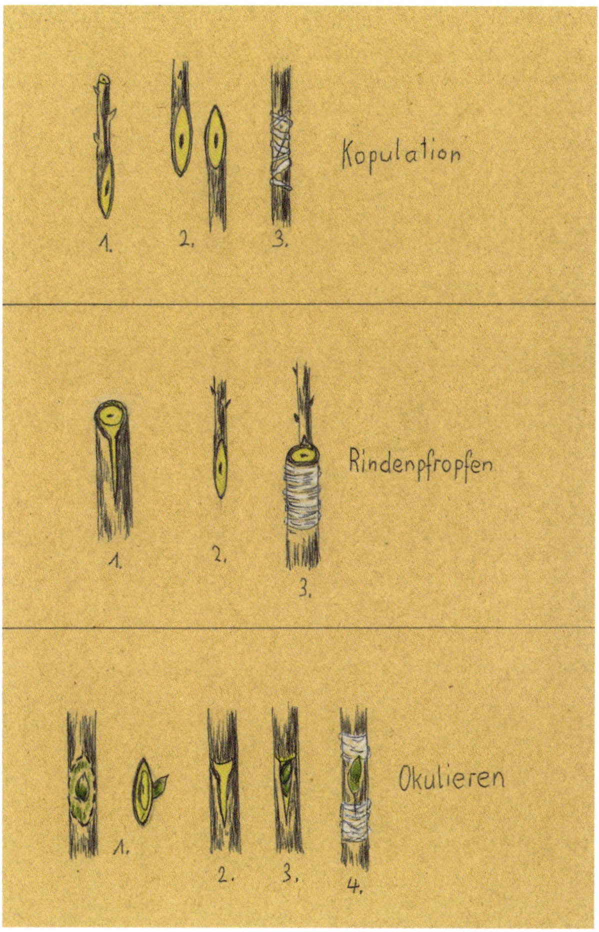

Bild 14: Häufigste Veredelungsmethoden.

Beim Veredeln sollte vor allem auf die folgenden Punkte gut geachtet werden:

- Sauberes Veredeln der Schnittstellen ist der beste Schutz vor Witterungseinflüssen.
- Man sollte nicht bei Regenwetter veredeln.
- Die Schnittstellen nicht mit den Fingern berühren, weil damit Keime eingetragen werden können.
- Sollte nach dem Veredeln eine Trockenphase auftreten, muss gut bewässert werden.

Es gibt verschiedene Veredelungsmethoden. Die häufigsten sind die Kopulation, das Pfropfen und das Okulieren. Alle drei werden im Folgenden kurz vorgestellt.

- **Kopulation:** Hierzu schneidet man gegen das Frühjahr hin, spätestens vor dem Laubaustrieb, die Unterlage, die ja im vorhergehenden Herbst schon ausgepflanzt worden ist, auf der gewünschten Höhe ab. Ideal sind im Minimum 10 cm über dem Boden, gegebenenfalls aber auch höher. Bei der Wahl der Schnittstelle sollte man darauf achten, dass das Edelreis gut darauf passt. Unterlage und Edelreis müssen im Durchmesser also die gleiche Größe haben. Beim Schnitt der Unterlage wird ein sogenannter Schrägschnitt ausgeführt; einen solchen führt man zudem auch beim Edelreis durch, sodass Unterlage und Edelreis gut aufeinanderpassen. Das Edelreis wird dann auf die Unterlage gestellt und die beiden mit Bast zusammengebunden und mit Baumwachs versiegelt. Im darauffolgenden Jahr kann man dann sehen, ob das Edelreis auf die Unterlage angewachsen ist.
- **Rindenpfropfen:** Bei dieser Methode wird das Edelreis nicht auf eine Unterlage, sondern auf einen anderen Baum aufgepfropft. Zu diesem Zweck wird ein größerer Ast des Baumes gekappt und das Edelreis daraufgesetzt, anschließend mit Bast angeschnürt und die Schnittstelle mit Baumwachs versiegelt. Wie bei der Kopulation führt man diese Arbeit im zeitigen Frühjahr, noch vor dem Laubaustrieb, durch.
- Anders als das Kopulieren und Pfropfen wird das **Okulieren** im Sommer, idealerweise Anfang August, durchgeführt. Durch einen T-Schnitt an einem jungen Ast wird hierzu eine Blattknospe unter die Rinde eingesetzt. Am besten führt man diese Arbeit mit einem Okuliermesser durch. Wenn im folgenden Jahr aus der Knospe ein schöner neuer Trieb wächst, schneidet man die Unterlage oberhalb der Veredlungsstelle ab, sodass die Wachstumskraft dem neuen Trieb zugutekommt.

8 Gehölze

Bäume und Sträucher in der Natur brauchen keine Pflege durch den Menschen. Sie wachsen nach ihren Bedürfnissen dort, wo es die klimatischen Bedingungen zulassen. Boden, Temperatur, Wasserverfügbarkeit und Windeinflüsse bestimmen diese Entwicklung. Jede Pflanzenart wächst darum dort, wo ihre Konkurrenzkraft groß genug ist, um anderen Arten mindestens ebenbürtig zu sein. So bilden sich Pflanzengesellschaften, die miteinander in einem ausgeglichenen Verhältnis bestehen können.

Da man in der Gartengestaltung bestimmte Wünsche verfolgt und entsprechend die natürlichen Pflanzengesellschaften nicht einfach sich selbst überlassen will, ist es wichtig, dass man die Standortbedingungen berücksichtigt, da man sonst die gewünschten Ziele nicht erreichen kann. Gleichzeitig wird jeder Gärtner und jede Gärtnerin darum bemüht sein, den Pflegeaufwand so gering wie möglich zu halten. Neben den klimatischen Bedingungen sind dazu auch die Abstände der Gehölze beim Auspflanzen zu berücksichtigen. Auch ist darauf zu achten, dass man Bäume nicht zu nah an Häuser pflanzt, da wachsende Äste zu nah an die Fassade heranwachsen und auch zu viel Schattenwurf stört. Da man alte Bäume nicht mehr umpflanzen kann, entstehen aufwendige Schnittmaßnahmen, und oft muss eine Baumfällung in Betracht gezogen werden.

8.1 Was muss beim Auspflanzen von Gehölzen berücksichtigt werden?

Je jünger ein Gehölz zum Zeitpunkt seiner Anpflanzung ist, desto besser kann es sich an seinen neuen Standort anpassen. Das Pflanzloch im Boden sollte nur so groß ausgehoben werden, dass der Wurzelstock gut hineinpasst. Bei Wurzelnackten ist zudem darauf zu achten, dass die Wurzeln nicht umgebogen in das Pflanzloch hineingezwängt werden müssen. Wurzelnackte sind Pflanzen, die in der Baumschule alle 2–3 Jahre im Freiland umgepflanzt werden müssen, damit bis zum Verkauf ein kompakter Wurzelballen entsteht. Die meisten Gehölze werden für den Verkauf jedoch in Containertöpfen angeboten. Damit sich der Wurzelballen später nicht zu tief in den Boden absenkt, sollte das Pflanzloch am Grund nicht zu tief aufgelockert werden. Dies gilt für Wurzelnackte und Containerpflanzen.

Bild 1: Je nach Region und Boden die Pflanztiefe anpassen.

Die Pflanztiefe sollte beim Auspflanzen etwa so tief sein, wie die Pflanzen vorher in der Baumschule im Container oder im Freilandboden standen. Wenn der Wurzelballen zu tief gepflanzt wird, kann dies wegen Sauerstoffmangel zu Wurzelfäulnis führen und die Pflanze zum Absterben bringen. In trockenen Gebieten pflanzt man besser in vertiefte Gießmulden, da hier die Gefahr der Austrocknung besteht. Hier darf der Wurzelballen leicht mit Erde überdeckt werden. Für die Anwachsphase ist es förderlich, etwas Kompost ins Pflanzloch beizumischen.

Die Wurzelballen sollten vor dem Setzen gut gewässert werden; und es ist insbesondere darauf zu achten, dass die feinen Wurzeln nicht austrocknen. Nach dem Auspflanzen wird der frisch gepflanzte Baum gründlich eingewässert. Dies sorgt dafür, dass das Wasser feine Erde zu den feinen Wurzeln schwemmt und so für einen guten Wachstumsstart sorgt.

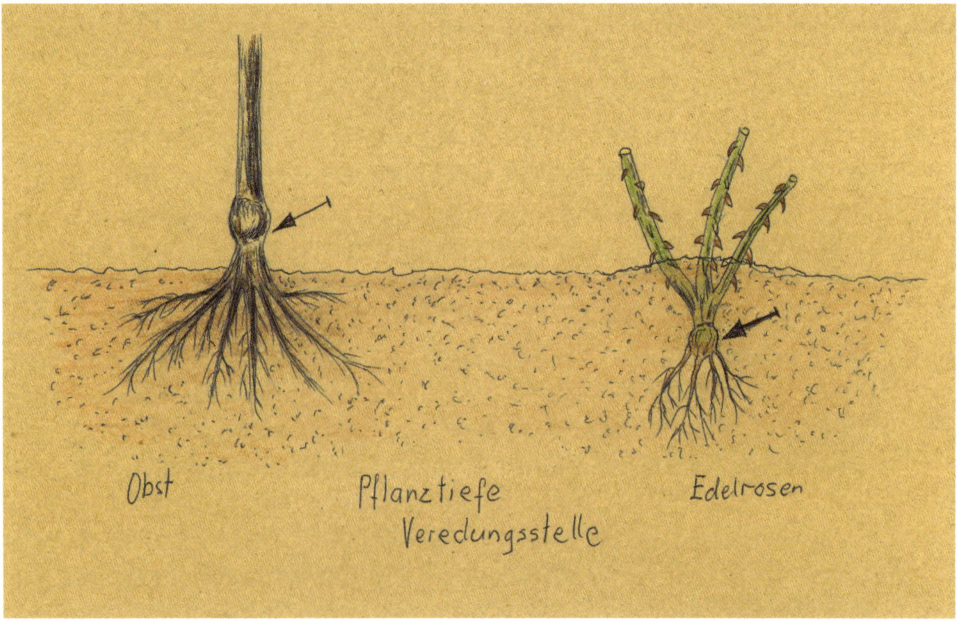

Bild 2: Die Veredlungsstelle bei Obst muss immer über dem Boden liegen. Übergänge zwischen der Unterlage und der aufgepfropften Stelle sind empfindlich. Wenn Veredlungsstellen zu viel Bodenkontakt haben, besteht die Gefahr von Kragenfäule. Bei Edelrosen ist es umgekehrt. Hier muss die Veredelungsstelle immer einige Zentimeter unter der Erdoberfläche liegen, da sonst von der Unterlage vermehrt Wildlinge austreiben, die hier nicht erwünscht sind.

Damit neu gepflanzte Bäume die nötige Standfestigkeit entwickeln können, ist es sinnvoll, sie an einem Pfosten zu befestigen. Besonders wichtig ist dies in Gegenden mit starkem Wind, da dieser sonst eine starke Hebelwirkung auf den Wurzelbereich des Baumes ausübt und in der Folge die neu gewachsenen Feinwurzeln fortlaufend abgerissen werden, was den Wachstumsprozess des Baumes verlangsamt. Da Gehölze gegen Windeinflüsse auch spezielle Ankerwurzeln ausbilden, sollte man die Bindevorrichtung nach 2–3 Jahren entfernen, um die Ausbildung dieser Wurzeln zu fördern.

8.2 Umpflanzen älterer Gehölze

Alte Bäume kann man nicht umpflanzen, bei Sträuchern ist es je nach Größe manchmal möglich (aber schwierig). Ganz allgemein ist beim Umpflanzen aber zu beachten, dass es dabei immer zum Verlust an Wurzelmasse kommt. Damit die Pflanze trotzdem mit genügend Nährstoffen versorgt werden kann, muss dieser Wurzelverlust durch eine entsprechende Verringerung der Laubmasse kompensiert werden. Das heißt, dass ein Teil der Äste und Zweige zur Verringerung des Laubvolumens geschnitten werden müssen. Beschädigte Wurzeln schneidet man vor dem neu Einpflanzen sauber ab, da verletzte Wurzeln faulen können. Für Umpflanzarbeiten eignet sich der Herbst am besten. So können die Wurzeln vor der Winterruhe noch erneut anwachsen.

8.3 Bäume schneiden: Warum, wann und wie?

Natürlich ist es immer am besten, wenn gar nicht geschnitten werden muss. Manchmal ist es aber unumgänglich; beispielsweise:

- bei Verletzungen durch Wind- und Schneedruckschäden,
- um dürres Astwerk zu entfernen, welches für Mensch und Infrastrukturen ein Risiko darstellt,
- um alte, bruchgefährdete Äste zu entfernen,
- um von Pilzen befallene Holzteile zu entfernen oder
- wenn der Platzbedarf einen Schnitt notwendig macht.

Bäume im Sommer zu schneiden ist besser als im Winter, da sich die Wundheilung während der Vegetationszeit schneller vollzieht als im Winterhalbjahr. Man sieht im Sommer auch die dürren Äste besser als im Winter, weil sie anders als die gesunden Äste unbelaubt bleiben. Generell sollte darauf geachtet werden, dass die Schnittstellen möglichst klein und entsprechend auch die Wunden, die dem Baum zugefügt werden, minimal gehalten werden; der Baum muss so weniger Energie für die Wundheilung aufbringen; auch kann durch kleine Wunden das Risiko von Pilzbefall reduziert werden. Einen Entlastungsschnitt, bei dem man nur einen Teil eines Astes entfernt, ist immer besser, als große Äste am Stammbereich zu entfernen, weil die Schnittwunde damit kleiner bleibt.

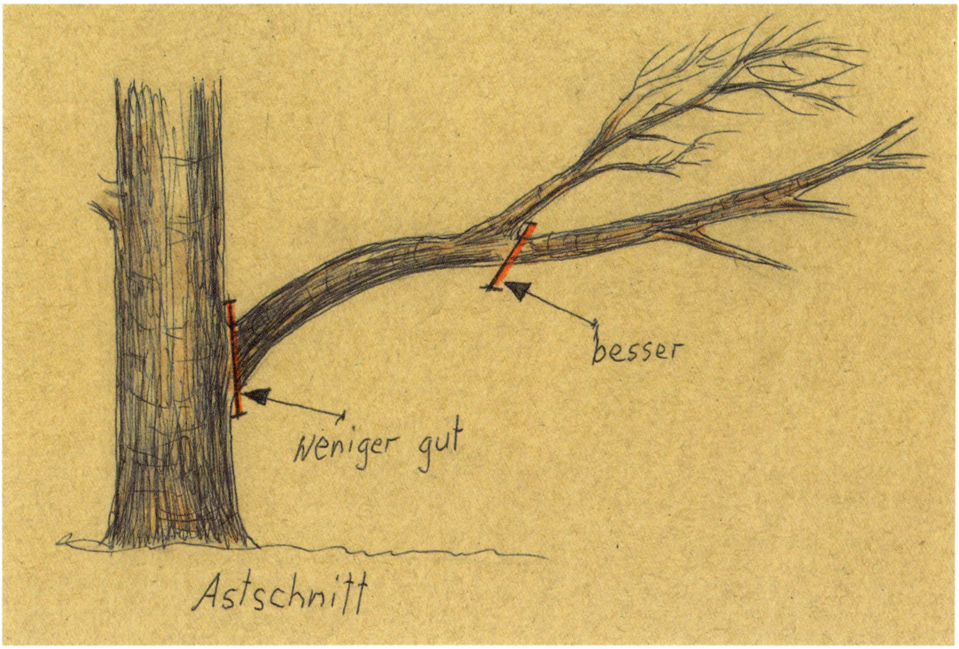

Bild 3: Die optimale Schnittstelle auswählen.

Die Motorsäge sollte beim Baumschnitt tabu sein: Das Kettenöl auf der Schnittwunde schadet dem Verheilungsprozess der Wunde. Eine scharfe Fuchsschwanzsäge eignet sich hingegen sehr gut. Oft wird auf den Schnittstellen auch ein Wundverschlussmittel, meist eine grüne Paste, verwendet. Von dieser wird heute allerdings eher abgeraten, da sie oft mehr schadet als nützt: Wenn sie zu dick aufgetragen wird, entstehen zwischen der Paste und der Schnittfläche kleine Hohlräume. In diesen entsteht gerne Kondenswasser, welches unter Luftabschluss Pilzkrankheiten fördert. Besser als ein Wundverschlussmittel ist daher eine saubere Schnittstelle, die man nach dem Schnitt mit einem Messer nachglätten kann. Dadurch trocknet die Fläche schneller ab.

Bilder 4, 5 und 6: Die richtige Stelle der Astabnahme am Stammbereich. Der Schnitt am richtigen Ort erleichtert das anschließende Überwachsen mit neuer Rinde durch den Baum. Gelingt dieses Überwachsen schnell, können sich keine Schadpilze ansiedeln (Bild 4). Man fördert diesen Prozess, indem man den Ast immer auf den Astkragen, aber auch nicht zu nahe am Stamm, abschneidet (Bild 5). Der Astkragen ist eine mehr oder weniger verdickte Stelle zwischen Stamm und Astansatz. Dieser verdickte Wulst, der sich rund um den Ast zieht, gibt dem Ast Stabilität. Bevor man den Schnitt am Astkragen ausführt, schneidet man den Ast etwas weiter außen ab, damit er durch sein Eigengewicht nicht vom Stamm abgerissen wird, was immer eine unsaubere Wunde ergibt. Erst danach führt man am Astkragen den richtigen Schnitt aus. Auf dem Bild 6 ist der Schnitt zu weit vom Stamm entfernt durchgeführt worden. Hier hat es die neue Rinde schwer, den Zapfen zu überwachsen, weshalb der Heilungsprozess länger dauert und so Pilze mehr Zeit haben, um ins Gewebe einzudringen.

8.4 Sträucher schneiden

Bei Wild- und Ziersträuchern führt man vor allem einen Verjüngungsschnitt aus. Dabei werden im Winterhalbjahr die ältesten Triebe bodennah entfernt, um Neutriebe zu fördern. Längere Äste lassen sich auch etwas einkürzen. Es ist hingegen nicht sinnvoll, einfach alle neuen Triebe rund um den Strauch herum wegzuschneiden, da man so die natürliche Wuchsgestalt des Gehölzes zerstört. Blütensträucher, die im Frühjahr blühen, sollte man nicht im Winter, sondern nach dem Blütenflor schneiden. So können die alten Triebe vor dem Schnitt noch blühen; nach dem Schnitt wachsen dann bis zum Herbst neue Triebe nach. Langsam wachsende Sträucher brauchen seltener einen Schnitt und blühen oft schöner, wenn sie in Ruhe gelassen werden. Einige Sträucher, die ohne Schnitt besonders schon blühen, sind:

Duftschneeball *(Viburnum farreri)*
Zaubernuss *(Hamamelis virginiana)*
Magnolien (*Magnolia* sp.)
Winterblüte *(Chimonanthus praecox)*
Kupfer-Felsenbirne *(Amelanchier lamarckii)*
Flieder *(Syringa vulgaris)*
Fingerstrauch *(Potentilla fruticosa)*
Pfaffenhütchen *(Euonymus alatus)*
Japanischer Ahorn *(Acer palmatum)* verträgt Schnitt nicht gut.

8.5 Obstbäume/Sträucher und deren Ansprüche an das Klima

Warum schneidet man Obstbäume?

Um qualitativ gute Früchte zu bekommen, sollten Obstbäume regelmäßig geschnitten werden. Dadurch wird die Qualität der Früchte verbessert. Durch das Auslichten der Baumkrone bekommen die reifenden Früchte mehr Sonnenlicht und das Laub trocknet schneller ab, was Krankheiten verhindert. Mit den Schnittmaßnahmen versucht man, die Fruchtholzbildung und den Zuwachs an neuen Trieben ins Gleichgewicht zu bringen. Beim Winterschnitt fördert man ein stärkeres Wachstum, während man beim Sommerschnitt den Neuzuwachs verlangsamt. Wenn ein Obstbaum immer nur stark wächst und dadurch weniger Fruchtholz entsteht, ist daher ein Sommerschnitt angebracht. Wenn der Neuzuwachs hingegen schwach ist und nur Fruchtholz ausgebildet wird, ist es besser, im Januar/Februar einen stärkeren Rückschnitt durchzuführen. Die Wundheilung ist beim Winterschnitt kein Problem, da im Normalfall bei Obstbäumen nur kleine Schnittwunden entstehen. Steinobst sollte generell weniger stark zurückgeschnitten werden, da es etwas empfindlicher reagiert als Kernobst.

Kernobst

a) Apfel, Birne, Quitte

Diese Pflanzengruppe gehört zu den wichtigsten Kernobstpflanzen in Europa. Durch Züchtung sind sehr viele Sorten entstanden, wobei allerdings nur ein kleiner Teil davon erwerbsmäßig angebaut wird. Für Hobbygärtner und Hobbygärtnerinnen ist das attraktiv, weil so die Möglichkeit besteht, seltenere Sorten zu pflanzen, die man sonst nicht leicht findet.

Boden und Klima: Tiefgründige, lehmige Böden werden beim Apfel bevorzugt. Sehr sandige oder schwere Tonböden eignen sich hingegen weniger. Der Apfel ist ein Baum für kältere Klimazonen; er benötigt eine winterliche Ruhephase. Kulturen, die in heißen Regionen angebaut werden, sind auf eine ausreichende Bewässerung angewiesen.

Birnen bevorzugen einen schweren, aber durchlässigen Boden. Sie reagieren empfindlicher auf Spätfrost als Äpfel, da sie früher blühen.

Quitten wachsen in denselben Böden wie Apfel und Birne. Sie ertragen kalte Winter, lieben aber warme Sommer.

Beim Anpflanzen von Apfel-, Birnen- und Quittenbäumen ist auf Frostfallen zu achten, die die Bäume gar nicht mögen. Hügel und leicht erhöhte Lagen sind daher zu bevorzugen. Leichte Windeinflüsse sind besser als feuchte und windstille Standorte.

b) Steinobst

Bei Süß- und Sauerkirschen, Zwetschgen, Pflaumen, Aprikosen, Pfirsichen und Mandeln gibt es sehr viele Zuchtsorten.

Boden und Klima: Gut durchlässige, tiefgründige, lehmige Böden eignen sich für das meiste Steinobst. Kirschen wachsen auch gut in kiesigen Böden, falls ein genügender Humusanteil vorhanden ist. Da Steinobst wesentlich früher als das Kernobst blüht, sind die Blüten besonders stark spätfrostgefährdet. Im Hausgarten pflanzt man darum besser spätblühende Sorten an. Durch eine Mulchabdeckung kann die Blüte noch zusätzlich etwas verzögert werden. Eine gute Luftumwälzung reduziert Pilzkrankheiten.

c) Weitere Obstbaum-Arten: Walnuss, Maulbeerbaum, Edelkastanie

Neben den wilden Nussbäumen gibt es auch viele Zuchtsorten.

Boden und Klima: In milden Regionen mit warmen Sommern und mäßig kalten Wintern kommt der Walnussbaum gut zurecht. Kalkreiche Böden, die tiefgründig sind, behagen ihm sehr. Beim Anpflanzen sollte man darauf achten, Walnussbäume nicht in Muldenlagen zu pflanzen, weil die Frostgefahr dort größer ist.

Beim Maulbeerbaum sind im Wesentlichen dieselben Faktoren zu berücksichtigt wie beim Walnussbaum.

Die Edelkastanie bevorzugt für ein gutes Wachstum einen etwas sauren Boden. Sie ist bis ca. –15 °C frosttolerant. Die Edelkastanie schätzt eine erhöhte Luftfeuchtigkeit.

Bild 7: Bei hohem Fruchtertrag müssen Äste womöglich vor der Ernte abgestützt werden, damit sie nicht abbrechen.

Bild 8: Klimatische Anforderungen beim Beerenobst: Für alle Beerensträucher gilt, dass immer die älteren Triebe bodennah weggeschnitten werden sollten, um Neutriebe zu fördern.

Beerenobst

Erdbeeren

Pflanzabstand: 30–40 cm.

Boden und Klima: Mittelschwere, nährstoffreiche, sandige Lehmböden, pH-Wert: ca. 6,5. Ausläuferpflanzen sollte man bis Mitte August setzen. So wachsen sie bis zum Herbst noch gut an; im Folgejahr lässt sich dann eine gute Ernte erzielen. Erdbeeren brauchen während der Vegetationszeit reichlich Wasser. Es ist sinnvoll, die Erdbeeren morgens zu wässern, weil das Laub in der stärker werdenden Sonne dann schnell abtrocknet, was das Risiko des Pilzbefalls verringert. Vor der Fruchtreife Pflanzen mit Holzwolle oder Stroh mulchen. Dies schützt die Beeren ebenfalls vor Pilzbefall und vor Verunreinigungen durch Erde.

Himbeeren

Wir unterscheiden sommertragende und herbstragende Sorten.

Pflanzabstand: ca. 50 cm in der Reihe.

Boden und Klima: Himbeeren lieben humus- und nährstoffreiche Böden. Zu kalkhaltiger Boden ist ungeeignet; pH-Wert: leicht sauer, 6,0–6,5. Der Boden um Himbeeren sollte im Herbst bei Frostbeginn mit Kompost oder altem Mist abgedeckt werden. Die beste Pflanzzeit ist August. Eine periodische dünne Mulchabdeckung wird von Himbeeren geschätzt.
Himbeeren sind flachwurzelnd, weshalb regelmäßig nach Bedarf gewässert werden sollte. Dabei sollte man aber die Wassermenge gut dosieren, da Himbeeren nicht gerne im Wasser stehen. In nassen Regionen eignet sich dazu die Dammkultur. Dazu baut man einen länglichen Hügel von ca. 30–50 cm Höhe; auf diesem Damm trocknet der Boden nach starken Regenfällen schneller ab. Sommertragende Himbeerruten werden nach dem Ernten bodennah abgeschnitten, um Krankheitsinfektionen nicht auf die jungen Ruten zu übertragen. Die stärksten Jungruten lässt man für die Ernte im nächsten Jahr stehen. Bei herbsttragenden Himbeeren werden nach der Ernte und dem Laubfall alle Triebe bodennah abgeschnitten, da die fruchtenden Neutriebe erst im kommenden Frühjahr austreiben. Herbsthimbeeren werden weniger von Krankheiten befallen als Sommerhimbeeren. Pflanzen müssen an Stützvorrichtungen aufgebunden werden.

Brombeeren

Pflanzabstand: In der Reihe ca. 2–2,5 Meter.

Boden und Klima: Brombeeren bevorzugen humose, mittelschwere, warme und tiefgründige Böden. Ihre Ansprüche an den Boden sind jedoch bescheidener als jene der Himbeeren. Beste Pflanzzeit ist März bis April. Auf starke Winter- und Spätfröste reagieren sie empfindlich. Wie bei den sommertragenden Himbeeren werden nach der Ernte alle Triebe bis auf die starken, neu gewachsenen abgeschnitten.

Bild 9: Eine weniger bekannte, aber wertvolle, rankende Beerenpflanze ist die Japanische Weinbeere. Sie ist kaum krankheitsanfällig und robuster als die Himbeere.

Johannisbeeren

Schwarze (Cassis), rote und weiße Sorten, Jostabeere und auch die seltenere Gold-Johannisbeere gehören zu dieser Gruppe.

Pflanzabstand: 1,2–1,8 Meter in der Reihe, je nach Sorte. Um neue Bodentriebe zu fördern, pflanzt man sie etwas tiefer, als sie vorher im Topf standen.

Boden und Klima: Mittelschwere, durchlässige Böden. Johannisbeeren stellen nicht besonders hohe Ansprüche an den Boden. In spätfrostgefährdeten Regionen pflanzt man besser spätblühende Sorten, ansonsten wachsen sie auch in kühlen Gegenden sehr gut. Wie bei den meisten Beerensträuchern ist eine leichte Mulchabdeckung vorteilhaft.
Stachel- und Jostabeeren werden bezüglich der klimatischen Aspekte gleich kultiviert. Jostabeeren wachsen stärker als Johannisbeeren. Sie brauchen mindestens einen Pflanzabstand von 2 Metern.

Bild 10: Die Gold-Johannisbeere wird selten kultiviert, obwohl sie gegen Trockenheit weniger empfindlich reagiert als andere Johannisbeer-Sorten.

Kultur-Heidelbeeren

Boden und Klima: Im Gegensatz zu den oben genannten Beerensträuchern brauchen Heidelbeeren einen sehr sauren Boden mit einem pH-Wert von 4–5. Wenn gewachsene Torf- oder Riedböden fehlen, muss man ein Moorbeet erstellen. Sie ertragen Frost sehr gut und lassen sich gut in Kübeln kultivieren. Allerdings brauchen sie regelmäßig Wasser. Geeignet ist kalkarmes Wasser, insbesondere Regenwasser. Zu hoher Kalkgehalt führt zur Gelbverfärbung der Blätter (Chlorose). Als weitere Kultur für den gleichen Standort verwendet man auch die Preiselbeere.

Kiwi

Boden und Klima: Die Kiwi stellt keine besonderen Ansprüche an das Erdreich. Mittelschwere, durchlässige Böden eignen sich gut.

Die Kiwi bevorzugt ein Weinbauklima und reagiert entsprechend empfindlich auf Spätfröste; sie werden daher am besten an westwärts gerichtete Wände gepflanzt. Im Winter brauchen sie in den ersten Jahren einen Fuß- und Stammschutz, zum Beispiel ein Vlies; darum Neupflanzungen besser erst im Frühjahr ausführen.

Reben

Boden und Klima: Reben stellen keine besonderen Ansprüche an den Boden, lieben aber tiefgründige und warme Böden. Im Hausgarten eignen sich die Amerikaner-Reben besser als die europäischen Tafeltrauben, da diese kaum von Krankheiten befallen werden. Dies ist vor allem in feuchteren Regionen zu berücksichtigen, wo Mehltau ein großes Problem darstellt. Eine gute Luftumwälzung hilft, den Mehltaubefall zu reduzieren.

Wie man einzelne Kulturen anbaut und bis zur Ernte pflegt, unterscheidet sich von Region zu Region sehr stark. Das lässt sich an Wein- und Tafeltrauben gut illustrieren: In Mitteleuropa entfernt man häufig die Laubblätter, sodass die Beeren mehr Sonne erhalten und besser ausreifen. Dadurch sind sie weniger anfällig für Pilzerkrankungen, weil sie besser durchlüftet werden und schneller abtrocknen. In heißen und lufttrockenen Klimazonen entfernt man das Laub hingegen nicht oder nur in geringem Ausmaß, sodass die Beeren beschattet bleiben und so besser vor Sonnenbrand geschützt sind.

Bild 11: Fallbeispiel Laubregulation auf Hitzeeinflüsse.

Weinbergpfirsich

Es gibt viele Lokalsorten, die sich durch Aussaat vermehren lassen, da diese nicht veredelt werden. Dadurch passen sie sich am entsprechenden Weinbauklima vor Ort bestens an.

Boden und Klima: Besonders gut wachsen sie in humusreichen und durchlässigen Böden. Ein windgeschützter Standort ist vorteilhaft. Ein Standort mit ganztägigem Sonnenschein ist optimal. Vor der Ernte sollte der Boden eine gleichbleibende Feuchtigkeit aufweisen. Zuviel Wasser vor der Ernte macht die Früchte jedoch fad.

Bild 12: Weinbergpfirsiche sind wenig krankheitsanfällig.

Feigen

Boden und Klima: Feigen stellen keine besonderen Ansprüche an den Boden. Ein lehmiger, sandiger Boden eignet sich gut. Obwohl Feigen aus dem mediterranen Raum stammen und entsprechend ein warmes Klima bevorzugen, gibt es einige Sorten, die auch bei uns im Freien angepflanzt werden können. Trotzdem ist auf einen Standort zu achten, der vor kalten Winden geschützt ist, da sonst leicht Frostschäden auftreten. Als mediterrane Pflanze setzt man Feigen im Frühjahr an einem sonnigen Standort ins Freie. So können sie bis zum kommenden Winter gut anwachsen. Während der ersten Winter sollte man die Pflanzen mit einem Vlies schützen. Eine dicke Mulchabdeckung über dem Boden lässt Kälte weniger tief in den Boden vordringen, was der Feige ebenfalls hilft. Im Frühjahr muss dann der Mulch wieder entfernt werden, damit sich der Boden rund um die Pflanze schneller erwärmen kann. Frieren bei Frost Triebe ein, sollten sie weggeschnitten werden. Da Feigen austriebsfreudig sind, erholen sie sich rasch. Sie brauchen einen festen, aber durchlässigen Boden ohne Staunässe.

Maibeeren

Bild 13: Maibeeren für eine frühe Ernte.

Boden und Klima: Ideal ist ein fruchtbarer Humusboden, der nicht zu stark austrocknet.

Maibeeren sind kleinere Sträucher, die recht unempfindlich auf Witterungseinflüsse reagieren. Die Maibeere ist die erste Strauchfrucht, die man im Jahr ernten kann (bereits im Mai). Bei Sommertrockenheit sollte man sie jedoch regelmäßig bewässern, da sonst das Laub vor dem Herbst vertrocknet, was die Pflanze für das Folgejahr schwächt.

Wildfrüchte

Wie der Name sagt, sind Wildfrüchte Gehölze, die in unseren Regionen natürlicherweise vorkommen. Durch die Klimaveränderungen sind sie Zukunftspflanzen, die sich meist besser akklimatisieren können als viele der hochgezüchteten Obstgehölze. Vermehrt baut man auch fremdländische Wildfrüchte an. Meistens wird Wildobst nicht veredelt, aber durch Auslese entstanden viele Sorten, die größere oder schmackhaftere Früchte tragen. Wie bei allen Gehölzen ist Staunässe zu vermeiden. Viele Wildfrüchte, die im Herbst reifen, werden durch Frosteinwirkung geschmacklich besser.

Die häufigsten Wildfruchtgehölze

Sanddorn: Lichtbedürftig, verträgt Hitze, Trockenheit und ist windfest. Vorübergehende Überschwemmungen machen ihm nichts aus. Beerenreife ist im Herbst.

Schwarzer Holunder: Licht- und Halbschattengehölz. Für einen guten Fruchtertrag muss der Boden mäßig frisch, stickstoff- und humusreich sein. Er ist frostunempfindlich, aber heiße Sonneneinstrahlung kann die Beeren verbrennen. Die Beerenreife ist im Sommer bis zum Beginn des Herbstes.

Bild 14: Vom Schwarzen Holunder gibt es verschiedene Sorten.

Haselstrauch: Frosthartes Gehölz. Windgeschützte Lagen werden bevorzugt. Der Hasel wächst in fast allen Böden. Nach der Anwachsphase erträgt er auch Trockenheit, fühlt sich aber auch in der Nähe von Gewässern wohl. Es sind verschiedene Sorten im Angebot. Die Nussreife beginnt im Spätsommer.

Gewöhnliche Felsenbirne und **Kanadische Felsenbirne:** Auf wechselfeuchten bis trockenen, durchlässigen, aber auch felsigen Standorten vorkommend. Für einen guten Fruchtertrag darf der Boden etwas nährstoffreicher sein. Sonnige bis halbschattige Standorte werden bevorzugt, wobei für einen guten Fruchtertrag ein sonniger Standort besser ist. Die Beerenreife ist im Sommer.

Bild 15: Felsenkirschen sind sehr frosthart, da sie später blühen als Steinobst und daher weniger empfindlich auf Spätfrost reagieren.

Kornelkirsche: Kommen mit den meisten Böden zurecht. Wenn sie sich an einem Standort akklimatisiert haben, ertragen sie auch große Trockenheit. Die frühe Blüte ab Februar/März erträgt strengen Frost; der Ernteertrag im Herbst ist fast immer gesichert.

Elsbeere: Wächst auf tiefgründigen, kalkhaltigen Lehmböden, aber auch auf durchlässigen Gesteinsböden. Sonne und Trockenheit erträgt sie ohne Probleme. Die Beeren reifen im Spätherbst.

Bild 16: Die Elsbeere ist eine der seltensten heimischen Baumarten.

Mehlbeere: Frosthart, wärmeliebend und hitzeverträglich. Kommt mit den meisten Standorten zurecht. Staunässe vermeiden.

Bergmehlbeere: Nah mit der Mehlbeere verwandte Art. Ihre Beeren sind aber saftiger als jene der Mehlbeere.

Speierling: Bevorzugt ein Weinbauklima und trockene bis frische, kalkhaltige Lehmböden. Der Speierling ist lichtbedürftig.

Vogelbeere, Eberesche: Im Gegensatz zu den anderen *Sorbus*-Arten liebt die Vogelbeere feuchtere und kühlere Standorte. Sie ist frosthart, eignet sich aber weniger für sommertrockene, heiße Standorte. Einige Sorten ertragen Trockenheit etwas besser als die Wildform. Die Beerenreife ist gegen den Herbst hin. Durch Kreuzungen von Vogel-, Mehl- und Apfelbeeren, Wild-Birnen und Weißdorn entstanden viele Sorten-Züchtungen (Hybriden).

Deutsche Mispel: Mispelbäume sind sehr langlebig, wenn sie auf tiefgründigen und kalkreichen Böden wachsen. Sie bevorzugt warme, sonnige bis halbschattige Standorte. Die Deutsche Mispel ist frosthart, sollte aber durch eine geschickte Standortwahl vor starkem Wind geschützt werden.

Bild 17: Die Deutsche Mispel ist eine alte Kulturpflanze.

Apfelbeere: Bei der Apfelbeere gibt es eine große Sortenvielfalt. Alle Sorten bevorzugen eher kalkärmere Böden, stellen aber keine weiteren Ansprüche an den Boden. Sie sind frosthart und wachsen auch noch in kühleren Höhenlagen gut. Sie sind klimatisch anpassungsfähig, lieben aber eine erhöhte Luftfeuchtigkeit.

Wildrosen: Es gibt viele heimische und fremde Arten; zudem kreuzen sich verschiedene Arten untereinander, sodass die Artenbestimmung oft schwierig wird. Es gibt fast für alle Standorte geeignete Arten. Tiefgründige Böden werden bevorzugt. Sie sind gegen alle Witterungseinflüsse sehr robust.

Bild 18: Die Bibernellrose *(Rosa spinosissima)* bildet im Herbst schwarze Hagebutten aus.

Verwendung einiger exotischer und heimischer Gehölze

Wir beschränken uns hier auf eine kleine Auswahl robuster Gehölze. Auf Großbäume gehen wir nicht ein, da sie für die meisten Gärten aufgrund von Platzmangel nicht geeignet sind. Falls Sie jedoch für große Bäume genügend Platz in Ihrem Garten haben, macht es Sinn, regional zu beobachten, welche Arten in der Landschaft und in den Gärten in Ihrer Umgebung wachsen, und sich auf die dort zu findenden Arten zu konzentrieren.

Zuchtrosen: Zuchtrosen von Busch- und Strauchrosen sind den Wildrosen in ihrer Robustheit ähnlich. Alte englische Rosen, Bodenbedecker-Rosen und Kletterrosen sind in der Regel weniger krankheitsanfällig und anspruchsloser als die Edelrosen. Edel- und Polyantha-Rosen sind in vielen Sorten erhältlich. Es lohnt sich, hier Sorten zu bevorzugen, die weniger krankheitsanfällig sind. Sie bevorzugen sonnige bis halbschattige Flächen mit guter Luftzirkulation. Heiße, windstille Standorte eignen sich nicht so gut. Zuchtrosen lieben lehmhaltige, tiefgründige und nährstoffreiche Böden. Edelrosen schneidet man im Herbst nur etwas zurück, damit keine Schneedruckschäden auftreten. Im Frühjahr schneidet man die Triebe auf drei bis fünf Augen zurück. Lässt man ein bis zwei Knospen mehr am Trieb, so wächst das Laub weniger nah über dem Boden, da immer nur die obersten Knospen austreiben. Auf diese Weise wird die Luftzirkulation über dem Boden verbessert, was Pilzkrankheiten vorbeugt.

Gingko: Am besten wächst der Gingko auf tiefgründigen, durchlässigen und nahrhaften Böden. Er ist sehr resistent gegen Luftverschmutzung und Krankheiten und verträgt die Hitze gut. Für kleinere Gärten gibt es kompaktere Sorten, wie z.B. 'Horizontalis'.

Amberbaum: Sonnige, tiefgründige Standorte in normal durchlässigen Böden sind für den Amberbaum geeignet. Er ist Wärme liebend, braucht aber eine gewisse Bodenfeuchtigkeit. In der Anwachsphase ist er etwas frostempfindlich.

Parrotie, Eisenholzbaum: Er besitzt eine große Anpassungsfähigkeit an den Boden und gilt eher als Flachwurzler. Er ist kaum krankheitsanfällig und erträgt Hitze und Frost gut; zudem ist er windfest.

Flaumeiche: Die Flaumeiche ist extrem stressresistent. Auf kalkreichen, steinigen und humusarmen Böden ist sie konkurrenzstark gegenüber anderen Bäumen. Sie erträgt Hitze und Trockenheit besser als die meisten Föhrenarten.

Bild 19: Die Flaumeiche wächst wesentlich kleiner als andere Eichenarten.

Feld-Ahorn: Feuchte, mineralreiche Lehmböden mit guter Durchlüftung eignen sich gut für den Feld-Ahorn. Er ist wärmebedürftiger als die anderen Ahornarten, dafür ist er auch schattentolerant. Auf sehr trockenen Standorten ist er in den jungen Jahren dürreempfindlich, später erträgt er die Trockenheit besser.

Schwarz-Erle: Die Schwarz-Erle ist ein Gehölz, welches natürlicherweise an Bachufern und über bewegtem Grundwasser wächst. Sie ist kalkempfindlich und braucht ständige Wasserverfügbarkeit im Boden. Die Schwarz-Erle ist das einzige heimische Gehölz, dass mit den Wurzeln im ständigen Grundwasser leben kann. Die Schwarz-Erle ist frosthart.

Hänge-Birke: Die Hänge-Birke ist extrem frosthart und wächst an feuchten und trockenen Standorten. Verdichtete tonige Böden mag sie nicht. Im Alter ist sie anfällig für Windbruch.

Bild 20: An Klima und Boden stellt die Hänge-Birke keine besonderen Ansprüche.

Weiden: Es gibt sehr viele Weiden-Arten; sie wachsen teils strauchförmig, teils bilden sie große Bäume aus. Die meisten Weiden-Arten wachsen am liebsten an feuchten Stellen wie an Bachläufen oder in kühlen Bergregionen. Anfänglich wachsen sie auch auf Pionierflächen, die etwas trockener sind. An den Boden stellen sie meist sehr geringe Ansprüche. Alle Weiden brauchen jedoch viel Licht, um optimal zu wachsen. Die Salweide *(Salix caprea)* ist die genügsamste Waldweiden-Art. Sie wächst sowohl auf feuchten als auch auf sehr trockenen Standorten. Im Gegensatz zu den meisten anderen Arten lässt sie sich schlecht durch Steckhölzer vermehren.

Blasenstrauch: Der Blasenstrauch wächst gut an trockenheißen Südhängen und an Orten, in denen häufig Wassermangel auftritt.

Bild 21: Der Blasenstrauch wächst sehr gut auf kalkreichen und flachgründigen Böden.

Erbsenstrauch: Er wächst auf armen und trockenen Böden und braucht sonnige, warme Standorte. Er eignet sich im Garten auch auf Rohböden.

Gemeiner Wacholder: Er liebt kalkhaltige bis saure, sandige Kiesböden und bevorzugt sonnige Hänge. Die Sommerdürre erträgt er ebenso gut wie den Frost; er meidet allerdings schattige Standorte.

Krummholzkiefer, Latsche, Legföhre: Sie eignet sich im Garten an sonnigen Standorten ohne Staunässe. Auch in großen Gefäßen kommt sie mit wenig Wasser zurecht. Hitze und Frost erträgt sie problemlos. In Baumschulen findet man Züchtungen in verschiedenen Größen.

Bild 22: Naturstandort. Hitze, Kälte, Wind, Trockenheit und Schneedruck ist für diese genügsame Legföhre kein Problem.

Schling- und Kletterpflanzen

Schlingpflanzen eignen sich für vertikale Gärten an Fassaden, Zäunen, Pergolas und anderen Gerüsten. Sie eignen sich hervorragend, um das Klima im Garten zu verbessern. Sie bieten Schatten und Windschutz und eignen sich für jede Gartengröße. Es gibt verholzende und krautig wachsende Schlingpflanzen. Dabei handelt es sich um Gehölze, Halbgehölze und Stauden. Damit sie gut wachsen, müssen ihre Bodenansprüche und die Exposition berücksichtigt werden.

Efeu *(Hedera helix)*: Der Efeu ist immergrün und klettert ohne Rankhilfe. Er blüht im Herbst, seine blauen Beeren reifen bis zum Frühjahr. Er lässt sich problemlos zurückschneiden.
Boden und Klima: Der Boden sollte immer etwas feucht sein, auch im Winter. Sauren Boden und Bodenverdichtung verträgt er schlecht. Efeu ist sehr frosthart. Westlich oder nördlich ausgerichtete Wände sind ideal.

Geißblatt (*Lonicera* sp. verschiedene Arten und Sorten): Zum Teil immergrüne Arten und Sorten. Blütezeit von Juni bis August. Kann im Frühjahr stark zurückgeschnitten werden. Mittelstarkes Wachstum bis 8 m Höhe. Braucht eine Rankhilfe.
Boden und Klima: Liebt nährstoffreiche und feuchte Erde. Bevorzugt sonnige Standorte, wobei der Wurzelfuß beschattet sein sollte, was mit einer Unterbepflanzung erreicht werden kann.

Winterjasmin *(Jasminum nudiflorum)*: Blühbeginn oft schon ab Dezember. Schwach wachsend bis 2,5 m Höhe. Braucht eine Kletterhilfe, wächst aber auch schön als Hängestrauch. Wird auch als Kübelpflanze verwendet. Wenn nötig, nach der Blüte zurückschneiden.
Boden und Klima: Nährstoffreicher und durchlässiger Boden. Halbschattiger bis sonniger Standort.

Kletterhortensie *(Hydrangea petiolaris)*: Blütezeit Juni bis Juli. Ist ein Haftwurzler, der anfänglich eine Stütze braucht. Wächst überall üppig. Wuchshöhe bis 5 m.
Boden und Klima: Ein normaler Gartenboden reicht aus; die Kletterhortensie mag lichte, halbschattige und schattige Standorte.

Blauregen, Glyzine *(Wisteria sinensis)*: Blütezeit Mai bis Juni.
Boden und Klima: Sandige, lehmige Böden, aber sonst recht anspruchslos. Sonniger Standort mit ausreichender Wasserversorgung.

Bild 23: Der Blauregen ist stark wachsend und benötigt eine Kletterhilfe.

Wilder Wein *(Parthenocissus quinquefolia)*: Leuchtend rote Herbstfärbung. Selbstkletternd. Starker Wuchs bis 12 m Höhe. Robust und pflegeleicht.
Boden und Klima: Normaler Gartenboden ist ausreichend. Ein sonniger bis halbschattiger Standort ist geeignet. Der Wilde Wein ist frost- und windverträglich.

Hopfen *(Humulus lupulus)*: Blütezeit Juni bis September. Schnellwachsende Pflanze bis 10 m Höhe, die jedes Jahr vom Boden neu austreibt und eine Staude ist.
Boden und Klima: Nährstoffreiche und feuchte Böden bevorzugt, wächst aber auch in mageren und trockenen Böden, wird dann aber weniger groß.

Waldrebe *(Clematis vitalba)*: Diese heimische Schlingpflanze wuchert stark in die Höhe (bevorzugt an Bäumen). Sie wird in Gärten selten verwendet, kann Naturgärten aber gestalterisch sehr bereichern. Lässt sich stark zurückschneiden.
Boden und Klima: Keine besonderen Bodenansprüche, wächst aber am besten in durchlässigen Böden.

Bild 24: Sehr großblütige Clematis sind wenig witterungsbeständig. Sie brauchen mehr Wasser und sind windanfälliger.

9 Stauden

Da Stauden als mehrjährige Pflanzen viele Jahre am selben Standort verbringen, ist es besonders wichtig, sie dort anzusiedeln, wo es ihren klimatischen Anforderungen entspricht (mehr zu den Standortbedingungen heimischer Wildstauden: siehe Kapitel «Wasserhaushalt»).

9.1 Was ist eine Staude?

Unter Stauden versteht man alle krautig wachsenden Pflanzen, die ausdauernd sind (d.h. mehrjährig). Bei vielen sterben im Herbst zwar die oberirdischen Teile ab, aber der Wurzelstock treibt im folgenden Frühjahr wieder aus. Viele Polsterstauden sind immergrün. Die meisten Blütenpflanzen, viele Gräser, Farne und Alpenblumen gehören zu den Stauden. Als Halbsträucher bezeichnet man diejenigen Stauden, die eine verholzende Basis haben. Die Abgrenzung zwischen Staude und Gehölz ist nicht immer klar ersichtlich (z.B. bei Lavendel, Gartensalbei etc.).

9.2 Stauden und ihre Eignung für bestimmte Standorte

Jeder Garten zeichnet sich durch unterschiedliche Standorte aus; einige sind sonniger oder feuchter als andere, einige sind windgeschützt oder besonders exponiert. Je nachdem, welche Bedingungen an einem bestimmten Standort herrschen, ist eine Pflanze dafür geeignet oder nicht. Um herauszufinden, ob es einer Pflanze an einem bestimmten Standort gefallen könnte, sind verschiedene Faktoren zu beachten. Besonders wichtig sind die Bodenbeschaffenheit, deren Feuchtigkeit/Trockenheit sowie ihr pH-Wert. Von ebenso großer Bedeutung sind die klimatischen Bedingungen, die Sonneneinstrahlung und der Schattenwurf im Verlaufe des Tages.

Bild 1: Wegböschungen eignen sich besonders gut für ein Staudenbeet.

Das Staudenbeet in normalen Gartenböden

Staudenbeete in normalen Gartenböden werden meistens als Rabatte gestaltet. Da man in diesen oft Stauden aus verschiedenen Lebensräumen zusammenfügt, wird hier eher konventionell gearbeitet; d.h. Beikräuter werden üblicherweise entfernt. Für Staudenbeete geeignete Pflanzen sind Malven, Herbstastern, ausdauernde Sonnenblumen oder Wasserdost. Staudenbeete sind dann geeignet, wenn sie an einem Ort angelegt werden, der nicht einfach sich selbst überlassen werden soll, sondern regelmäßig gepflegt wird; daher kann man sie auch gut mit Kräutern und Blumen kombinieren, die man immer wieder erntet.

Viele Stauden müssen nach einigen Jahren geteilt werden, um deren Wuchs- und Blütenkraft zu erhalten (siehe auch Unterkapitel «Vermehrung»). Geschieht dies nicht, so vergreisen sie mit der Zeit.

Die Wald- und Schattenbereiche

Bild 2: Die Wald-Hainsimse *(Luzula sylvatica)* eignet sich unter schattigen Gehölzgruppen.

Im Wald- und Schattenbereich wachsen jene Stauden, die es schattig und eher feucht mögen und die von luftigen Lauberden geprägte Böden bevorzugen. Diese Stauden sind fähig, mit der Wurzelkonkurrenz von Bäumen zu harmonieren und zuweilen sogar eine Symbiose mit diesen einzugehen. Sehr frühblühende Waldstauden wie Leberblümchen oder Buschwindröschen nutzen das Sonnenlicht, um vor dem Laubaustrieb zu blühen und zu fruchten, bevor der Laubwald den Boden beschattet. Weidenröschen, Pestwurz, Wasserdost und Kohldistel fühlen sich im Halbschatten wohl. Sie wachsen an lichten, feuchten Stellen im Wald, oft auch entlang von Waldbächen. Waldfarne hingegen sind blütenlose Stauden, die sich auch im Dauerschatten von Nadelhölzern wohlfühlen.

Steppen und Steingärten

Bild 3: Eine dynamisch gemischte Staudenfläche auf magerem Boden.

Standorte für Steppen- und Felsengärten sollten nährstoffarm und deren Böden sandig und kiesig sein; zudem ist es wichtig, dass sie durchlässig sind, damit keine Staunässe entstehen kann. Besonders geeignet sind entsprechend trockene, warme und sonnige Expositionen.

Pflanzen, die sich in Steppen- und Steingärten wohlfühlen, sind Thymian, Ysop, Gamander, Perlgräser und verschiedene Dickblattgewächse.

Begrünte Dächer sind ähnliche Standorte wie Steppen- und Felsengärten, da sie oft ein sehr heißes und trockenes Mikroklima aufweisen. Dächer verfügen allerdings meistens nur über eine relativ dünne Schicht aus Erde, weshalb hier – anders als in Steppen- und Felsengärten – keine tiefgründig wurzelnden Arten angepflanzt werden können. Für Dachbegrünungen geeignete Arten sind *Sedum*-Arten, Thymian und Polsterstauden.

Ruderalflächen entstehen auf offenen Flächen

Bild 4: Wegwarten, Königskerzen, Nachtkerzen, Wilde Möhre und Karden blühen um die Wette.

Ruderalflächen können sehr unterschiedliche Böden aufweisen; eine Kiesgrube zum Beispiel ist sehr nährstoffarm, während ein Humusdepot viele Nährstoffe aufweist. Auch die Struktur des Bodens kann sich stark unterscheiden; Böden in Ruderalflächen können komplett verdichtet und undurchlässig sein, aber genauso gut auch locker und sehr durchlässig. Soll eine Ruderalfläche bepflanzt werden, so ist es also wichtig, sich die Bodenbeschaffenheit gründlich anzusehen.

Grundsätzlich gilt, dass auf nährstoffreichen Flächen anfänglich vor allem einjährige Kräuter wachsen, die oft wenig attraktiv wirken; meist sind darunter auch zahlreiche Arten, die man als Beikräuter im Garten nicht so gerne mag. Auf den trockenen, kiesigen und mageren Böden wachsen hingegen gerne Stauden wie Königs- und Nachtkerzen, Karden, Disteln, Wegwarten, Natternkopf, aber auch mehrjährige Arten wie das Johanniskraut. Allen Ruderalflächen gemeinsam ist, dass sie sich schnell verändern; eine Ruderalfläche in einem bestimmten Ist-Zustand zu behalten, ist schwer möglich. Ruderalflächen werden daher meist sich selbst überlassen, sodass die natürliche Sukzession der Pflanzengesellschaften darüber bestimmt, was wachsen und gedeihen kann.

Weshalb aber ist es überhaupt eine interessante Idee, Ruderalflächen anzulegen? Zum einen bieten sie Lebensraum für viele Pflanzenarten, die anderswo kaum mehr Lebensraum finden, zum anderen bieten diese Pflanzen aber auch Nahrung für zahlreiche Insektenarten, beispielsweise für Wildbienen, die unsere Förderung gut gebrauchen können.

Der Heidegarten

Heidegärten sind sehr spezielle Flächen, die man eigentlich nur dann anlegen kann, wenn der Garten bereits über den passenden Boden verfügt, weil sich eine Umgestaltung des Bodens ohne enormen Aufwand kaum bewerkstelligen lässt; dieser muss moorig sein, einen kristallinen Untergrund aufweisen und entsprechend kalkarm sein (pH-Wer von 4,5 bis 6). Für den eher unwahrscheinlichen Fall, dass Sie über einen entsprechenden Boden verfügen, lassen sich darauf aber schöne Heidekräuter, *Erica*-Arten, Moose und Farne ziehen und – falls Ihr Grundstück im alpinen Bereich liegt – Heidel- und Preiselbeeren sowie die attraktiven Alpenrosen.

Wassergarten

Bild 5: Die Sumpfschwertlilie wächst im Uferbereich.

Wassergärten setzen naheliegenderweise Wasserflächen, also ständig vom Wasser überrieselte Flächen, Teiche oder (langsam fließende) Fließgewässer, voraus. Weil viele Wasserpflanzen stark wuchern, sollte man die Anzahl der Pflanzen an die Größe der Wasserfläche anpassen. Generell empfiehlt es sich, bei diesem sehr speziellen Gartentyp Spezialisten beizuziehen. Wir beschränken uns hier daher auf eine kurze Aufzählung geeigneter und attraktiver Pflanzenarten.

- In Tiefen bis ca. 80 cm sind Seerosen sehr geeignet. Damit sie sich nicht zu sehr ausbreiten, ist es sinnvoll, sie in Gitterkörben auszubringen, was ihr Verbreitungspotenzial einschränkt.
- Für Tiefen von 50–80 cm eignen sich Teichrosen, Tausendblatt und Wasserknöterich.
- Tannenwedel, Sumpfschwertlilie, Pfeilkraut und Rohrkolben fühlen sich in Wassertiefen von 20–40 cm wohl.

- Für den immerfeuchten Uferbereich sind Blutweiderich, Mädesüß, Wasserminze, Sumpfdotterblume und Sauergräser geeignet.

9.3 Auspflanzen von Stauden

Bild 6: Verfilzte Wurzelballen leicht aufreißen. Somit wurzeln sie nach dem Auspflanzen besser an.

Das Pflanzloch sollte immer tief genug ausgehoben werden, damit man den Wurzelballen nicht ins Loch drücken muss; in diesem Falle würde man nämlich das darunterliegende Erdreich zu stark verdichten, was dazu führt, dass durch den Temperaturwechsel im Winter die Wurzelballen durch die Frosteinwirkung bis zum Frühjahr teils aus dem Boden kommen und dann erfrieren. Grundständige Rosettenpflanzen sollten immer gleich tief eingesetzt werden, wie sie vorher im Topf standen. Bei den meisten übrigen Stauden darf der Wurzelballen leicht mit Erde bedeckt sein.

Bei allen Stauden ist es wichtig, dass sie nach dem Anpflanzen gründlich angegossen werden. Generell brauchen die Stauden im ersten Jahr nach der Auspflanzung relativ viel Wasser; später genügt es, wenn sie nur noch in Trockenphasen gegossen werden. Zu Beginn ist es für das Wachstum der Stauden zudem wichtig, dass die Beikräuter regelmäßig entfernt werden.

Was nicht wachsen will, steht am falschen Standort. Es lohnt sich, sich zunächst gut zu informieren, welche Ansprüche die einzelnen Stauden an ihre Umgebung stellen, sonst müssen sie später ausgetauscht werden. Meistens finden Sie dazu Hinweise auf den Merkblättern, die Sie beim Kauf der Pflanzen erhalten. Diesen ist auch zu entnehmen, ob eine Staude beim Einpflanzen gerne noch etwas Kompost kriegt und in welchem Abstand die Stauden zueinander gepflanzt werden sollen.

Pflege von Hochstauden-Beeten

Im Frühjahr: Im zeitigen Frühjahr säubert man das Beet von Laubresten und schneidet alle abgestorbenen Pflanzenteile weg. Samenstände schneidet man bodennah zurück, wobei Vorsicht geboten ist, damit man die unscheinbaren Neutriebe nicht verletzt. Gräser kämmt man besser mit Handschuhen durch. Beim Schneiden können sonst auch Jungtriebe verletzt werden. Verdichteter Boden sollte nur oberflächlich mit einem Einzinker etwas aufgelockert werden. Einige Stauden müssen gestützt werden: Verwendet man dazu dünne Schnur oder Draht, besteht die Gefahr, dass bei Windstößen die Triebe darüber abgeknickt werden. Dickere Schnur und

Bild 7: Besser nur mit Pfosten im unteren Drittel ohne Schnur stützen.

Bänder sind besser geeignet, wenn man die Pflanzen locker und nicht zu straff zusammenbindet. So geben die hohen Triebe im Wind etwas nach, sind beweglicher und knicken dadurch weniger schnell ab.

Im Sommer: Die meisten Stauden sind im Sommer recht pflegeleicht; ihre Pflege beschränkt sich auf das Bewässern bei Trockenheit, das Abstützen der wachsenden Pflanzen und das Ausschneiden von Verblühtem. Viele der niedrig wachsenden Stauden benötigen sogar gar keine Sommerpflege. Aber Achtung: Manche Arten können sich durch Selbstaussaat weiterverbreiten. In einer Rabatte kann dies unerwünscht sein; in diesem Falle sollten die Samenstände vorher besser entfernt werden.

Im Herbst: In dieser Zeit schneidet man die Stauden kurz über dem Boden ab. Dies gilt vor allem für alle krautigen Pflanzen, bei denen das absterbende Grünzeug zum Verfaulen neigt. So schafft man Platz, um einen gesunden Neuaustrieb für das nächste Frühjahr zu fördern. Zudem verhindert man damit auch Pilzkrankheiten und das unerwünschte Aussamen. Eine dünne Schicht Kompost um die Pflanzen fördert im Frühjahr einen guten Start.

Vor dem Winter: Bei frostgefährdeten Pflanzen ist eine schützende Mulchschicht zwischen den Stauden mit etwas Laubstreu sinnvoll. Verholzende Stauden und Ziergräser besser im Frühjahr schneiden, da das darüberstehende Trieb- und Laubwerk den Wurzelbereich und die früh austreibenden Neuaustriebe schützt. Frisch gepflanzte Stauden, auch wenn sie winterhart sind, kann man im ersten Jahr als Winterschutz mit Tannenreisig abdecken.

Bild 8: Dürre und starke Samenstände sollte man wenn möglich stehen lassen. Sie dienen im Winterhalbjahr nicht nur der Ästhetik, sondern bieten Insekten einen Überwinterungsraum. Vögel wiederum finden dank ihnen nebst den Kleinlebewesen auch Samen als wertvolles Nahrungsangebot.

9.4 Robuste Gartenstauden

Niedrige Stauden brauchen weniger Pflege, wenn wir ihre Standortansprüche berücksichtigen. Die meisten Stauden sind keine Dauerblüher, bei richtiger Standortwahl jedoch winterhart. Darum sollten wir die Möglichkeit nutzen, die Artenzusammensetzung so auszuwählen, dass vom Frühjahr bis in den Spätherbst immer etwas blüht. Regenunempfindliche Blütenpflanzen sind dabei zu bevorzugen.

Bild 9: Storchenschnabel-Arten und -Sorten sind für verschiedene Standorte geeignet.

Im Frühjahr blühen viele niedrig wachsende Arten und Polsterstauden. Sie sind pflegeleicht und trotzen allen Witterungseinflüssen. Geeignet sind Arten aus den Gattungen Primula *(Primula)* Steinkraut *(Alyssum)*, Gänsekresse *(Arabis)*, Blaukissen *(Aubrieta)*, Schleifenblume *(Iberis)*, Moossteinbrech *(Saxifraga)* und Küchenschelle *(Pulsatilla)*.

Bild 10: Zwiebelpflanzen wie Zierlauch gehören auch zu den Stauden. Bei diesen Pflanzen ist es besonders wichtig, dass man nach der Blüte das Laub bis zum Einziehen stehen lässt, damit sich die Nährstoffe in die Zwiebeln zurückziehen können. Die meisten von ihnen blühen im Frühjahr. Tulpen, Narzissen, Traubenhyazinthen, Schneeglöckchen und Krokusse gehören dazu.

Robuste Gartenstauden. Vom Frühjahr bis in den Herbst blühend

Bild 11: Die Orientalische Lenzrose *(Helleborus orientalis)* blüht violett.

Christrose, Lenzrose *(Helleborus niger)*
Blütezeit: Winter bis Frühjahr. Blüte weiß.
Christrose und Lenzrose bleiben schöner, wenn man sie nicht umpflanzt. Sie brauchen auch keine Schnitte und bei guten Böden keinen Dünger.
Boden, Klima und Pflege: Am besten geeignet sind durchlässige, lehmige und kalkreiche Standorte. Schattige bis halbschattige Standorte werden bevorzugt, vollsonnige Bereiche sollten vermieden werden. Christrosen brauchen nur während der Blütezeit sowie bei langen Trockenperioden im Sommer etwas Wasser.

Bergenie *(Bergenia cordifolia)*
Rhizom bildend, Laub wintergrün.
Blütezeit: April/Mai.
Höhe: bis 40 cm.
Boden, Klima und Pflege: Lehmiges, sandiges, humoses, durchlässiges und nährstoffreiches Erdreich. Sonnig bis halbschattig. Extrem winterhart. Im Frühling muss das dürre Laub ausgeputzt werden.

Pfingstrose (*Paeonia* sp.)
Blütezeit: April/Mai.
Pflege: Nicht zu tief pflanzen, sonst blühen sie nicht. Anders als bei den meisten übrigen Stauden sollten Pfingstrosen nicht geteilt werden. Sie blühen über viele Jahre, wenn man sie in Ruhe lässt.
Boden, Klima und Pflege: Nährstoffreiche, durchlässige Lehmböden. Abgestorbenes Laub sollte wegen der Gefahr von Grauschimmel vor dem Winter bodennah abgeschnitten werden. Gefüllt blühende Sorten sind weniger regenfest. Einen sonnigen und windgeschützten Platz wählen.

Tränendes Herz *(Lamprocapnos spectabilis)*
Diese filigrane Pflanze wird bis 80 cm hoch.
Boden, Klima und Pflege: Bevorzugt humosen, kalkarmen und feuchten Boden ohne Staunässe. Schatten bis Halbschatten unter Gehölzen ist ideal. Das Tränende Herz zieht nach der Blüte ein; das Laub daher erst nach dem Welken der Blätter zurückschneiden.

Steppen-Salbei *(Salvia nemorosa)*
Boden, Klima und Pflege: Stellt keine hohen Ansprüche an den Boden, verträgt aber keine Staunässe. Wenn man die verblühte Rispe zurückschneidet, kommt es zu einer zweiten Nachblüte.

Sonnenhut *(Rudbeckia fulgida)*
Blüht über einen langen Zeitraum von Juli bis September.
Boden, Klima und Pflege: Normaler Gartenboden. Verträgt Trockenheit, aber keine Staunässe. Die abgeblühten Samenstände stehen fest, knicken kaum und dienen als Winterschmuck, darum erst im Frühjahr zurückschneiden.

Blutweiderich *(Lythrum salicaria)*
Blüte von Juli bis September.
Boden, Klima und Pflege: Sonnige bis halbschattige Standorte. Liebt feuchte Uferböschungen, wächst aber bei genügend Feuchtigkeit auch in normalen Gartenböden. Braucht kaum Pflege außer gelegentliches Ausputzen.

Bild 12: Der Blutweiderich wächst bevorzugt auf nassen Standorten.

Gilbweiderich *(Lysimachia punctata)*
Blüte von Juni bis August. Eignet sich besonders als Unterpflanzung bei Gehölzen, da er als Flachwurzler mit dem Wurzeldruck gut zurechtkommt.
Boden, Klima und Pflege: Humose, waldartige Böden. Lichter Schatten, verlängert seine Blütezeit, erträgt aber auch Sonne. Pflanze im Herbst oder Frühjahr zurückschneiden.

Bild 13: Gilbweiderich *(Lysimachia punctata).*

Aster (*Aster* verschiedene Arten)
Nebst frühjahr- und sommerblühenden Astern sind die Herbstastern sehr attraktiv, da sie je nach Sorte bis Ende Oktober blühen.
Boden, Klima und Pflege: Nährstoffhaltige, durchlässige und humusreiche Gartenböden. Sonniger Standort. Wenn hohe Astern im Pflanzabstand von bis zu einem Meter stehen, werden sie weniger von Pilzkrankheiten befallen, als wenn man sie näher beieinander setzt. Im Sommer ab und zu gründlich wässern; dies erhöht die Blühkraft im Herbst. Triebe im Spätherbst bodennah zurückschneiden.

Herbst-Anemonen *(Anemone hupehensis)*
Bei richtiger Pflege gedeihen sie blütenreich und sind robust.
Boden, Klima und Pflege: Sie bevorzugen einen nährstoffreichen, lockeren und feuchten Boden. Je feuchter der Standort ist, desto besser vertragen sie die Sonne. Trockenheit sollte vermieden werden. Sie wachsen auch gut im lichten Schatten in Gehölznähe. Sie dürfen aber nicht der Wurzelkonkurrenz von Gehölzen ausgesetzt sein. Auch die Anemonen sollten in einem genügenden Abstand zueinander stehen. Nach der Blüte werden sie bodennah zurückgeschnitten. Danach sind sie dankbar für eine dünne Kompostschicht und etwas liegen gelassenes Herbstlaub dazwischen.

Lampionblume *(Physalis alkekengi)*
Eine äußerst robuste Staude, die man nicht der Blüte wegen, sondern der auffälligen orangeroten Fruchthülle zieht.
Boden, Klima und Pflege: Lehmhaltiges, kalkreiches und durchlässiges Erdreich. Sie wächst an sonnigen bis halbschattigen Standorten. Starke Wurzelausläufer, darum nicht mit anderen Stauden zusammen anpflanzen.

Kugeldistel *(Echinops ritro)*
Auch im Winter ein Schmuckstück.

Bild 14: Kugeldistel *(Echinops ritro).*

Boden, Klima und Pflege: Bevorzugt trockenwarme, sonnige und durchlässige Böden. Trotz ihrer Höhe von 80 cm ist sie windstabil. Auf steppenartigen Böden neigt sie zur Selbstaussaat. Um eine zu starke Ausbreitung zu vermeiden, sollten die verblühten Köpfe entfernt werden.

Hohe Fetthenne *(Sedum telephium)*
Vielseitige, robuste, 50–70 cm hohe Staude. Pflanzabstand nicht zu eng, ca. 4 Stück pro m^2.
Boden, Klima und Pflege: Kiesige bis lehmige, durchlässige und mäßig nährstoffreiche Böden. Als Dickblattgewächse ertragen sie frische bis trockene Standorte und brauchen kaum Pflege.

Ziergräser, verschieden hohe Arten

- Chinaschilf (*Miscanthus* x *giganteus*), verschiedene Arten und Sorten
- Pampasgras *(Cortaderia selloana)*

Hohe Solitärgräser sind ein Herbst- und Winterschmuck.
Boden, Klima und Pflege: Bevorzugen nahrhaften und trockenen Boden. Winternässe schadet den Pflanzen. Ein geschützter sonniger und warmer Platz fördert die Blüte.

Bild 15: Gräser sollten erst im Frühjahr zurückgeschnitten werden.

In rauen Lagen sollte bei großen, horstig wachsenden Gräsern im Spätherbst der gesamte Schopf zusammengebunden werden. Dies schützt den Wurzelstock vor Frost. Gegen Ende des Winters schneidet man das Gras dann zurück. Es sollte mit einer Schere geschnitten werden, da man so leicht darauf achten kann, die unscheinbaren Neutriebe nicht zu verletzen. Bei Gräser-Arten, die immergrün sind, entfernt man meist nur die abgestorbenen Halme.

Weitere halbhohe bis hohe Gartenstauden, die witterungsrobust sind

Purpur-Leinkraut *(Linaria purpurea)*
Blauer Staudenlein *(Linum perenne)*
Diptam *(Dictamnus albus)*
Silberkerze *(Cimicifuga racemosa)*
Akelei *(Aquilegia)*, viele Arten und Sorten
Geißbart *(Aruncus dioicus)*
Seidenpflanze *(Asclepias syriaca)*
Gelber Fingerhut *(Digitalis lutea)*
Nesselglockenblume *(Campanula trachelium)*
Wolfsmilch-Arten (*Euphorbia* sp.)
Kokardenblume *(Gaillardia aristata)*
Präriekerze *(Gaura lindheimeri)*
Palmlilie *(Yucca filamentosa)*

10 Der Blumengarten

Einjährige Blumen sind Dauerblüher. Angepflanzt werden sie auf Schnittblumenbeeten, in Rabatten, auf dem Balkon und der Terrasse. Es gibt eine riesige Auswahl an Sortenzüchtungen. Sie werden vorwiegend durch Aussaat, einzelne aber auch durch Stecklinge vermehrt.

Die meisten Sommerblumen sind nicht winterhart und werden im Haus oder in Frühbeetkästen vorgezogen. Das Vorgehen bei der Aussaat, dem Pikieren und Auspflanzen ist ähnlich wie bei den Gemüsen. Bei vielen Blumen sind die Samen jedoch kleiner, was die Anzucht anspruchsvoller macht. Ins Freie ausgepflanzt werden die Blumen nach einer Abhärtungsphase und dann, wenn keine Fröste mehr drohen. Sie blühen den ganzen Sommer hindurch, bis es im Herbst wieder erste Frostnächte gibt.

10.1 Boden, Klima und Pflege

Durchlässige, humose Böden eignen sich im Blumengarten am besten. Sind die Böden eher schwer, so kann man sie an die Bedürfnisse der Blumen anpassen, indem man etwas Lauberde oder Torfersatzprodukte ins Erdreich einarbeitet. Als Grunddüngung bringt man Kompost oder einen organischen Handelsdünger auf die Pflanzfläche; sie wird nur leicht in das Erdreich eingearbeitet. Die meisten Sommerblumen haben einen hohen Nährstoffbedarf, sollten aber nicht mit zu viel Stickstoff versorgt werden. Bei Überdüngung wachsen die Pflanzen sonst so stark in die Höhe, dass sie anfällig auf Windbruch werden oder Starkniederschlägen nicht standhalten können. Zudem blühen sie weniger, weil ihre Kraft stärker ins Wachstum als in die Blütenbildung geht. In Pflanz-

Bild 1: Damit hoch wachsende Schnittblumen nicht krumme Blütenstängel bilden, sollte man diese mit Drahtgitter oder Holzgestellen stützen.

gefäßen auf dem Balkon verwendet man häufig Vorratsdünger mit einer Langzeitwirkung. Dies hat den Vorteil, dass man im Verlaufe des Sommers nicht mehr nachdüngen muss.

Regelmäßiges Jäten und Lockern des Bodens fördert das gesunde Wachstum der Blumen. Um die Blühkraft zu erhalten, muss laufend das Verblühte ausgeputzt werden; unterlässt man dies, so investiert die Pflanze ihre Kraft vermehrt in die Bildung der Samenstände statt in die Blüten. Das Entfernen gelb werdender Blätter und absterbender Pflanzenteile schafft eine gute Durchlüftung, was Pilzkrankheiten vorbeugt.

Da in einer Rabatte und in einem Gefäß gerne verschiedene Pflanzenarten und -sorten verwendet werden, sollte man darauf achten, dass die Pflanzpartner ähnliche Eigenschaften und Ansprüche haben; das erleichtert ihre Pflege.
Bei Trockenheit ist eine regelmäßige Wasserversorgung wichtig. Die meisten Sommerblumen vertragen jedoch keine Staunässe. Selbst bei Pflanzen mit hohem Wasserbedarf können die Wurzeln faulen, wenn sie zu lange im Wasser stehen. Gerade weil deshalb sehr oft bewässert werden muss, ist der Pflegeaufwand des Blumengartens im Sommer groß.

Hagelschäden sind auch im Blumengarten der Schrecken jedes Gärtners und jeder Gärtnerin. Oft erholen sich die Pflanzen nach einiger Zeit jedoch wieder. Man kann ihnen dabei helfen, indem man alle beschädigten Pflanzenteile sauber entfernt und die Pflanzen auch etwas zurückschneidet. Man animiert sie damit dazu, neue Triebe zu bilden.

10.2 Einjährige Sommerblumen

In den folgenden Listen werden nur Arten erwähnt, nicht jedoch die aus diesen gezüchteten Sorten und Hybriden, weil es davon fast unendlich viele gibt. Einige Arten sind mehrjährig, werden bei uns aus klimatischen Gründen aber nur als einjährige Pflanzen verwendet. Alle frostempfindlichen Arten pflanzt man erst nach Mitte Mai ins Freie. In kalten Regionen kann dies mitunter auch erst gegen Anfang Juni der Fall sein.

Löwenmäulchen *(Antirrhinum majus)* Mag sonnige bis halbschattige Standorte. Das Löwenmäulchen erträgt leichte Fröste und ist regenfest. Bei zu dichter Pflanzung und lange bestehender Feuchtigkeit ist es anfällig auf Pilzbefall (Rost).

Spinnenpflanze *(Cleome spinosa)* Bevorzugt vollsonnige und warme Standorte. Es erträgt kurze Trockenphasen, mag Staunässe hingegen gar nicht. Obwohl es recht groß wird, ist es recht windstabil; jedenfalls dann, wenn es nicht zu schnell gewachsen ist. Schnell gewachsene Triebe sind weicher und bruchgefährdeter als solche, die langsam gewachsen sind.

Schmuckkörbchen *(Cosmos bipinnatus)* Liebt Wärme und Licht, aber keinen Wind; daher einen windgeschützten Standort wählen. Trotz seiner großen Blüten reagieren Schmuckkörbchen nicht empfindlich auf Regen.

Gazanie *(Gazania rigens)* Mag sonnige und warme Standorte. Die Gazanie öffnet ihre Blüten bei Sonnenschein. Sie erträgt Trockenheit recht gut, mag es hingegen nicht, wenn der Boden sehr feucht ist.

Gewöhnlicher Leberbalsam *(Ageratum houstonianum)* Mag sonnige bis halbschattige Lagen, jedoch keine extrem heißen Standorte. Er verträgt keine Trockenheit und keine Staunässe. Er muss daher regelmäßig, aber nicht übermäßig gegossen werden.

Köcherblümchen *(Cuphea ignea)* Mag sonnige, nicht allzu heiße Standorte. Sein Wasserbedarf ist durchschnittlich, die Erde sollte jedoch nie ganz austrocknen. Die Köcherblume ist recht unempfindlich gegenüber Niederschlag und Wind.

Portulakröschen *(Portulaca grandiflora)* Wächst am besten an einem sonnigen Platz, der vor Regen geschützt ist. Die Blüten öffnen sich nur bei Sonnenschein vollständig; an trüben Tagen bleiben sie halb geschlossen. Das Portulakröschen ist sehr kälteempfindlich.

Lobelie *(Lobelia erinus)* Mag sowohl sonnige als auch halbschattige Standorte, bildet an der Sonne aber mehr Blüten aus. Am besten wächst sie bei einer gleichmäßigen Bodenfeuchtigkeit.

Feuersalbei *(Salvia splendens)* Bevorzugt sonnige bis halbschattige Standorte. Stürmischen Wind und starken Regen verträgt sie schlecht.

Scharlachrote Salbei *(Salvia coccinea)* Mag sonnige bis halbschattige Standorte. Wird das Erdreich um

Bild 2: Die blauen Blüten der Lobelie sind regenfest und unverwüstlich.

die Pflanze so begossen, dass der Boden nicht nur an der Oberfläche nass wird, sondern auch gut in die Tiefe vordringt, so wurzelt sie tiefer und erträgt in der Folge Trockenheit besser.

Bild 3: Die Scharlachrote Salbei ist dank ihren kleineren Blüten witterungsbeständiger als die Feuersalbei.

Mehlige Salbei *(Salvia farinacea)* Bevorzugt sonnige Standorte; im Halbschatten wächst sie zwar ebenfalls gut, blüht dort aber meist weniger üppig. Für eine Salbei-Art ist die Mehlige Salbei überdurchschnittlich durstig; besonders an heißen Tagen braucht sie sehr viel Wasser.

Einjähriger Sonnenhut *(Rudbeckia hirta)* Mag sonnige Standorte und Erde, die stets leicht feucht ist. Staunässe sollte aber vermieden werden. Sorten, die nicht allzu sehr in die Höhe wachsen, sind trotz ihrer großen Blüten recht witterungsbeständig gegenüber Regen und Wind.

Husarenknopf, Sanvitalie *(Sanvitalia procumbens)* Mag durchlässige Böden und sonnige Standorte, erträgt Trockenheit hingegen schlecht und muss entsprechend häufig gegossen werden.

Goldmarie, Bidens *(Bidens ferulifolia)* Sie ist sehr lichthungrig und bevorzugt direkte Sonneneinstrahlung. Die wärmeliebende Goldmarie hat einen hohen Wasserbedarf. Gegenüber Regen, Wind und Hitze ist sie unverwüstlich.

Bild 4: Die Goldmarie ist pflegeleicht, da sie keine Samen bildet, muss Verblühtes nicht ausgeputzt werden.

Aschenpflanze *(Senecio bicolor)* Diese Pflanze ist winterhart, wird aber meist nur einjährig gezogen. Wenn man sie im Herbst stehen lässt, blüht sie im kommenden Jahr. Sie liebt ständige leichte Trockenheit, darum sollte sie nicht zu viel gegossen werden.

Studentenblume, Tagetes *(Tagetes erecta)* Sie bevorzugt warme sonnige Standorte und eine gleichmäßige Feuchtigkeit. In regenreichen Regionen bleiben Sorten mit ungefüllten Blüten länger schön als Sorten mit gefüllten Blüten. Bei Verletzungen durch Hagelschlag locken sie besonders viele Schnecken an.

Bild 5: Gefüllt blühende Sorten sind weniger regenfest als ungefüllte.

Bild 6: Niedrig wachsende Zinnien-Sorten sind etwas robuster als die hoch wachsenden.

Steifes Eisenkraut *(Verbena rigida)* Es liebt sonnige bis halbschattige Standorte. Gleichbleibende Bodenfeuchtigkeit ist für das Steife Eisenkraut ideal, es erträgt aber kurzzeitig auch Trockenphasen gut. Wird es an zu nassen Standorten angepflanzt, bilden sich braune Flecken auf den Blättern.

Argentinisches Eisenkraut *(Verbena bonariensis)* Mag sonnige Standorte in nicht allzu trockenen Böden, die aber durchlässig sein sollten. Trotz der Höhe von bis zu 1,5 m ist das Argentinische Eisenkraut recht windstabil, da die rauen Härchen an den Blättern und Stängeln sich ineinander verhaken und sich so gegenseitig stützen. Wenn man sie in Gruppen pflanzt, wird dieser Effekt noch verstärkt. An milden Orten kann die Pflanze überwintern oder sich durch Selbstaussaat vermehren.

Eisenkraut-Hybriden (*Verbena*-Hybriden) Sie mögen sonnige Standorte, die nach Süden ausgerichtet sind am liebsten. Zudem bevorzugen sie Erdreich, welches einerseits nicht allzu trocken ist, andererseits auch nicht zu Staunässe neigt. Sie sind nicht ganz so robust wie die oben genannten beiden Eisenkraut-Arten.

Zinnie *(Zinnia elegans)* Ein sonniger, aber windgeschützter Standort ist für die Zinnie am besten geeignet. Sie sollte nicht zu dicht ausgepflanzt werden, da sonst bei Regenperioden Pilzkrankheiten auftreten können. Hohe Sorten müssen gestützt werden. Die Erde sollte möglichst immer feucht sein; beim Gießen sollte man darauf achten, das Laub nicht zu benetzen.

Eisbegonien *(Begonia semperflorens)* Eisbegonien sollte man nicht zu nass und nicht zu trocken halten. Am besten gießt man sie nach, sobald die oberste Erdschicht vom vorhergehenden Gießen wieder abgetrocknet ist. Im Gegensatz zu vielen anderen Gartenblumen muss bei Eisbegonien Verblühtes nicht entfernt werden, da die Pflanze dieses schnell selber abwirft.

Garten-Fuchsschwanz *(Amaranthus caudatus)* Mag sonnige bis halbschattige Standorte. Wichtig sind durchlässigen frische Böden. Der Garten-Fuchsschwanz erträgt kurze Trockenphasen; Staunässe sollte hingegen unbedingt vermieden werden. Hohe Pflanzen müssen gestützt werden, vor allem die hängenden Sorten.

Ziertabak *(Nicotiana x sanderae)* Ein warmer und sonniger Standort ist für den Ziertabak am besten geeignet. Er hat einen hohen Nährstoffbedarf und mag Staunässe gar nicht. Der Boden sollte daher nicht zu feucht gehalten werden; bei Trockenheit muss aber ausgiebig gegossen werden. Es empfiehlt sich, einen windgeschützten Platz zu wählen, da die Triebe leicht brechen. Ziertabak ist sehr kälteempfindlich.

Sonnenblume *(Helianthus annus)* Sonnenblumen lieben sonnige Plätze mit nährstoffreichen, nicht zu schweren Böden. Die Blumen richten sich im Tagesverlauf immer der Sonne entgegen. Sie verträgt keine längeren Trockenphasen und muss regelmäßig gegossen werden. Hohe Sorten brauchen eine Stütze. Wenn möglich, sollte man sie erst im folgenden Frühjahr zurückschneiden, da die Samenstände im Winter eine wertvolle Nahrungsquelle für Vögel sind.

Bild 7: Dieses Blumenbeet ist durch die Sträucher im Hintergrund gegen den Wind geschützt.

Fleißiges Lieschen (*Impatiens walleriana*-Hybriden) Bei der Aussaat die Samen nicht bedecken, da das Fleißige Lieschen ein Lichtkeimer ist. Im Frühjahr ist es sehr frostempfindlich, dafür trägt es im Sommer ständig Blüten. Der Boden sollte nicht austrocknen, aber auch nicht zu nass sein. Schattige bis halbschattige Standorte sind am besten geeignet. Da die fleischigen Triebe des Fleißigen Lieschens gerne brechen, sollte sein Standort vor Wind und Starkregen geschützt sein.

Sonnenschein Lieschen (*Impatiens neuguinea*-Hybriden) Diese Gartenblume eignet sich sowohl für halbschattige als auch sonnige Standorte. Sie bevorzugt feuchten Boden und braucht in trockenen Sommern eine regelmäßige Wasserversorgung. Im Frühling nicht zu früh auspflanzen, da bei weniger als 10 °C ihr Wachstum stockt.

Bild 8: In Regionen mit viel Niederschlag eignen sich die kleinblütigen Surfinien besser als die großblütigen Petunien, da erstere gegenüber Regen weniger empfindlich sind als letztere.

Pantoffelblume *(Calceolaria integrifolia)* Liebt helle Standorte, sollte aber nicht in die pralle Sonne gesetzt werden. Die Pantoffelblume bevorzugt eher kühle, durchlässige und humusreiche Erde, die nicht zu kalkreich sein sollte. Reagiert empfindlich auf Starkniederschläge.

Petunie (*Petunia*-Hybriden und *Surfinia*-Hybriden) Die Petunie bevorzugt sonnige und warme Lagen mit humosen Böden. Ihr schnelles Wachstum erhöht den Wasser- und Nährstoffbedarf. Wenn möglich, mit kalkarmem Wasser gießen, z.B. mit Regenwasser; dabei darauf achten, dass das Laub nicht benetzt wird. Petunien reagieren auf alle Witterungseinflüsse empfindlich. Ein Standort, der vor Wind und Regen geschützt ist, ist vorteilhaft.

10.3 Einjährige Kletterpflanzen

Die einjährigen Kletterpflanzen brauchen alle ein Klettergerüst. Die meisten einjährigen rankenden Pflanzen werden nicht so groß wie dies bei den Schlinggehölzen der Fall ist. Einfache mobile Drahtgitter, Bambus- und Holzstäbe jeglicher Art, aber auch dicke Schnur oder Ähnliches eignen sich als Kletterhilfe.

Edelwicke *(Lathyrus odoratus)* Anders als die geruchsarmen Staudenwicken duften die einjährigen Wicken sehr intensiv. Sie werden 0,5–1,5 m hoch und bevorzugen durchlässige und mäßig feuchte Standorte. Kalkhaltige Erde mit hohem pH-Wert und sonnige bis halbschattige Standorte, die windgeschützt sind, eignen sich gut für die Edelwicke.

Bild 9: Die Prunkwinden lassen sich nicht nur als Kletterpflanze, sondern auch als Bodendecker verwenden.

Blaue Prunkwinde *(Ipomoea tricolor)* Setzt man sie an einen sonnigen und warmen Standort in windgeschützter Lage, so ist ihr Pflegeaufwand gering. Lockeren, nährstoffreichen Boden ohne Staunässe mag sie sehr.

Schwarzäugige Susanne *(Thunbergia alata)* Vor allem als Kübelpflanze geeignet. Ideal ist ein sehr heller und sonniger Standort. Nährstoffreiche Blumenerde verwenden. Anfänglich wenig gießen, dann zunehmend mehr, weil die Pflanze aufgrund ihres Wachstums ständig mehr Wasser benötigt.

Kapuziner-Kresse *(Tropaeolum majus)* Ein sonniger, geschützter Standort eignet sich am besten. Der Boden sollte nicht allzu nährstoffreich sein, da die Pflanze ihre Energie sonst eher in das Wachstum des Laubes als in die Bildung der Blüten steckt.

10.4 Zweijährige Blumen

Zweijährige Blumen beschränken sich im ersten Jahr auf die Bildung von Laub. Erst wenn sie überwintert haben, bilden sie im darauffolgenden Frühling Blüten. Da alle Zweijährigen überwintern, sind sie naheliegenderweise frosthart. Man kann sie gegen die Kälte aber unterstützen, indem man bei der Bodenvorbereitung weniger Grunddünger verwendet als bei den Einjährigen. Zuviel Dünger macht die Pflanzen mastig, wodurch sie nicht nur stärker zu Fäulnis neigen, sondern auch anfälliger gegen die Kälte werden. Das Erdreich sollte durchlässig sein und nicht vernässen, damit sie gut durch den Winter kommen.

Zweijährige Blumen sät man Ende Juni bis Anfang Juli direkt ins Gartenbeet oder aber in Schalen aus. Die Sämlinge werden dann nach dem Auflaufen in Topfplatten oder ein leeres Gartenbeet pikiert. Im Oktober pflanzt man sie schließlich an ihren endgültigen Standort aus, damit sie vor dem Winter noch gut anwachsen können. Dabei ist es besonders wichtig, dass man beim Setzen das Pflanzloch tief genug gräbt und die Jungpflanzen nur seitwärts andrückt. Gerade bei der Herbstpflanzung bilden die Jungpflanzen noch kein großes Wurzelwerk vor dem Winter. Und bei Kahlfrösten, also wenn kein Schnee liegt, werden durch die starken Temperaturwechsel die Pflanzen durch den Frost oft aus dem Boden herausgearbeitet. Damit sie besser überwintern, eignet sich gegen Kahlfröste eine Abdeckung mit Tannenreisig, welche man jedoch im frühen Frühjahr wieder entfernen muss.

Bild 10: Stiefmütterchen blühen in unzähligen Farben.

Stiefmütterchen *(Viola tricolor)* Wenn man Stiefmütterchen selbst vermehrt, sollte darauf geachtet werden, die Samen gut mit Erde zu bedecken, da sie Dunkelkeimer sind. Beim Auspflanzen sollten Sie einen sonnigen bis halbschattigen Standort wählen. Gleichmäßige Feuchtigkeit ohne Staunässe sind wichtig. Sowohl die großblütigen als auch die kleinblütigen Sorten sind robust gegenüber Regen und Schnee.

Gänseblümchen *(Bellis perennis)* Es mag sonnige bis schattige Standorte. Während der Blütezeit sollte Trockenheit vermieden werden; daher nach Bedarf gießen. Größere Blätter können im Winter leichte Frostschäden erleiden; man muss sie dann entfernen. Die Pflanzen wachsen im Frühjahr dann schnell nach, sodass davon kein sichtbarer Schaden bleibt. Eine Abdeckung mit Tannenreisig im Winter ist sinnvoll.

Vergissmeinnicht *(Myosotis sylvatica)* Mag sonnige bis halbschattige Standorte und einen feuchten, durchlässigen Boden. Das Vergissmeinnicht ist sehr anspruchslos und witterungsbeständig. Einzelne Sorten sind leicht frostempfindlich, daher ist ein Winterschutz mit Tannenreisig empfehlenswert. Bei Trockenheit im Frühjahr gründlich gießen.

Goldlack *(Erysimum cheiri)* Bevorzugt sonnige bis halbschattige Standorte. Der Boden muss besonders durchlässig sein, um Staunässe (vor allem im Winter) zu vermeiden. Tannenreisig als Schutz gegen starke Fröste ist empfehlenswert.

Bild 11: Bartnelken benötigen einen sonnigen Standort mit guter Luftumwälzung.

Bartnelke *(Dianthus barbatus)* Ein nährstoffreicher, lehmiger und kalkreicher Boden mit guter Durchlässigkeit ist für die Bartnelke am besten geeignet. Die Pflanzen sind bei hoher Luftfeuchtigkeit und Regen anfällig auf verschiedene Pilzkrankheiten.

Marien-Glockenblume *(Campanula medium)* Mag sonnige bis halbschattige Standorte. Ein nährstoffreicher, frischer und durchlässiger Boden ist ideal. Die großen Blüten sind je nach Sorte nicht sehr regenbeständig und werden schnell braun. Ein Winterschutz ist empfehlenswert; bei Trockenheit im Frühjahr muss ausreichend gegossen werden.

Roter Fingerhut *(Digitalis purpurea)* An halbschattigen Standorten mit etwas Sonne im Tagesverlauf fühlt er sich wohl. Heiße Sonne um die Mittagszeit sollte jedoch vermieden werden. Humusreiche, feuchte und eher kalkarme Böden sind am besten geeignet. Hinweis: Alle Fingerhüte sind giftig!

Bild 12: Auch bei Schnittblumen ist eine Mischkultur möglich. Hier blühen Tulpen, bevor nachfolgend die Bartnelken in die Blüte kommen.

10.5 Für Balkon und Terrasse geeignete Zierpflanzen

Alle bisher beschriebenen ein- und zweijährigen Blumen eignen sich auch für die Terrasse und den Balkon. Am besten wählt man aber diejenigen Sorten aus, die nicht allzu hoch wachsen.

Bild 13: Es gibt viele kompakt wachsende Züchtungen, die sich hervorragend für den Balkon oder die Terrasse eignen.

Bei der Pflanzung von Blumen in Gefäßen ist der Wasserbedarf wesentlich höher als bei Freilandpflanzungen. An der Sonne verwendet man besser helle Töpfe, weil diese sich weniger aufheizen als dunkle Gefäße. Es verdunstet so weniger Wasser und die Gefahr von Wurzelverbrennungen wird reduziert. In Gefäßen ist der Düngerbedarf größer als im Freiland, da mehr gegossen wird und dadurch mehr Nährstoffe ausgewaschen werden. Zudem ist das verfügbare Erdreich im Gefäß gegenüber dem Freiland weniger groß, was den Nährstoffbedarf ebenfalls erhöht.

Auf stark aufgewärmte Wurzelballen sollte man nie kaltes Wasser geben. Vor allem bei den empfindlicheren Sorten kann dies einen Kälteschock auslösen und das Wachstum hemmen. Manchmal lassen Blumen bei heißem Wetter und Wind die Blätter hängen, obwohl das Erdreich noch feucht ist. Gerade in der Anwachsphase verdunsten die Blätter bei Hitze oft mehr Wasser, als dass die Wurzeln Nachschub in die Pflanze liefern können. Darum sollte in diesen Fällen nicht gegossen werden, da ja noch genügend Feuchtigkeit im Boden vorhanden ist. Besser ist es, sie in den Schatten zu stellen. Statt zu gießen kann man die Pflanzen am Abend leicht überbrausen, um sie zu erfrischen. Viele Balkon- und Terrassenpflanzen sind mehrjährig und müssen frostfrei überwintert werden.

Aufrechte Geranie (*Pelargonium zonale*-Hybriden) Geranien gehören zu den beliebtesten Fenster- und Balkonpflanzen. Es gibt eine riesige Vielfalt an Sortenzüchtungen. Sonnige Standorte sind günstig für den Blütenreichtum. In den heißen Sommermonaten schätzen es die Geranien, wenn es nachts etwas abkühlt. Auf der Fensterbank ertragen sie im Herbst leichte Fröste, sofern die Pflanzen dort vor der Witterung geschützt sind. Gießen sollte man erst, wenn die Erde gut abgetrocknet ist. In regenreichen Regionen werden gefüllt blühende Sorten schnell unansehnlich. Es empfiehlt sich daher, ungefüllte Sorten anzupflanzen. Naturgemäß werden weißblühende Sorten beim Verblühen ebenfalls schnell unansehnlich. Obwohl sie recht pflegeleicht sind, ist es wichtig, dass Verblühtes ständig entfernt wird; dies fördert die Blütenneubildung.

Hängegeranie (*Pelargonium* Peltatum-Hybriden) Hängegeranien haben dieselben Ansprüche wie die aufrechten Geranien-Sorten. Sie sind aber etwas robuster. Einige Sorten werfen Verblühtes selber ab, sodass nicht ausgeputzt werden muss. Wenn beim Gießen kaltes Wasser auf das Blattwerk kommt, bilden sich oft korkähnliche Flecken auf den Blättern.

Fuchsien (*Fuchsia*-**Hybriden**) Viele Fuchsia-Sorten bringen Farbe in schattige Bereiche. Man kann sie je nach Sorte allerdings auch an Sonne gewöhnen, wenn es am Standort nicht allzu heiß wird und wenn man sie deutlich häufiger gießt. An sonnigen Standorten muss zudem auch der Wurzelbereich beschattet sein. Fuchsien mögen feuchtes Erdreich und schätzen eine hohe Luftfeuchtigkeit. Gießen sollte man erst, wenn die obere Erdschicht abgetrocknet ist.

Bild 14: Korallenfuchsien bevorzugen eine gleichbleibende Bodenfeuchtigkeit.

Korallen-Fuchsie *(Fuchsia fulgens)* Diese Fuchsie verträgt hohe Temperaturen und blüht an sonnigen Standorten am schönsten. In schattigen Bereichen lässt sie sich zwar ebenfalls halten, doch fällt dort der Blütenreichtum bescheidener aus. Bei niedriger

Luftfeuchtigkeit liebt sie eine Erfrischung. Zu diesem Zweck überbraust man sie am frühen Morgen oder Abend mit kalkarmem Wasser. Ein windgeschützter Standort ist zu bevorzugen.

Bild 15: Die Strauchmargeriten ertragen im Herbst kurze und leichte Fröste problemlos.

Strauch-Margerite *(Argyranthemum frutescens)* Die Strauch-Margerite mag sonnige Standorte, die nicht zu heiß, nicht zu nass und nicht zu dunkel sind. Darüber hinaus mag sie es gar nicht, wen die Erde stark austrocknet. Allen diesen Ansprüchen gerecht zu werden, ist oft nicht einfach. Damit sie während der ganzen Vegetationsperiode blüht, muss das Verblühte ständig zurückgeschnitten werden. Die Strauch-Margerite ist windstabil, da sie festes und filigranes Laub besitzt.

Wandelröschen *(Lantana camara)* Das Wandelröschen liebt lange und warme Sommer. Bei kühlen Phasen im Sommer reagiert es mit einem Wachstumsstillstand. Erst wenn es wieder sonniger und wärmer wird, blüht und wächst sie weiter. Obwohl es Trockenheit verträgt, blüht es schöner, wenn man es nie ganz austrocknen lässt. Wenn man es in einen größeren Topf pflanzt, muss weniger gegossen werden. Hinweis: Alle Pflanzenteile sind giftig!

10.6 Zierpflanzen für große Töpfe und Kübel

Die folgenden Zierpflanzen sind Gehölze, die am besten einzeln in großen Gefäßen wachsen. Da sie mehrjährig sind, verwendet man anstelle von Blumenerde strukturstabile Kübelpflanzenerde. Je nach Wetterlage muss Staunässe in den Untertellern vermieden werden. Am einfachsten geht das, wenn die Pflanzen am Morgen gegossen werden, denn dann ist am Abend meist kein überschüssiges Wasser mehr in den Untertellern vorhanden, womit das Problem einfach gelöst ist.

Bild 16: Dipladenien sind mehrjährige Kletterpflanzen, wenn man sie frostfrei überwintert.

Dipladenia *(Mandevilla sanderi)* Diese immergrüne Kletterpflanze ist ein robustes Gewächs. Sie schätzt Luftfeuchtigkeit, erträgt Hitze gut, aber lieber keine pralle Mittagssonne. Ihr Wasserbedarf ist mäßig, wenn möglich kalkarmes Wasser verwenden. Da sie stark wächst, ist es oft besser, wenn man sie einzeln in einem Kübel pflanzt. Hinweis: Die Pflanze ist giftig!

Zylinderputzer *(Callistemon citrinus)* Ein vollsonniger und warmer Platz ist ideal. Der Zylinderputzer bevorzugt ein kalkarmes Substrat. Wenn möglich mit Regenwasser gießen. Bei Staunässe im Unterteller ist sie für Pilzkrankheiten im Wurzelbereich anfällig.

Bougainvilleen (*Bougainvillea*, verschiedene Arten) Ein heller Platz an der Hauswand, der vor Wind und Regen geschützt ist, ist optimal. Im Frühjahr nicht zu früh ins Freie stellen, da sie kaltes Wetter nicht mag.

Bild 17: Die Schönmalven sollten vor Starkregen und Wind geschützt werden.

Schönmalve (*Abutilon*-Hybriden) Die Schönmalve mag es hell, sollte aber nicht der prallen Mittagssonne ausgesetzt sein. Standorte, die Morgen- und/ oder Abendsonne haben, sind ideal. Im Sommer braucht sie reichlich Wasser; wobei die Menge von den Temperatur- und den Witterungsverhältnissen abhängig ist.

Kap-Bleiwurz *(Plumbago auriculata)* An einem sonnigen Platz, der windgeschützt ist, blüht sie am schönsten. Sie mag weder Nässe noch Trockenheit. An heißen Sommertagen darf im Unterteller etwas Wasser stehen bleiben. Wenn man sie in die Höhe wachsen lässt, braucht sie eine Rankhilfe. Vor der Überwinterung solange wie möglich im Freien an einem geschützten Ort stehen lassen. Sie erträgt kurzzeitig auch leichte Fröste.

Bild 18: Ein sehr sonniger Platz bringt beim Oleander den größten Blütenreichtum hervor.

Oleander *(Nerium oleander)* Oleander mag sonnige und windgeschützte Standorte. Gefüllt blühende Sorten sollten zudem besser an einem regengeschützten Ort angepflanzt werden. Ein mineralisches, kalkhaltiges Substrat mit einem hohen Lehmanteil ist ebenso wichtig wie die reichliche Versorgung mit Wasser. Der Oleander liebt etwas Wasser im Unterteller, darum ist eine vorübergehende Staunässe in der heißen Zeit durchaus in Ordnung. Hinweis: Alle Pflanzenteile sind giftig!

11 Kräutergärten

Der Sammelbegriff «Kräuter» bezieht sich im Garten auf Ein- und Zweijährige, auf mehrjährige Stauden sowie auf Kleingehölze. Die meisten Kräuter sind in der Pflege recht anspruchslos, aber nur, wenn man einige Punkte zu den Bodeneigenschaften und zur Standortwahl berücksichtigt.

Viele der schon in anderen Kapiteln erwähnten Pflanzenarten sind auch als essbare Gewürze und als Teepflanzen verwendbar. Geschützte Wildpflanzen sollte man nicht sammeln. Bei seltenen und geschützten Staudenarten kann es aber sinnvoll sein, wenn man sie im Garten kultiviert.

11.1 Standorte und Pflege

Die meisten Kräuter brauchen durchlässige Böden an einem sonnigen Standort. Dies betrifft vor allem die mediterranen Kräuter und heimische Arten, die auf kargen Böden wachsen. Einige großblättrige, krautige Arten bevorzugen auch Schatten oder Halbschatten; sie bevorzugen humose und frische Böden.

Nicht alle Kräuter vertragen sich miteinander. Die meisten Kräuter mögen den Wermut und den Liebstöckel nicht; die Zitronenmelisse wiederum verträgt die Goldmelisse nicht, und auch Schnittlauch und Petersilie sind keine guten Nachbarn. Es lohnt sich daher, darauf zu achten, diese Pflanzen nicht direkt nebeneinander auszupflanzen.

Bei richtiger Kulturpflege sind Kräuter kaum anfällig für Krankheiten und Schädlinge. Das hat vor allem auch damit zu tun, dass sie viele ätherische Öle produzieren, die von den meisten Schädlingen nicht geschätzt werden. Bei zu nährstoffreichen und zu feuchten Standorten können allerdings Pilzerkrankungen auftreten. Befallene Pflanzenteile sollten nicht verwendet werden. Mehltau-Befall kann grundsätzlich dadurch vorgebeugt werden, dass darauf geachtet wird, dass die Blätter der Kräuter nach Regen nicht lange nass bleiben. So oder so sollte man aber auf chemische Pflanzenschutzmittel verzichten, damit diese nach der Ernte nicht auf unseren Tellern landen. Besser verwendet man Brennesseljauche oder andere unbedenkliche Mittel. Krankheiten verhindert man, indem man auf die Exposition und die Bodenansprüche der Pflanzen achtet, den richtigen Pflanzabstand für eine gute Durchlüftung einhält und die Kräuter jeweils so bewässert, wie es für sie am besten ist (mehr dazu siehe weiter unten).

Bild 1: Höher wachsende Kräuter schaffen Kleinklimazonen durch sonnige und schattige Bereiche.

Auch viele Pflanzen aus wärmeren, südlichen Ländern sind frosthart. Allgemein pflanzt man frostharte Arten im Frühjahr oder Herbst, wärmebedürftige Arten hingegen besser nur im Frühjahr. Frostunverträgliche, mehrjährige Arten kultiviert man am besten in Kübeln, die man im Haus überwintern kann. Einige Stauden pflanzt man bei uns während der frostfreien Zeit nur als einjährige Kultur an, so z.B. Basilikum, Stevia und Sommermajoran. Um deren Erntezeit zu verlängern, werden sie im Haus vorkultiviert.

In den nachfolgenden Abschnitten fassen wir verschiedene Kräuter nach ihren Bedürfnissen zusammen.

11.2 Pflanzengruppen und ihre Pflegeansprüche (Auswahl der wichtigsten Kräuter)

Ein- und zweijährige Kräuter

Kräuter aus dieser Gruppe eignen sich am besten zur Direktsaat. Einige kann man auch vorziehen (so z.B. die Petersilie).

Boden und Klima: Ein- und zweijährige Kräuter wachsen in fast allen Böden mit einem mittleren Humusanteil. Sie ertragen auch kurzzeitige Trockenheit. Sonnige bis halbschattige, offene Bodenbereiche fördert bei einigen Arten die Selbstversamung. Die beste Aussaatzeit ist das Frühjahr, allerdings ist auch eine Herbstaussaat möglich. Bei der Herbstaussaat keimen die Pflanzen im folgenden Frühjahr oder bilden im Herbst schon eine Rosette aus, die dann aber erst im folgenden Jahr blüht. Die meisten ein- und zweijährigen Kräuter sind als Samen frostresistent. Typische Vertreter der ein- und zweijährigen Kräuter sind:

- Gartenringelblume *(Calendula officinalis)*
- Echte Kamille *(Matricaria chamomilla)*
- Kornblume *(Centaurea cyanus)*
- Saatmohn *(Papaver dubium)*
- Saat-Lein *(Linum usatissimum)*
- Dill *(Anethum graveolens)*
- Koriander *(Coriandrum sativum)*
- Kümmel *(Carum carvi)*
- Kerbel *(Anthriscus cerefolium)*
- Einjähriges Bohnenkraut *(Satureja hortensis)*
- Schwarzkümmel *(Nigella sativa)*
- Jungfer im Grünen *(Nigella damascena)*
- Schabzieger-Klee *(Trigonella caerulea)*

Bild 2: Die Ackerringelblume *(Calendula arvensis)* ist die kleine Geschwisterart der Gartenringelblume.

Bild 3: Roter Lein *(Linum rubrum)* ist ein guter Lückenfüller für kleine, offene Flächen.

Bild 4: Der Muskateller-Salbei *(Salvia sclarea)* wächst als zweijährige Pflanze.

Bild 5: Borretsch *(Boroga officinalis)* ist auch als Gurkenkraut bekannt.

Winterharte mehrjährige Kräuter für humusreiche, frische Gartenböden

Boden und Klima: Bei dieser Pflanzengruppe handelt es sich meist um frosttolerante und krautige Pflanzen, die in frischen, humusreichen Böden am besten gedeihen. Großblättrige Arten brauchen bei Trockenheit Wasser. Hohe Stauden muss man zum Teil stützen, damit sie nicht umknicken. Sie schätzen eine Kompostgabe im Herbst. Die absterbenden Triebe schneidet man im Herbst bodennah weg, wobei diese gleich als Mulch zwischen den Pflanzen verteilt werden können. Das ist vor allem in trockenen Regionen von Vorteil, weil der Mulch die Feuchtigkeit länger im Boden hält. Bei ausläuferbildenden Kräutern sollte allerdings nur eine dünne Mulchschicht aufgetragen werden, damit deren Ausbreitung nicht behindert wird (es sei denn, man will die Ausbreitung stoppen). In trockenen Regionen wählt man für diese Pflanzengruppe mit Vorteil einen halbschattigen Standort, in kühlen und nassen Regionen eignen sich auch sonnige Standorte. Typische Arten sind:

- Minzen (*Mentha* sp.) Großes Arten- und Sortenspektrum
- Zitronen-Melisse *(Melissa officinalis)*
- Liebstöckel *(Levisticum officinale)*
- Großer Wiesenknopf *(Sanguisorba officinalis)*
- Echter Baldrian *(Valeriana officinalis)*
- Spitzwegerich *(Plantago lanceolata)*
- Sauerampfer *(Rumex acetosa)*
- Petersilie *(Petroselinum crispum)*
- Schnittsellerie *(Apium graveolens)*
- Angelika *(Angelica archangelica)*
- Beinwell *(Symphytum officinale)*
- Frauenmantel *(Alchemilla vulgaris)*
- Schnittlauch *(Allium schoenoprasum)*
- Winterheckenzwiebel *(Allium fistulosum)* Besonders für sonnige Standorte geeignet.

Bild 6: Meerrettich *(Armoracia rusticana)* dient als Gemüse, Gewürz und Heilpflanze.

- Schnittknoblauch *(Allium tuberrosum)* Besonders für sonnige Standorte geeignet.
- Knoblauch *(Allium sativum)* Besonders für sonnige Standorte geeignet.
- Koreanische Minze *(Agastache rugosa)*
- Eibisch *(Althaea officinalis)*
- Kohldistel *(Cirsium oleraceum)*

Bild 7: Goldmelisse *(Monarda didyma)* mag humose und feuchte Böden besonders gerne.

Bild 8: Die Etagenzwiebel *(Allium cepa)* mag sonnige Standorte in nicht allzu trockenen Böden.

Winterharte, mehrjährige und Wärme liebende Kräuter

In dieser Pflanzengruppe finden sich zahlreiche heimische und fremdländische Arten, die bei uns aber ebenfalls gut gedeihen.

Boden und Klima: Diese Kräuter bevorzugen sonnige, durchlässige und eher nährstoffärmere Gartenböden. Ein mittlerer Humusanteil ist für ein gutes Wachstum von Vorteil. Sie sind pflegeleicht und trotzen jeglichem Wetter. Bei den meisten Arten sterben im Herbst die oberirdischen Teile ab. Man schneidet diese dann bodennah zurück. Oft bilden sich dann bis zum Herbst hin über dem Boden bereits kleine polsterartige Neutriebe aus. Diese lässt man stehen. In der Frühlingsfeuchtigkeit treiben die Pflanzen schnell wieder aus und wachsen dann zügig weiter. Typische Vertreter dieser Gruppe sind:

- Blumenoregano *(Origanum laevigatum 'Aromaticum')*
- Griechischer Oregano (*Origanum vulgare* ssp. *hirtum)*
- Gelber Zitronen-Origano *(Origanum vulgare 'citriodora')*
- Kleiner Wiesenknopf *(Sanguisorba minor)*
- Gemeiner Rainfarn *(Tanacetum vulgare)* Auch in Ruderalflächen geeignet.
- Italienische Ochsenzunge *(Anchusa italica)*
- Gemeines Johanniskraut *(Hypericum perforatum)*
- Gemeines Leimkraut *(Silene vulgaris)*
- Bisam Malve *(Malva moschata).*
- Rosenmalve, Sigmarswurz *(Malva alcea)*
- Gemeiner Beifuß *(Artemisia vulgaris)*

Bild 10: Dost *(Origanum vulgare)*, auch Wilder Majoran genannt, ist ein Insektenmagnet.

Bild 11: Das Herzgespann *(Leonurus cardiaca)* ist eine robuste, aber seltene Pflanze.

Bild 9: Beim kriechenden Bergbohnenkraut *(Satureja spicigera)* lässt man das erfrorene Polster als Winterschutz bis zum Frühjahr stehen.

Bild 12: Griechischer Bergtee *(Sideritis syriaca).* Die Blätter ähneln dem Gartensalbei.

Frostempfindliche, einjährige Küchenkräuter

Um eine ertragreiche Ernte zu erhalten, zieht man frostempfindliche, einjährige Kräuter in der Voranzucht an einem hellen Standort im Haus oder Gewächshaus an. Meistens kauft man die Setzlinge in Töpfen in einer Gärtnerei oder in einem Gartencenter.

Boden und Klima: Viele Gartenbesitzer haben mit dieser Kräutergruppe ihre Schwierigkeiten. Das liegt vor allem daran, dass sie in Gärtnereien und Gartencentern schon sehr früh im Jahr angeboten werden, und die Versuchung dann groß ist, die Pflänzchen schon sehr zeitig in den Garten auszupflanzen. Da sie frostempfindlich sind, bekommt ihnen das nicht gut. Am besten lassen sich Schwierigkeiten mit diesen Arten vermeiden, wenn man sie entweder später in den Garten ausbringt oder zunächst an einem geschützten Ort im Haus oder in einem Frühbeet-Kasten lagert. Am besten pflanzt man sie erst dann in den Garten aus, wenn die Bodentemperatur wenigstens 10° C erreicht hat. Die beste Zeit dafür ist in der zweiten Maihälfte. Zu diesem Zeitpunkt ist nicht mehr mit Frösten zu rechnen, und zudem hat man dann auch nicht das Problem, dass früher gepflanzte Kräuter schon so hochstehen, dass sie den späteren Arten zu viel Sonnenlicht wegnehmen und entsprechend deren Wachstum hemmen. Frostempfindliche, einjährige Kräuter brauchen etwas nährstoffreichere Erde, vor allem, wenn die Pflanzen in Töpfen kultiviert werden. Durch das mehrmalige Ernten über den Sommer hin wachsen sie meist immer schnell wieder nach. Für eine beständige Nährstoffversorgung verwendet man oft einen organischen Flüssigdünger.

Bei hoher Luftfeuchtigkeit und Regenperioden bekommen z.B. Basilikum und Sommermajoran gerne die Blattfleckenkrankheit, die diese Pflanzen frühzeitig zum Absterben bringt. Unter einem Vordach oder in einem Tomatenhaus treten diese Probleme seltener auf. Aus diesem Grund sollte man besonders diese Kräuter nicht zu eng beieinander setzen und stets am Morgen gießen, damit ihr Laub schnell abtrocknet. Auch Schnecken lieben diese Kräuter sehr (siehe Kapitel Pflanzenschutz). Entsprechend sind sie in der Pflege sehr anspruchsvoll.

Typische Vertreter dieser Pflanzengruppe sind:

- Sommer-Majoran *(Origanum majorana)* Empfindlich für die Blattfleckenkrankheit
- Perilla *(Perilla frutescens)* Sehr empfindlich (wie Majoran)
- Tagetes *(Tagetes lucia)* Empfindlich (wie Majoran)
- Süßblatt *(Stevia rebaudiana)* Empfindlich (wie Majoran)
- Moldawischer Drachenkopf (*Dracocephalum moldavica)* Anspruchslos
- Kapuzinerkresse *(Tropaeolum majus)* Anspruchslos
- Gartenkresse *(Lepidium sativum)* Schattiger Standort, sehr anspruchslos

Bild 13: Die Parakresse *(Spilanthes oleracea)* ist mehrjährig, wird aber bei uns als Einjährige kultiviert.

Bild 14: Vom Basilikum *(Ocimum basilicum)* gibt es viele verschiedene Sorten. Sie fühlen sich im lichten Schatten zwischen Tomaten sehr wohl.

Mehrjährige, verholzende, mediterrane Kräuter

Pflanzen aus dieser Gruppe gehören zu den dekorativsten und verströmen die intensivsten Düfte in unseren Gärten. Die meisten von ihnen besitzen eine verholzende Basis und gehören zu den Halbsträuchern. Nebst der Verwendung in der Küche ziehen sie auch viele nützliche Insekten an.

Boden und Klima: Der beste Standort für diese Pflanzengruppe sind süd- bis westseitige Lagen. Vor Mauern, Hauswänden, zwischen Steinen, in Töpfen oder in einer Kräuterspirale ist es ihnen wohl, da sie heiße und trockene Standorte mögen. Sie entwickeln besonders intensive Aromen, wenn sie langsam und eher in nährstoffarmen, sandigen, lehmigen oder kalkreichen Böden wachsen. Besonders wichtig ist es, dass sie in durchlässige Böden gepflanzt werden, da sie alle Staunässe schlecht vertragen. Eine tiefe relative Luftfeuchtigkeit kommt diesen Pflanzen zugute. Die meisten von ihnen sind zunächst leicht frostempfindlich und können in sehr kalten Wintern erfrieren, falls sie nicht geschützt werden. Zum Akklimatisieren pflanzt man sie am besten erst im Frühjahr ins Freie. Damit im Winter der Boden vor Kälte etwas geschützt ist, bringt man eine Mulchschicht um die Pflanzen aus, wobei nur trockener Mulch, z. B. Stroh oder grobes Heu, das nicht sofort verfault, verwendet werden sollte. Im Frühjahr sollte der Mulch dann frühzeitig wieder entfernt werden, damit sich der Boden schneller erwärmt.

Bild 16: Bei verholzenden Kräutern schaut man beim Schnitt auf die kleinen Neutriebe am unteren verholzenden Teil. Man stutzt diese wenn möglich bis zum alten Holz zurück, wo kleine neuen Austriebe zu erkennen sind. Dadurch kann der holzige Basisteil schön kurz gehalten werden. Auf diese Weise gepflegt, bleibt die Pflanze schön kompakt. Verholzende Kräuter schneidet man erst im Frühling zurück, wenn keine starken Fröste mehr drohen.

Bild 15: Mediterrane Kräuter bevorzugen im Sommer offene Böden.

Bild 17: Den Ernteschnitt sollte man beim Bergbohnenkraut bei Blühbeginn ausführen.

Die meisten mediterranen Kräuter wachsen in steinigen und sandigen, halboffenen Böden und mögen deshalb auch im Garten während der Vegetationszeit keinen Mulch. Falls trotzdem Mulch eingesetzt wird, sollte dieser mineralisch sein (z. B. Kies). Diese Pflanzengruppe ist hitzetolerant und benötigt nur wenig Wasser.

Vom Frühjahr bis zum Herbst wird je nach Pflanzenart mehrmals ein Ernteschnitt durchgeführt. So bleiben die Pflanzen auch über den Sommer hindurch kompakt und erleiden im Winter keine Schneedruckschäden. Der letzte Ernteschnitt sollte nicht zu spät erfolgen: Je nach Region sollte schon ab September nicht mehr geschnitten werden. Falls sich dann doch noch neue Triebe bilden, so ist das für die Pflanze weniger problematisch, als wenn sie mit frischen Schnittstellen in den Winter geschickt wird. Diese gefrieren dann gerne, was dazu führt, dass die Pflanze im Frühjahr schlechter austreibt oder im Verlaufe des Winters sogar ganz eingeht. In sehr kalten Regionen benötigen Pflanzen aus dieser Gruppe zur Sicherheit immer einen Winterschutz; geeignet sind Vliesabdeckungen. Kübelpflanzen stellt man sinnvollerweise an einen gut von der Witterung geschützten Platz.

Bild 18: Wermut *(Artemisia absinthium)* ist eine heimische Art.

Zu den Halbsträuchern gehören:

- Eberraute *(Artemisia abrotanum)*
- Zitronen-Eberraute *(Artemisia abrotanum* 'Citrina')
- Kampfer-Eberraute (*Artemisia abrotanum* var. *camphorata*)
- Cola-Kraut (*Artemisia abrotanum* var. *maritima*)
- Olivenkraut *(Santolina virens)*
- Weinraute *(Ruta graveolens)*
- Lavendel *(Lavandula angustifolia)*
- Heiligenkraut *(Santolina chamaecyparissus)*
- Italienische Strohblume, Currykraut *(Helichrysum italicum)*
- Ysop *(Hyssopus officinalis)*
- Bergbohnen-Kraut (*Satureja montana*)
- Zitronen-Bergbohnenkraut (*Satureja montana* var. *citriodora*)
- Gartenthymian *(Thymus vulgaris)*
- Orangen-Thymian (*Thymus vulgaris* subsp. *fragrantissimus*)
- Zitronen-Thymian (*Thymus* x *citrodorus*).

Bild 19: Zitronen-Johanniskraut *(Hypericum hircinum)* ist eine schmackhafte Teepflanze.

Bild 20: Gartensalbei *(Salvia officinalis)*. Verschiedene Sorten in Rot und Gelb sowie in panaschierten Farben; Blätter in zahlreichen breiten und schmalen Formen.

Bild 21: Flach wachsende Thymian-Arten sind witterungsbeständiger als die aufrecht wachsenden.

Sehr frostempfindliche Pflanzen: Einige Fallbeispiele

Für den **Rosmarin** ist ein großer Topf am besten geeignet. Er erlaubt es uns, ihn im Winter an einer geschützten Stelle im Freien zu platzieren. Eine überdachte Hauswand eignet sich dazu besonders gut. Der Standort des Rosmarintopfs sollte sonnig und vor Wind geschützt sein. Zusätzlich kann man ihn in der kalten Jahreszeit mit Vlies abdecken. Da Rosmarin wintergrün ist, braucht er ab und zu etwas Wasser. Gießen sollte man ihn aber nur, wenn die Erde nicht gefroren ist. Rosmarin erträgt kurzzeitig einige Minusgrade, falls er zuvor abgehärtet worden ist. Zwar können dann letztjährige Triebspitzen abfrieren, problematisch ist das aber nicht: Man schneidet diese dann ihm Frühjahr einfach ins noch grüne Laub zurück, welches dann schnell wieder austreibt.

Bild 22: Der Rosmarin profitiert von der Klimaerwärmung.

Im Weinbauklima und bei Wärmezonen an Mauern und Gebäuden wächst Rosmarin oft sogar ohne Winterschutz, sobald sich die Pflanze akklimatisiert hat. Im Freiland braucht sie einen kiesigen und durchlässigen Boden. Dadurch wurzelt sie über die Jahre tief in den Untergrund, was sie zunehmend robuster macht.

Bild 23: Der Echte Loorbeer fühlt sich im Schutz und in der Nähe anderer Gehölze wohl.

Für den **Echten Lorbeer** gilt im Wesentlichen dasselbe wie für den Rosmarin. Er wächst ebenfalls gut im Halbschatten, wenn der Standort im Winter windgeschützt ist. Wenn man ihn unter lichten Gehölzen anpflanzt, schützen diese den Lorbeer vor Frost. Kleine Frostschäden sind meist an braunen Blattflecken sichtbar. Er erträgt einen stärkeren Rückschnitt im Frühjahr, an den Schnittstellen wachsen dann schnell wieder neue Triebe nach.

Bild 24: Kräuterspirale an einem sonnigen Standort vor einem Gebäude. Dieses Gestaltungselement ist nicht nur schön, sondern kann, wenn richtig bepflanzt, die Bodenansprüche der einzelnen Arten gut berücksichtigt. Im oberen Bereich pflanzt man zu diesem Zweck trockenheitsliebende Arten an und unten diejenigen, die es etwas feuchter mögen.

11.3 Der Topf- und Kübelgarten

Grundsätzlich lassen sich fast alle Kräuterpflanzen in Töpfen und in Kübeln anpflanzen. Für Töpfe und Kübel weniger geeignet sind lediglich jene Arten, die sehr hochwachsen oder stark wuchern, da ihr Wurzelwachstum die Gefäße zu sprengen vermag. Die verschiedenen Arten wachsen in Töpfen und Kübeln am besten, wenn man sie einzeln einpflanzt und nicht mehrere Arten in denselben Topf setzt. In ganz großen Trögen sind Mischpflanzungen jedoch kein Problem, wenn die richtige Artenzusammensetzung stimmt (vgl. dazu die Bemerkungen weiter oben in diesem Kapitel). Dabei sind die Abstände zu berücksichtigen, die die kleineren und größeren Pflanzen zueinander bevorzugen.

In heißen Regionen verwenden wir helle Töpfe, da sich diese durch die Reflektion des Sonnenlichts weniger aufheizen und entsprechend auch weniger Wasser benötigen. In kalten Regionen können dunkle Töpfe hingegen die Wärme des Sonnenlichts besser absorbieren und die Erde im Topf aufheizen, was ein Vorteil sein kann.

Bei der Wahl der Töpfe ist auf deren Material zu achten. Kunststofftöpfe sind günstig in der Anschaffung. Da sie nicht porös sind, verdunstet in ihnen relativ wenig Wasser. Dafür sind sie leicht und kippen bei Wind entsprechend schnell um. Kleine schwarze Kunststofftöpfe heizen sich zudem sehr schnell auf, was leicht zu Wurzelverbrennungen führen kann. Tontöpfe und Terracotta-Kübel wiederum sind porös und schaffen im Wurzelraum ein ausgeglicheneres Klima. In ihnen verdunstet dafür mehr Wasser, was die Gefahr des Austrocknens erhöht. Dafür sind sie aufgrund ihres Gewichts erheblich standfester und fallen bei Wind nicht so leicht um. Bei Kübeln, die im Winter draußen stehen bleiben, sollte man spezielle frostharte Kübel verwenden.

Bei Topf- und Kübelpflanzen ist es sinnvoll, Erde zu verwenden, die strukturstabil ist; man verhindert damit, dass sie schon nach kurzer Zeit stark zusammensackt. Sand, feiner Kies, Blähton, Lava- und Ziegelschrot der Erde beigemischt sind dazu gut geeignet. Abzugsöffnungen am Boden der Töpfe sind immer zwingend, damit überschüssiges Wasser abfließen kann und keine Staunässe entsteht.

Vorteile des Kübelgarten

- Dank der Mobilität der Töpfe kann man den verfügbaren Platz optimal nutzen.
- Man kann die Töpfe und Kübel leicht so anordnen, dass jede Pflanzenart genau jene Schatten- und Lichtverhältnisse bekommt, die ihr besonders zusagen.
- Es ist einfach, den unterschiedlichen Bodenansprüchen der Pflanzen zu genügen, da in den Töpfen und Kübeln jeweils das passende Substrat verwendet werden kann.
- Nicht frostharte Pflanzen lassen sich leicht in ein Winterquartier bringen.

Bild 25: Da im Sommer die Pflanzen stark wachsen und es im Kübelgarten entsprechend schnell zu eng wird, kann man die verschiedenen Kübel und Töpfe einfach und nach Bedarf so weit auseinanderrücken, wie dies gewünscht wird. Nebenbei schafft man damit zwischen den Pflanzen einen guten Luftwechsel und ein günstiges Mikroklima.

Nachteile des Kübelgartens

- Der Pflegeaufwand ist größer als im Freiland. Es muss mehr gegossen werden.
- Die Pflanzen müssen je nach ihrer Wachstumsstärke einmal im Jahr umgepflanzt werden.

Bild 26: Im Wintergarten erfreuen uns Kübelpflanzen auch während der kalten Jahreszeit.

Es gibt mediterrane und tropische Pflanzenarten, die man frostfrei überwintern muss. Ein kühler und heller Wintergarten ist dazu der beste Standort. Allerdings verfügt kaum jemand über einen Wintergarten, weshalb man sich oft mit der Waschküche oder einem Kellerabteil mit einem Fenster begnügen muss. Oft ist das Klima in solchen Räumen nicht ideal, da eine zu hohe Temperatur, zu wenig Licht und eine zu geringe Luftfeuchtigkeit vorherrschen. Optimal sind für die meisten Pflanzen eine Temperatur um 5° C, weil dann kein Wachstum stattfindet und die Pflanzen in eine wohltuende Winterruhe verfallen. Liegt die Temperatur höher, so beginnen sich schon bald Triebe zu bilden, die dann gerne von Schädlingen befallen werden (z.B. von Läusen und Weißen Fliegen; bei Holzgewächsen auch von Schild- und Wollläusen). Der Winterpflege muss deshalb besondere Beachtung geschenkt werden.

Kübel- und Topfpflanzen, die frostfrei überwintert werden müssen, werden im zeitigen Frühling meist stark zurückgeschnitten und umgetopft. Nach dieser Frühlingspflege sollte man sie an einen warmen Ort mit viel Licht stellen. Sie wachsen dann schön an und treiben rasch aus.

Bild 27: Im April stellt man die Kübel ins Freie, um sie abzuhärten.

Um die Pflanzen vor der Kälte zu schützen, stellt man sie zu Beginn vorzugsweise an einen geschützten Standort, um sie langsam an das Außenklima zu gewöhnen. Ein Vlies ist hilfreich gegen Frost und Sonnenbrand.

Nutzpflanzen, die frostfrei überwintert werden müssen, sind:

- Zitronenbaum *(Citrus limon)*. Große Sortenvielfalt
- Orangenbaum (*Citrus* x *sinensis*)
- Olivenbaum *(Olea europaea)*
- Eukalyptus (*Eucalyptus* sp.). Verschiedene Arten
- Aloe vera *(Aloe vera)*
- Feigenkaktus *(Opuntia ficus-indica)*
- Passionsblume (*Passiflora* sp.). Mehrere Arten
- Yuccapalme (*Yucca* sp.) Auch frostharte Arten erhältlich
- Granatapfel *(Punica granatum)*
- Indianischer Räuchersalbei *(Salvia apiana)*
- Frucht-Salbei *(Salvia dorisiana)*
- Woodstock-Salbei (*Salvia microphylla* 'Woodstock')
- Ananas-Salbei *(Salvia rutilans)*
- Zitronelle, Verveine *(Aloysia citrodora)*
- Duftgeranien *(Pelargonium citriodorum, P. crispum, P. citrosum)*
- Duftgeranie Edelraute *(Pelargonium filicifolium)*
- Duftgeranie Kiefer *(Pelargonium fragrans)*
- Duftgeranie Minze *(Pelargonium tomentosum)*
- Duftgeranie Cola (*Pelargonium* 'Toronto')
- Gezähnter Lavendel *(Lavandula dentata)*
- Afrikanisches Strauchbasilikum *(Ocimum kilimandscharicum)*
- Falsche Meerzwiebel *(Ornithogalum longibracteatum)*

Bild 28: Pfirsich-Salbei *(Salvia greggi)* riecht bei Sonnenschein intensiv.

Bild 29: Duftgeranien betören nicht nur durch den Duft, sondern blühen auch schön.

12 Der Gemüsegarten

Gemüsekulturen bestehen in der Regel aus einjährigen Pflanzen, die empfindlicher auf Witterungseinflüsse reagieren als Stauden und Gehölze. Vor allem Blattgemüse erleiden z.B. bei Hagel oft einen Totalschaden. Klima- und Bodeneigenschaften, der Zeitpunkt für die Aussaat resp. die Pflanzung, Pflanzabstände und spezifische Eigenschaften von Pflanzgruppen und Einzelpflanzen sowie die Pflege während der Kulturzeit sind für einen guten Ernteertrag entscheidend. Bei der Pflege spielen Gründüngung und das Mulchen eine wichtige Rolle; sie werden im Kapitel «Bodenbewirtschaftung» beschrieben. Falls zur Pflege Mulch verwendet wird, kann bei vielen Gemüsen auf eine Bodenlockerung während der Kultur verzichtet werden, da unter der Mulchdecke der Boden nicht verschlämmt und dadurch lockerer bleibt. Vor dem Auspflanzen einer Gemüsekultur wird meistens eine Bodenbearbeitung durchführt. Allgemein sollte man diese aber nur dann durchführen, wenn das Erdreich genügend abgetrocknet ist. Fruchtfolge- und Mischkulturtabellen sind hilfreich, da sie übersichtlich darüber Auskunft geben, welche Kulturen zusammenpassen und welche Nachfolgekultur sich jeweils eignet. Aussaat- und Pflanzzeiten können je nach Klima einer Region sowie den Sorteneigenschaften der Gemüse variieren. Pflanzenkrankheiten, Schädlinge und äußere Einflüsse werden im Kapitel «Vorbeugender Pflanzenschutz» behandelt.

Die im folgenden vorgestellten Gemüse werden gemäß ihrer botanischen Verwandtschaft in den Pflanzenfamilien geordnet; das ist wichtig, weil die Zugehörigkeit einer Pflanze zu einer bestimmten Familie für die Fruchtfolge von Bedeutung ist. Um die Fruchtfolge einzuhalten, werden in einem Beet nie zwei Arten aus derselben Familie in aufeinanderfolgenden Jahren angebaut; stattdessen wechselt man die Familien ab und schont damit den Boden, da Pflanzen derselben Familie in der Regel dieselben Nährstoffe aus dem Boden ziehen und dieser daher verarmt, wenn auf ihm über eine längere Zeit stets Arten aus derselben Pflanzenfamilie angebaut werden.

12.1 Kreuzblütler (Brassicaceae)

Kopfkohlgewächse

Kopfkohlgewächse sind **Weißkohl, Blaukohl** und **Wirz**. Im Handel findet man sie als Setzlinge, die im Gewächshaus vorgezogen worden sind.

Pflanzung: Im April für die Frühkultur, ab Ende Mai bis Anfang Juni für die Herbsternte. Für eine bessere Standfestigkeit ist es nützlich, die Setzlinge tief zu pflanzen und später evtl. mit etwas Erde anzuhäufeln. Pflanzabstand: ca. 50 x 50 cm.

Boden, Klima und Pflege: Kopfkohlgewächse gedeihen auf humusreichen, tiefgründigen, lehmhaltigen und nährstoffreichen Böden am besten. Eine regelmäßige Wasserversorgung ist vorteilhaft, da sonst bei Trockenheit und nachfolgenden Regenfällen die verhärteten Köpfe aufplatzen können. Kopfkohl wächst im Frühjahr und Herbst am besten. Erfrischend kühle Nächte im Sommer mag er sehr. Im Spätherbst und zum Winterbeginn erträgt er einige Frosttage problemlos.

Blumenkohl und Broccoli

Blumenkohl und Broccoli stellen von allen Kohlgewächsen die höchsten Ansprüche an den Boden und die Pflege. Im Handel findet man beide als Setzlinge, die im Gewächshaus vorgezogen worden sind.

Pflanzung: Von Mitte März, wenn der Boden warm genug ist, bis in den Juni hinein. Pflanzabstand ca. 45 x 45 cm.

Boden, Klima und Pflege: Gleiche Bodenansprüche wie Kopfkohl; darüber hinaus ist eine gute Nährstoffversorgung wichtig, damit sich schöne Blumen bilden (welche jene Teile der Pflanzen sind, die gegessen werden). Ein festes Erdreich behagt beiden Arten. Sobald der Blumenkohl im Sommer Blumen bildet, kann man einige Außenblätter über dieselben knicken, um sie etwas zu beschatten. Dadurch bleiben die Blumen weißer und das Aroma wird besser. Broccoli kann man länger ernten als Blumenkohl, da nach der Ernte des Hauptsprosses bei ihm noch Seitensprosse nachwachsen. Er ist recht frostverträglich und kann weit in den Winter hinein geerntet werden. Mit Stroh-Mulch verträgt er im Winter den Frost besser, weil der Mulch den Boden isoliert.

Rosenkohl

Rosenkohl ist ein wertvolles Wintergemüse, welches als vorgezogener Setzling im Handel erhältlich ist.

Pflanzung: Ab Juni möglich; der Pflanzabstand sollte ca. 50 x 60 cm betragen.

Boden, Klima und Pflege: Die Ansprüche an den Boden sind dieselben wie bei den Kohlkopfgewächsen. Rosenkohl bevorzugt eine gleichmäßige Bodenfeuchtigkeit, das Erdreich sollte nie austrocknen. Gegen Windeinflüsse und Schneedruck kann man die Pflanzen schützen, indem man sie anhäufelt oder aufbindet. Rosenkohl ist frostverträglich; durch die Kälte verbessert sich das Aroma seiner Röschen.

Chinakohl

Pflanzung: Mitte Juli aussäen oder Setzlinge bis Anfang August auspflanzen. Pflanzabstand bei Direktsaat auf 40 x 35 cm vereinzeln.

Boden, Klima und Pflege. Chinakohl braucht viel Humus, idealerweise mit Kompostanteil. Nach Bedarf regelmäßig bewässern. Ab einer gewissen Größe kann man die Pflanzen mit Bast zusammenbinden, um die Feuchtigkeit, die sich zwischen ihren Blättern befindet, besser in der Pflanze zu halten. Chinakohl ist weniger winterfest als Weißkohl, erträgt aber auch große Hitze nicht gut. Er mag sonnige bis halbschattige und windgeschützte Standorte.

Pak Choi ist eine Kohlart aus dem fernen Osten, die dieselben Bedürfnisse wie der Chinakohl hat.

Federkohl und Grünkohl

Pflanzung: Juni bis Mitte Juli. Pflanzabstand 50 x 40 cm.

Boden, Klima und Pflege: Einen nährstoffreichen Gartenboden mit einem ordentlichen Lehmanteil mögen Feder- und Grünkohl sehr. Zudem bevorzugen beide ein feuchtes Erdreich; sie sollten daher regelmäßig mit Wasser versorgt werden, allerdings darf es dabei keine Staunässe geben. Feder- und Grünkohl sind typische Wintergemüse; Frost verbessert ihren Geschmack.

Ewiger Kohl

Pflanzung: Frühjahr bis Spätsommer. Pflanzabstand 60 x 100 cm. Die Pflanzengröße hängt vom Ernteverfahren ab. Je öfter man die Triebe schneidet, umso kleiner aber buschiger bleiben die Pflanzen; sie erreichen dann eine Höhe von nur gerade einmal rund 50 cm. Wenn man hingegen vor allem die Blätter statt die Triebe erntet, kann der Haupttrieb bis zu einer Höhe von 150 cm wachsen. Triebe kann man als Stecklinge einfach in den Boden setzen, wo sie nach kurzer Zeit Wurzeln schlagen. Die Blätter und jungen Triebe können während 5–10 Jahren geerntet werden.

Boden, Klima und Pflege: Die Ansprüche an den Boden sind weniger hoch als bei anderen Kohlarten. Ewiger Kohl mag lehmhaltige Erde und eine regelmäßige Wasserversorgung. Er erträgt aber auch kurze Trockenphasen. Der Ewige Kohl ist die robusteste Kohlart. Da sie mehrjährig ist, ist sie gegenüber allen Witterungseinflüssen bestens angepasst. Hohe Pflanzen gegen Wind und Schneedruck aufbinden.

Kohlrabi

Pflanzung: Kohlrabi können über die ganze Vegetationsperiode als Setzlinge ausgepflanzt werden. Der Pflanzabstand ist 25 x 25 cm. Blaue Sorten verhärten im überreifen Stadium weniger stark als die weißen Sorten.
Boden, Klima und Pflege: Kohlrabi bevorzugt mittelschwere, humose Böden mit einer guten Nährstoffversorgung. Eine regelmäßige Bodenlockerung ist nötig, falls der Boden nicht gemulcht wird. Trockenheit, Nährstoffmangel und starke Fröste beeinträchtigen die Zartheit des Kohlrabis.

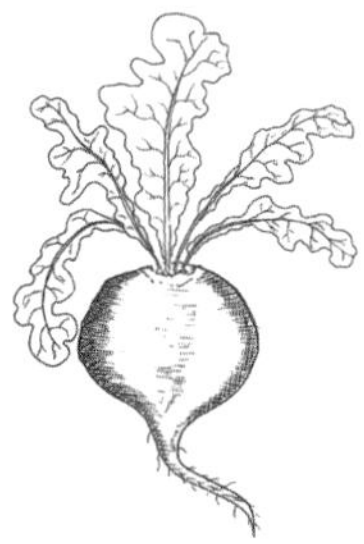

Bodenkohlrabi

Bodenkohlrabi ist eine anspruchslose Gemüseart, die früher vor allem in Notzeiten von Bedeutung war.
Pflanzung: Bodenkohlrabi wird über Setzlinge angezogen und ab Ende Mai bis Juli ausgepflanzt. Der ideale Pflanzabstand ist 30 x 40 cm.
Boden, Klima und Pflege: Wächst auf fast allen guten Gartenböden. Eine regelmäßige Wasserversorgung ist wichtig.
Die **Herbstrübe** wird gleich gezogen wie der Bodenkohlrabi und ist ebenso anspruchslos.

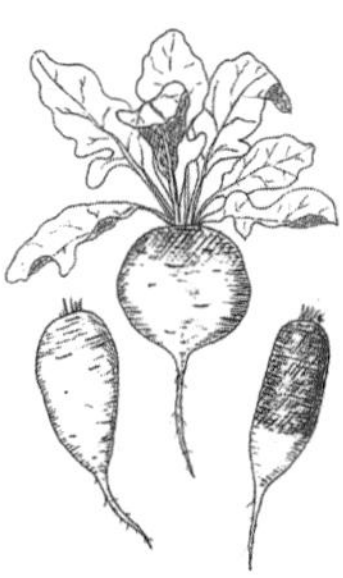

Radies

Radies eignet sich über die ganze Vegetationsperiode als Vor-, Zwischen- oder Nachkultur.
Aussaat: Von März bis August als Direktsaat, breitwürfig oder als Reihensaat zwischen anderem Gemüse ausgebracht.
Boden, Klima und Pflege: Wächst in humosen Böden ohne zusätzliche Nährstoffversorgung. Regelmäßige Feuchtigkeit ist wichtig, sonst werden die Pflanzenknollen hohl, pelzig und schossen leicht.

Rettich

Aussaat: Von April bis August. Rettich eignet sich als Zwischenkultur; gut auch als Reihensaat zwischen anderen Gemüsen möglich.
Boden, Klima und Pflege: Mittelschwere, gut bearbeitete Böden mit mäßiger Nährstoffversorgung werden bevorzugt. Wenn es dem Rettich im Frühjahr zu kalt ist, schosst er oft auf.

Kresse

Kresse ist die am schnellsten wachsende einheimische Gemüseart.
Aussaat: Vom Frühjahr bis Herbst als Kurzkultur zwischen anderen Gemüsen möglich. Bei einer Keimtemperatur von 10–15 °C wächst er am besten.
Boden, Klima und Pflege: Keine besonderen Bodenansprüche.

12.2 Doldenblütler (Apiaceae oder Umbelliferae)

Nebst Gemüsearten gehören auch viele Gewürzpflanzen wie Dill, Anis, Kerbel und Petersilie zu dieser Familie.

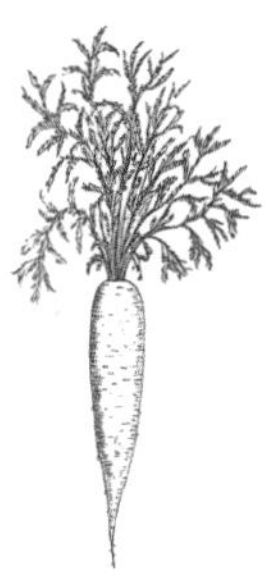

Karotten

Karotten gehören zu den wichtigsten und beliebtesten Gemüsepflanzen.
Aussaat: Direktsaat in Reihen von März bis Juli. Um schöne Wurzeln zu erhalten, werden sie bei zu dichter Saat in der Reihe etwas ausgedünnt. Der ideale Pflanzabstand beträgt 3–5 cm. Danach erntet man am besten fortlaufend die größten Karotten; so entwickeln sich die noch kleineren Pflanzen im Wachstum besser.

Boden, Klima und Pflege: Humose, mittelschwere und tiefgründige Böden, die gut bearbeitet werden oder sandig durchsetzt sind, eignen sich am besten. Es lohnt sich, eine Grunddüngung mit gut verrottetem Kompost vor der Aussaat in den Boden auszubringen.

Fenchel

Pflanzung: Fenchel kann über Setzlinge angezogen und ab Mai ausgepflanzt werden. Ab Mitte Mai ist auch eine Direktsaat möglich. Eine zu dichte Saat sollte auf ca. 25 cm Abstand ausgedünnt werden.

Boden, Klima und Pflege: Fenchel wächst besonders in tiefgründigen, humosen und kalkhaltigen Böden gut. Der Fenchel mag es, wenn er bei sichtbarem Wachstumsbeginn nach dem Auspflanzen mit einem organischen Flüssigdünger überbraust und damit der Boden gedüngt wird.

Knollen- und Stangensellerie

Pflanzung: Knollen- und Stangensellerie werden als Setzlinge ab Mitte Mai ausgepflanzt. Ein Pflanzabstand von 30–35 cm ist günstig; bei Stangensellerie darf er auch ein bisschen geringer sein.

Boden, Klima und Pflege: Nährstoffreiche, mittelschwere, humose Böden mit gutem Wasserhaltevermögen sind am besten geeignet. Trockenheit und Frühjahreskälte können eine vorzeitige Blüte ohne Knollenbildung auslösen.

Pastinak

Aussaat: Von März bis Mai als Direktsaat. Sämlinge sollten auf 10–15 cm vereinzelt werden. Der Pastinak hat eine lange Keimzeit.

Boden, Klima und Pflege: Geeignet sind tiefgründige Böden, die vor der Aussaat mit Grunddüngung versorgt worden sind. Der Pastinak ist gegenüber dem Wetter anspruchslos; seine Wurzel ist frosthart und kann im Gartenbeet überwintern.

12.3 Korbblütler (Asteraceae)

Nebst vielen Gewürz- und Heilpflanzen sind die Korbblütler die Familie unserer verschiedenen Blattsalate.

Kopfsalat

Pflanzung: Kopfsalat wird über Setzlinge angezogen. Der günstige Pflanzabstand beträgt in der Reihe 25 cm. Er kann vom Frühjahr bis gegen den Herbst hin gepflanzt werden. Kopfsalat sollte nicht tiefer in den Boden gepflanzt werden, als er vorher im Anzuchtgefäß gestanden hat, weil er sonst keine schönen Köpfe ausbildet.

Boden, Klima und Pflege: Kopfsalat bevorzugt mittelschwere, humose Böden mit einer Grunddüngung (Kompost oder Handelsdünger). Trockenheit und Lichtmangel beeinträchtigen die Kopfbildung. Kopfsalat pflanzt man im Frühjahr und gegen den Herbst. Im Sommer bei großer Hitze schosst er gerne auf und bildet dann keine schönen Köpfe aus. Im Hausgarten pflanzt man im Sommer darum besser **Krachsalat.** Seine Kulturzeit ist etwas länger; die Kultur und Düngung sind mit jener des Kopfsalats vergleichbar.

Endivien

Aussaat und Pflanzung: Endivien werden von Mitte Juni bis Juli direkt ausgesät und später auf einen

Abstand von 25–30 cm ausgedünnt. Es können aber auch Setzlinge ausgepflanzt werden; das ist sogar bis Mitte August möglich.
Boden, Klima und Pflege: Gleiche Bodenansprüche wie beim Kopfsalat. Gleichmäßige Feuchtigkeit verhindert ein zu frühes Aufschießen.

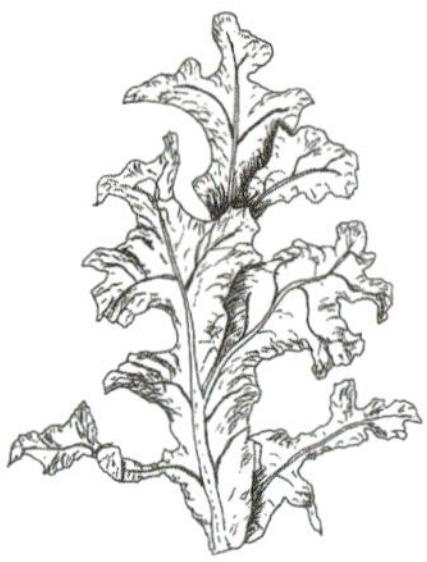

Schnitt- und Pflücksalat

Vom Frühjahr bis zum Herbst eignen sich Schnitt- und Pflücksalate als Zwischenkultur und bereichern das sommerliche Salatangebot.
Aussaat: Von März bis Anfang September. Winter-Lattughino kann auch im Herbst ausgepflanzt werden; er überwintert dann im Garten.
Boden, Klima und Pflege: Schnitt- und Pflücksalate haben keine hohen Ansprüche an den Boden. Als Zwischenkultur brauchen sie keine zusätzliche Düngung. Regelmäßiges Gießen bei Trockenheit ist jedoch wichtig.

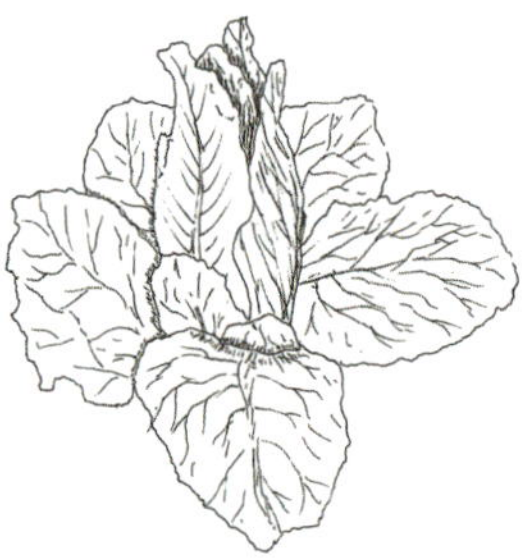

Zuckerhut

Zuckerhut ist ein Herbstsalat, der sich über den Winter gut lagern lässt.
Aussaat und Pflanzung: Zuckerhut wird ab dem 20. Juni direkt ausgesät und später auf 25 x 25 cm ausgedünnt. Er kann auch durch Setzlinge angezogen und dann ab Ende Juli bis Anfang August ausgepflanzt werden. Zuckerhut erntet man nach dem Endiviensalat.
Boden, Klima und Pflege: Die Ansprüche an den Standort und die Nährstoffversorgung ist wie beim Kopfsalat. Bei trockener Witterung ist eine regelmäßige Wasserversorgung wichtig. Zuckerhut erträgt leichte Fröste problemlos.

Brüsseler/Chicorée (Wurzelzichorie)

Diese Wurzelzichorie ist mit der Wegwarte verwandt und kann nicht nur als Salat, sondern auch als Kaffeezusatz verwendet werden.
Aussaat: Ab Mitte bis Ende Mai wird Brüsseler direkt ins Gartenbeet ausgesät. Später wird er auf 35 x 10 cm ausgedünnt. Die Ernte erfolgt im Spätherbst. Man zieht die Pflanzen dazu aus dem Boden und schneidet das Laub etwas oberhalb der Wurzel ab. Die Wurzel wird anschließend an einem kühlen und dunklen Ort eingelagert, später in Kisten dicht an dicht in Erde eingepflanzt und gegossen. Die Austriebe bilden dann die gelbweißen Chicorée-Zapfen, die gerne im Winter gegessen werden.
Boden, Klima und Pflege: Am besten gedeiht die Wurzelzichorie in tiefgründigen, mittelschweren Böden. Eine Grunddüngung ist ausreichend für ihre Ansprüche. Während des Wachstums sollte der Boden stets feucht gehalten und gelockert werden.

Lattich

Lattich ist ein Kochgemüse. Hellgrüne und rötliche Arten eignen sich aber auch für Salat.
Pflanzung und Direktsaat: Lattich lässt sich satzweise während der ganzen Vegetationszeit anbauen. Meistens wird er aus Setzlingen angezogen. Eine Direktsaat ist aber ebenfalls möglich. Der Pflanzabstand sollte 25 x 25 cm betragen.
Boden, Klima und Pflege: Nährstoff- und Bodenansprüche sind dieselben wie beim Kopfsalat. Bei Trockenheit sollte Lattich regelmäßig gegossen werden.

Topinambur

Topinambur ist eine mehrjährige Sonnenblumenart. Sie ist ein Dauergemüse, dass man über Jahre hinweg am selben Standort wachsen lassen kann.

Pflanzung: Gepflanzt werden die Topinambur-Knollen im Frühjahr; geerntet wird bei frostfreiem Wetter im ganzen Winterhalbjahr.
Boden, Klima und Pflege: Topinambur bevorzugt leichte bis mittelschwere Böden, ist ansonsten aber anspruchslos. Eine Grunddüngung im Frühjahr genügt ihm. Die Topinambur-Knollen sind frosthart.

12.4 Schmetterlingsblütler, Hülsenfrüchtler (Fabaceae, Leguminosae)

Schmetterlingsblütler und Hülsenfrüchtler haben die ungewöhnliche Fähigkeit, mithilfe von Knöllchenbakterien an ihren Wurzeln Luftstickstoff zu binden und der Pflanze verfügbar zu machen.

Erbsen und Zuckerschoten/Kefen

Aussaat: Auskernerbsen und Zuckerschoten/Kefen werden von März bis April als Vorkultur gesät. Sie ertragen Frost bis −5 °C. Mark- und Knackerbsen sät man im April. Sie sind etwas frostempfindlicher. Erbsen säen wir im Kreis zu 12 Korn um 1,5 m hohe und schlanke Holzpfosten, die die Pflanzen später als Rankhilfe nutzen. Als Rankhilfe eignet sich aber auch ein aufgestelltes Drahtgeflecht.
Boden, Klima und Pflege: Nährstoffreiche, mittelschwere Böden an sonniger Lage werden bevorzugt. Ansonsten stellen Erbsen keine hohen Ansprüche an den Boden. Er darf aber nicht zu kalt und zu nass sein.

Stangenbohnen

Aussaat: Stangenbohnen werden ab Mitte Mai bis Mitte Juni in Reihen ausgesät; im Hausgarten meist zu 8–10 Korn um schlanke lange Holzstangen oder hohe Drahtgerüste mit einer Mindesthöhe von 2 m. Die Bohnensamen sollten nur mit wenig Erde bedeckt werden. In kühleren Regionen mit einer verkürzten Vegetationszeit kann man Stangenbohnen auch in Töpfen vorkultivieren.
Boden, Klima und Pflege: Es lohnt sich vor der Aussaat Reifekompost oder eine organische Grunddüngung in den (normalen) Boden auszubringen. Bohnen sind Wärme liebend; bei zu kühlem und nassem Wetter gedeihen sie schlecht. Zudem sind sie sehr frostempfindlich. Am besten ist es, mit der Aussaat zu warten, bis Luft- und Bodentemperatur nicht mehr kalt sind und das Thermometer auch in der Nacht nicht mehr stark absinkt. Eine regelmäßige Wasserversorgung im Wurzelbereich während der Blütezeit führt dazu, dass sich mehr Hülsen bilden.

Buschbohnen

Aussaat: Ab Mitte Mai bis Anfang Juli bei warmem Wetter. Reihensaat im Abstand von 50–60 cm. Die Kulturzeit ist etwas kürzer als bei den Stangenbohnen.
Boden, Klima und Pflege: Hier gelten ähnliche Ansprüche wie bei den Stangenbohnen. Um die Wurzelentwicklung und die Standfestigkeit der Pflanzen zu erhöhen, ist es nützlich, diese seitlich mit etwas Erde anzuhäufeln.
Auskernbohnen wie **Türken-** und **Limabohnen** werden ähnlich kultiviert.

Puffbohnen

Aussaat: So früh wie möglich säen, am besten schon im März. Zu späte Saaten werden leichter von Läusen befallen. Das Korn wird tiefer als bei den anderen Bohnen gesät, nämlich 6–8 cm unter der Erde. Der Pflanzabstand sollte in der Reihe ca. 10 cm betragen.
Boden, Klima und Pflege: Humusreiche, mittelschwere Böden mit einer Grunddüngung genügen den Puffbohnen. Sie eignen sich vor allem auch in Berglagen, da sie gegen alle Witterungseinflüsse unempfindlich sind. Sie ertragen Fröste bis −7 °C. Puffbohnen müssen nur während trockener Phasen bewässert werden.

12.5 Liliengewächse (Liliaceae)

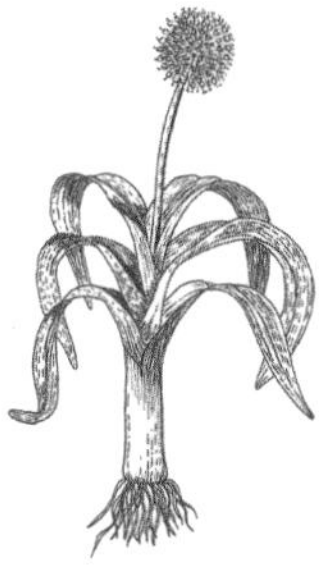

Lauch

Aussaat: Für die Herbsternte ist die beste Aussaatzeit Mitte März, für die Setzlinge ab Mitte Mai bis Juni. Für die Winterkultur wird Mitte Mai bis Juni ausgesät, die Setzlinge kommen von Mitte Juli bis Anfang August in den Boden. Lauch wird tief gepflanzt. Der Pflanzabstand beträgt ca. 30 x 15 cm.

Boden, Klima und Pflege: Tiefgründige, mittelschwere und humusreiche Böden mit einer Grunddüngung werden bevorzugt. Bei Winterlauch sollte man zur Verbesserung seiner Lagerfestigkeit ab Ende Juli keine Kopfdüngung mehr verabreichen. Lauch mag es allgemein etwas kühler; auch sein Aroma wird besser, wenn es im Sommer nicht zu warm wird.

Zwiebeln

Anzucht: Zwiebeln werden als Steckzwiebeln oder durch Aussaat vermehrt. Setzlinge werden für die Sommerkultur im April bis Mai gepflanzt. Der Pflanzabstand beträgt ca. 10 cm in der Reihe. Die Ernte erfolgt, wenn das Laub sich deutlich einzieht und die Zwiebelrohre umknicken. Für die Lagerung sollte nicht bei Regen geerntet werden. Nach der Ernte werden sie an einem gut durchlüfteten Ort getrocknet.

Boden, Klima und Pflege: Zwiebeln mögen warme, sandig-humose Böden. Eine regelmäßige Bodenlockerung ist nützlich; bei Trockenheit sollten sie bewässert werden. Für das Wachstum der Blätter ist kühles Wetter ideal; für das spätere Wachstum der Zwiebel sind hingegen wärmere Temperaturen von Vorteil.

Knoblauch

Anzucht: Geernteter Knoblauch besitzt viele Brutzwiebeln. Diese Brutzwiebeln, auch Knoblauchzehen genannt, lassen sich im Herbst einzeln in den Boden stecken; sie treiben im Frühjahr dann aus und bilden neue Brutzwiebeln. Der Pflanzabstand sollte ca. 10 cm in der Reihe betragen.

Boden, Klima und Pflege: Die Ansprüche an Boden und Düngung sind beim Knoblauch gleich wie bei den Zwiebeln.

12.6 Gänsefußgewächse (Chenopodiaceae)

Bei Gänsefußgewächsen sollte die Fruchtfolge unbedingt einhalten werden (vgl. dazu auch die Einleitung dieses Kapitels).

Spinat

Aussaat: Spinat wird in Reihen oder breitwürfig ausgesät. Der Reihenabstand sollte 20–25 cm betragen. Für die Sommerkultur findet die Aussaat im April statt, für die Winterkultur von August bis Mitte September.

Boden, Klima und Pflege: Mag mittelschwere und nährstoffreiche Böden, ist ansonst aber anspruchslos. Da Spinat Nitrat stark anreichert, sollte keine Nachdüngung ausgeführt werden. Eine gute Bodenlockerung und ausreichende Feuchtigkeit sind hingegen wichtig. In warmen Regionen eignet sich der Spinat besser als Winterkultur, da bei zu warmem Wetter das Aufschießen zur Blütenbildung früh einsetzt.

Stielmangold

Pflanzung: Abgehärtete Setzlinge werden im Frühjahr ausgepflanzt, wenn keine Fröste mehr auftreten. Nicht zu tief pflanzen; der günstigste Pflanzabstand beträgt 45 x 40 cm.

Boden, Klima und Pflege: Mittelschwere und nährstoffreiche Böden eignen sich am besten. Regelmäßiges Lockern des Bodens oder Mulchen sind hilfreich. Sehr heiße Standorte und Staunässe sollten vermieden werden.

Schnittmangold

Aussaat: Direktsaat im Reihenabstand von 20–25 cm. Muss nicht erdünnert werden. Bei der Ernte nicht zu tief schneiden, damit die Pflanze wieder austreibt. Im Frühjahr oder Herbst aussäen.

Boden, Klima und Pflege: Die Ansprüche an den Boden sind wie beim Stielmangold. Der Schnittmangold ist frosthart und liebt feuchte und kühle Standorte. Bei heißen Standorten muss fleißiger bewässert werden.

Rote Beete/Randen

Saat und Pflanzung: Rote Beete/Randen sät man Ende April bis Ende Mai im Reihenabstand von 35 cm und erdünnert später die Sämlinge innerhalb der Reihen auf einen Pflanzabstand von 10 cm. Rote Beeten können auch als Setzlinge im Mai auf Endabstand gepflanzt werden.

Boden, Klima und Pflege: Tiefgründige, mittelschwere und humusreiche Böden werden bevorzugt. Eine ausreichend gute Grunddüngung reicht aus. Rote Beete mag kühles Klima; in wärmeren Gegenden nach Bedarf mehr bewässern und am besten auch mulchen.

12.7 Kürbisgewächse (Cucurbitaceae)

Gurken

Pflanzung: Gurken werden in Töpfen im warmen Haus angezogen. Man pflanzt sie am besten erst gegen Ende Mai ins Freie. Da die Wurzeln lufthungrig sind, ist es sinnvoll, sie auf kleine Erhöhungen zu pflanzen, die ein durchlässiges Erdsubstrat aufweisen. Der Pflanzabstand sollte ca. 1 m betragen.

Boden, Klima und Pflege: Nährstoffreiche, mittelschwere und humusreiche Böden sind ideal. Der Boden sollte immer feucht bleiben. Am besten eine Mulchabdeckung verwenden. Auf längere Regenperioden reagieren sie im Wachstum empfindlich.

Zucchetti

Pflanzung: Anzucht und Pflanzung gleich wie bei den Gurken.

Boden, Klima und Pflege: Nährstoffreiche Böden werden bevorzugt. Sie haben die gleichen Pflegeansprüche wie Gurken.

Speisekürbis

Pflanzung: Wie Gurken und Zucchetti. Da Kürbisse stark wachsen, brauchen sie einen größeren Pflanzabstand als Zucchetti und Gurken; dieser sollte mindestens 1,5 m betragen.

Boden, Klima und Pflege: Die Pflege- und Standortansprüche sind wie bei den Gurken und Zucchetti. Auf einem halbverrotteten Komposthaufen wachsen sie besonders gut. Hier verzichtet man auf eine zusätzliche Grunddüngung.

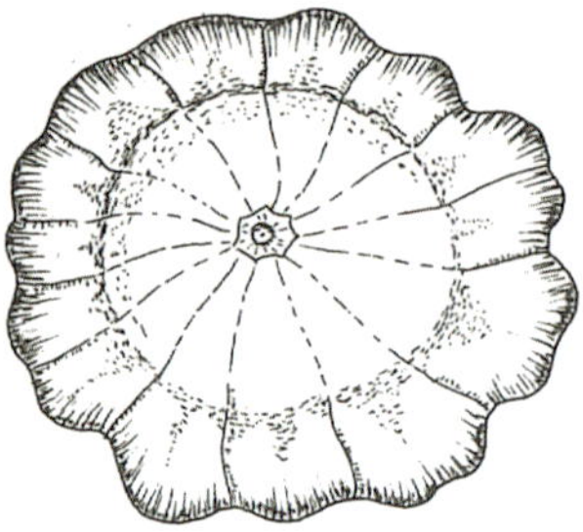

Patisson

Pflanzung: Kultur gleich wie Zucchetti, wobei Patisson noch etwas wärmebedürftiger ist.

Boden, Klima und Pflege: Gleicher Nährstoff- und Pflegebedarf wie bei den anderen Kürbisgewächsen.

Melonen

Pflanzung: Am besten Ende Mai auf Erhöhungen anpflanzen.

Boden, Klima und Pflege: Bodenansprüche und Düngung wie bei den Gurken. Von allen Kürbisgewächsen braucht die Melone die sonnigsten und mildesten Lagen im Garten. Unbedingt einen windgeschützten Standort wählen. Zu Beginn die Pflanzen nicht zu stark bewässern, damit das Laub schnell abtrocknet; daher stets am Morgen gießen. Mit zunehmendem Wachstum und zunehmender Fruchtbildung muss dann der Wasserbedarf erhöht werden. Melonen brauchen während einer langen Zeit sommerliche Temperaturen; vier Monate mit Tagestemperaturen über 25 °C und Nachttemperaturen, die nicht tiefer als 10 °C sind, sind gute Voraussetzungen.

12.8 Nachtschattengewächse (Solanaceae)

Die meisten essbaren Nachtschattengewächse stammen aus Süd- und Mittelamerika. Meist sind nur einzelne Teile dieser Pflanzenarten essbar, während andere zum Teil sehr giftig sind.

Kartoffeln

Pflanzung: Je nach klimatischen Bedingungen werden die Knollen von April bis Mai gepflanzt. Der Pflanzabstand zwischen den Reihen sollte 60–70 cm betragen, jener in der Reihe 30–40 cm.

Boden, Klima und Pflege: Kartoffeln mögen nährstoffreiche, mittelschwere und humose Böden. Als Grunddüngung sollte viel Mist oder Kompost eingearbeitet werden. Bei stark kalkhaltigen Böden werden die Knollen eher von Schorf befallen. Sie können dann zwar immer noch bedenkenlos verzehrt werden, sehen aber weniger schön aus. Wenn das Kraut ca. 10–25 cm hoch steht, wird den Pflanzreihen entlang seitlich die Erde angehäufelt. Dadurch bilden sich mehr Wurzeln und Knollen. In trockenen Gebieten ist eine ausreichende Bewässerung nötig. In solchen Regionen kann man anstelle des Anwalmens auch eine Stroh- oder Heuschicht als Mulch verwenden, wodurch weniger Unkraut wächst und der Boden feuchter bleibt. In feuchten Regionen besteht hingegen die Gefahr der Kraut- und Knollenfäule. Hier ist es besonders wichtig, dass man gut drainierte Böden hat und den Pflanzabstand etwas größer wählt. Obwohl Kartoffeln ursprünglich aus Bergregionen stammen, ist deren Laub sehr frostempfindlich.

Tomaten

Bei den Tomaten gibt es eine sehr große Sortenvielfalt. Am besten wählt man solche, die wenig krankheitsanfällig sind.

Pflanzung: Tomaten werden als Setzlinge angezogen. Dadurch können sich während der frostfreien Zeit mehr Früchte bilden. Ausgepflanzt werden sie ab Mitte Mai im Abstand von ca. 60–70 cm. Die Setzlinge darf man eine Handbreite tiefer pflanzen, als sie vorher im Anzuchttopf standen. Dies fördert an den Trieben im Boden eine zusätzliche Wurzelbildung.

Boden, Klima und Pflege: Tomaten mögen mittelschwere, humose Böden mit einer ausreichenden Grunddüngung, die mit etwas Kompost oder Stallmist eingearbeitet wird. Tomaten sind wärmebedürftig. Man zieht sie an Stäben oder Schnüren hoch. Meist lässt man sie ein- bis zweitriebig wachsen; bricht also alle Seitentriebe ab. Dies fördert gesunde Früchte und einen besseren Luftaustausch, der Krautfäule zu verhindern hilft. Im August werden die noch vorhandenen Triebspitzen abgebrochen, damit die letzten Früchte noch gut ausreifen können. Vor dem Frostbeginn im Spätherbst werden die grünen Früchte abgeerntet; sie können im Haus nachreifen.

Gemüsepaprika (Peperoni) und Auberginen

Pflanzung: Setzlinge werden ab Mitte Mai im Abstand von 80 x 40 cm ausgepflanzt.

Boden, Klima und Pflege: Die Ansprüche an den Boden und die Düngung sind wie bei den Tomaten. Gemüsepaprika und Auberginen sind sehr wärmebedürftig und sollten nur an milden und überdachten Standorten angepflanzt werden (außer in sehr warmen und lufttrockenen Gegenden).

12.9 Baldriangewächse (Caprifoliaceae)

Feldsalat/Nüssler

Den beliebten Feldsalat trifft man bei uns auf offenen Böden in der natürlich vorkommenden Vegetation an.

Aussaat: Ende August bis in den September hinein sät man ihn in Reihen oder breitwürfig ins Beet. Feldsalat ist ein Dunkelkeimer. Als Zwischenkultur kann man ihn während der ganzen Vegetationszeit anbauen.

Boden, Klima und Pflege: Bezüglich des Bodens ist Feldsalat anspruchslos. Im Hausgarten braucht er auch keine Düngung. In milden und feuchten Lagen wächst er am besten. Er ist frosthart und kann an frostfreien Tagen auch im Winter geerntet werden.

12.10 Portulakgewächse (Portulacaceae)

Winterportulak

Aussaat: Winterportulak wird im Herbst oder zeitigen Frühjahr ausgesät. Es sind Breit- und Reihensaaten möglich. Die Keimtemperatur sollte unter 12 °C liegen. Die Ernte erfolgt vor der Blüte in 2–3 Schnitten.

Boden, Klima und Pflege: Der Portulak stellt keine besonderen Ansprüche an den Boden und die Düngung. An günstigen Standorten kann auch im Winter geerntet werden, wenn man ihn zum Schutz mit Folie oder Vlies abdeckt.

12.11 Süßgräsergewächse (Poaceae)

Zuckermais

In Hausgärten hat der Mais als Gemüsepflanze eine eher geringe Bedeutung. Den wohlschmeckenden Zuckermais darf man nicht mit dem Futtermais verwechseln.

Aussaat: Gesät wird ab Mitte Mai bis Anfang Juni, wenn sich der Boden genügend erwärmt hat. Der ideale Abstand zwischen den Reihen beträgt ca. 60 cm, in der Reihe ca. 5 cm.

Boden, Klima und Pflege: Mais bevorzugt einen nährstoffreichen, durchlässigen Boden. Sonnige Standorte sind am besten geeignet. Während des Wachstums sollte der Boden ein- bis zweimal gelockert werden.

12.12 Unkräuter/Beikräuter

In den humosen und nährstoffreichen Gartenböden wächst nicht nur Gemüse, sondern natürlich auch das unbeliebte Unkraut. Was viele jedoch nicht wissen, ist, dass etliche Unkräuter als wohlschmeckende Gemüse- und Salatbeigabe oder als Gewürz verwendbar sind. Wenn man diese Unkräuter am Anfang zwischen dem Gemüse mitwachsen lässt, helfen sie, den Boden zu beschatten und das Mikroklima für die Kulturpflanzen zu verbessern. Ab einer gewissen Größe und vor der Blüte der Unkräuter jätet man sie dann aus, damit sie die Gemüse nicht konkurrenzieren. Dabei kann man einige gesunde und gute Wildkräuter ernten.

Hinweis: Verwenden sie nur Wildkräuter, die Sie wirklich gut kennen.

Einige essbare Unkräuter, die häufig zwischen Gemüse wachsen:

- Vogelmiere/Hühnerdarm *(Stellaria media)* Salatbeigabe
- Acker-Vogelknöterich *(Polygonum aviculare)* Salat, Gemüse, Suppen
- Behaartes Franzosenkraut *(Galinsoga ciliata)* Salat, Gemüse, Suppen
- Weißer Gänsefuß *(Chenopodium album)* ergiebige Spinatpflanze
- Gewöhnliches Hirtentäschel *(Capsella bursa-pastoris)* als Gewürz und die ganze Pflanze als Gemüse essbar
- Behaartes Schaumkraut *(Cardamine hirsuta)* als Gewürz und die ganze Pflanze als Gemüse essbar

13 Freiflächen: Rasen und Wiesen

In den meisten Hausgärten gibt es Freiflächen, die Blumenrabatte, Rosenbeete, Gehölzstreifen und andere Gartenelemente voneinander trennen. Freiflächen sind die mit Rasen oder Wiese begrünten Zwischenräume. Ob wir uns bei der Gestaltung dieser Zwischenflächen für einen Rasen, einer Wiese oder für einen Blumenrasen entscheiden, hängt im Wesentlichen vom Gartentyp ab. In einem reinen Ziergarten ist der kurzgeschnittene Rasen meist die erste Wahl. In einem Naturgarten entscheidet man sich hingegen gerne für eine Wiese oder einen Kräuterrasen, der auch gut begehbar ist.

Wie die Zwischenflächen gestaltet werden, sagt auch viel über die Philosophie des jeweiligen Gartenbesitzers, der jeweiligen Gartenbesitzerin aus. Besonders bei Rasenflächen gibt es viele unterschiedliche Ansichten darüber, wie diese aussehen und gepflegt werden sollten. Dabei ist immer zu berücksichtigen, dass es nichts Kostspieligeres gibt, als wenn wir im Garten gegen die Natur arbeiten (müssen). Gerade bei einem reinen Zierrasen ist der Aufwand enorm hoch, wenn dieser z. B. in einer regenarmen Region gepflegt werden muss. Was auch immer die Gestaltungswünsche der Gartenbesitzer sind: Es lohnt sich, die natürlichen Begebenheiten zu berücksichtigen und die Freiflächen durch angepasste Samenmischungen zu begrünen. Zudem gilt es natürlich auch zu berücksichtigen, welche Funktion die Freifläche haben soll: Grenzt sie nur Beete und Rabatten voneinander ab oder sollte sie auch als Fläche für das Fußballspiel der Kinder geeignet sein? Wird später mal ein Tisch auf die Fläche gestellt, damit im Garten gegessen werden kann? – Je nachdem sind unterschiedliche Begrünungen sinnvoll.

Schließlich sollte man sich auch Gedanken darüber machen, wie die Umweltbelastung reduziert werden kann, die durch die Anlage und Pflege der Freifläche entsteht. Gerade ein Zierrasen verursacht durch die Pflegearbeiten Lärm, verbraucht Energie, Herbizide, Dünger und viel Wasser. Für spielende Kinder im Garten genügt beispielsweise auch ein pflegearmer Kräuterrasen anstelle eines Sportrasens.

13.1 Rasen

Auf dem Markt werden viele spezifische Samenmischungen für unterschiedliche Rasentypen angeboten; beispielsweise solche für Zierrasen, Sportrasen, Hausrasen, Schattenrasen, Bergrasen und auch Sämereien für bestimmte Klimaregionen. Generell

Bild 1: Immer nur Rasen? Würde stattdessen Wiese angesät, wäre nicht nur die Umweltbelastung geringer, es käme auch etwas mehr Natur in den Siedlungsraum.

kann Rasen in den Monaten Mai bis September ausgesät werden. Die optimale Keimtemperatur ist dann gegeben, wenn die Bodentemperatur ca. 10 °C aufweist. Sollte der Boden zu lehmhaltig sein, empfiehlt es sich, vor der Aussaat oberflächlich etwas Sand einzumischen. Zu nasse Böden sollte man vor der Aussaat etwas abtrocknen lassen. Allerdings eignen sich für eine erfolgreiche Keimung auch heiße Sommerperioden nicht, da eine gleichmäßige Feuchtigkeit gewährleistet sein sollte.

In Trockenzeiten müssen Rasenflächen immer bewässert werden. Sinnvoll ist es, nur einmal wöchentlich am Morgen oder Abend den Rasen gründlich zu bewässern. So wurzeln die Gräser tiefer und werden trockenheitsverträglicher.

Anspruchsvollere **Zierrasen** brauchen eine regelmäßige periodische Düngung während der Vegetationszeit. Sie bestehen meist nur aus wenigen Gräser-Arten. Mitwachsende Kräuter sind hier nicht erwünscht, darum werden sie mechanisch oder chemisch bekämpft. Zierrasen müssen regelmäßig gemäht werden. Die optimale Schnitthöhe ist 3–4 cm. Die Schnitttiefe hängt auch entscheidend von den Grassorten ab. Während heißer Sommerphasen macht es Sinn, die Schnitthöhe auf 5–6 cm zu erhöhen, damit der Rasen nicht vertrocknet.

Spiel- und Gebrauchsrasen, wie man sie in Hausgärten am häufigsten antrifft, sind weniger pflegeintensiv als Zier- und Golfrasen. Der Aufwand hängt aber auch von den Ansprüchen des Gärtners und der Gärtnerin ab. Mit mehr oder weniger Toleranz stören auch einige Beikräuter im Rasen nicht. Spiel- und Gebrauchsrasen braucht weniger Dünger als Zier- und Golfrasen; eine Schnitttiefe auf 5–7 cm reduziert den Wasserbedarf. An Standorten, die besonders heiß sind, lässt man das Gras noch etwas länger wachsen und mäht es etwas weniger oft. Dadurch lassen sich die Umweltbelastungen stark eindämmen.

13.2 Blumen- und Kräuterrasen

Bild 2: Ein Blumenrasen lässt man im Frühjahr blühen und schneidet ihn danach je nach Benutzung mehr oder weniger oft.

Ein Blumen- oder Kräuterrasen ist eine gute Alternative für jene, die ein Mittelding zwischen Zierrasen und Wiese suchen. Ein Kräuterrasen bietet gegenüber dem Zierrasen den Vorteil, dass er seltener gemäht werden muss und ohne Dünger und Herbizide auskommt. Er muss zudem seltener bewässert werden, da sich die Zusammensetzung der Wildkräuter dem Standort anpasst. Diese Kräuter bilden zudem ein größeres Wurzelvolumen, sodass sie auch bei Trockenphasen grün bleiben.

Bild 3: Die Schafgarbe bleibt auch bei längerer Trockenheit und ohne Bewässerung grün.

Hier fördert man vor allem jene Arten, die einen gelegentlichen Rasenschnitt brauchen, damit sie nicht von höher wachsenden Gräsern und Blumen verdrängt werden. Meist sind dies kriechende und ausläuferbildende Kräuter, die sich der Schnitthöhe des Rasenmähers anpassen. Diese Arten wachsen oft auf Weideland, welches durch Tiere abgeweidet wird. Bei einer Neuanlage kann man im Fachhandel entsprechende Samenmischungen kaufen. Gräser und Blumen, die von selbst aufkommen, sind aber immer auch geeignet. Die Artenzusammensetzung wird sich im Verlauf der Jahre immer etwas verändern. Mit den Schnittzeitpunkten über die Vegetationsperiode kann diese allerdings beeinflusst werden. Je nach Standort sollte alle 3–4 Wochen gemäht werden. Wird häufiger gemäht, so werden Arten, die etwas höher wachsen müssen um zu versamen, mit der Zeit verschwinden; mäht man seltener, so bleiben sie bestehen.

Bild 4: Im Frühjahr blühen die Primeln im Naturrasen wunderschön.

Blumen und Kräuter, die durch das Mähen des Rasens gefördert werden:

- Gemeine Schafgarbe *(Achillea millefolium)*
- Kriechender Günsel *(Ajuga reptans)*
- Gemeiner Frauenmantel *(Alchemilla vulgaris)*
- Gänseblümchen *(Bellis perennis)*
- Kleines Habichtskraut *(Hieracium pilosella)*
- Hornklee *(Lotus corniculatus)*
- Hufeisenklee *(Hippocrepis comosa)*
- Spitzwegerich *(Plantago lanceolata)*
- Mittlerer Wegerich *(Plantago media)*
- Schlüsselblume *(Primula veris)*
- Kleine Braunelle *(Prunella vulgaris)*
- Gewöhnlicher Thymian *(Thymus pulegioides)*

13.3 Wiesen

Auch für artenreiche Wiesen sind verschiedene Samenmischungen im Angebot. Da man auf einem humusreichen Boden kaum eine Magerwiese hinkriegt, gibt es auch für fettere Böden spezielle Samenmischungen. Zuerst muss also Klarheit über die Bodeneigenschaften geschaffen werden, bevor entschieden werden kann, welches die jeweils richtige Samenmischung ist.

Bild 5: Bis sich eine stabile, artenreiche Wiese entwickelt, braucht es oft etwas Geduld.

Veränderungen in der Artenzusammensetzung einer Wiese ziehen sich oft über Jahre hin. Auch eine neu angesäte Wiese ist diesen Veränderungen unterworfen. Oft nimmt die anfängliche Vielfalt wieder ab, um nach und nach mit anderen Arten wieder zuzunehmen. Wie sich die Artenzusammensetzung entwickelt, hängt entscheidend von den Bodeneigenschaften ab. Wenn der Boden humos, aber nährstoffarm ist, können auch Magerwiesenblumen wachsen. Wiesensalbei, Gewöhnliches Leimkraut, Witwenblume,

Margeriten und andere Arten wachsen meist aber auch auf etwas nährstoffreicheren Böden gut.

Bild 6: Vermooste und eher nasse Rasenflächen werden in der Regel selten betreten. Wenn man sie nicht zu oft mäht, wachsen auf ihnen mit der Zeit manchmal spontan auch heimische Orchideen-Arten.

Wer Geduld hat, kann auch einen Rasen in eine Wiese umwandeln. Dazu muss der Rasen im Frühjahr zuerst einmal vertikuliert, d.h., die Grasnarbe vertikal aufgeschlitzt werden, sodass offene, lückige Stellen entstehen, die man mit einer Blumenmischung einsät. Welche Arten dieser Aussaat sich dann durchsetzen, hängt vom Bodentyp ab. Wichtig ist, dass man den Rasen/die Wiese nicht mehr düngt und nicht mehr bewässert. Im ersten Jahr mäht man die entstehende Wiese mehrmals, um die hohen Gräser und einjährigen Kräuter zu schwächen und damit die Blumen zu fördern, die etwas später keimen. Später mäht man die Wiese nur noch zweimal; zunächst im Sommer und dann noch einmal im Spätsommer. Im Sommer mäht man dann, wenn die Blumen schon verblüht sind. Das Heu wird anschließend einige Tage liegen gelassen, damit das Schnittgut aussamen kann. Auf jeden Fall muss es danach aber entfernt werden, damit kein Nährstoffeintrag in die Wiese stattfinden kann. Der Spätsommerschnitt erfolgt, wenn die Wiesenblumen ein zweites Mal geblüht haben. Bei milden Herbsttemperaturen muss das Gras, je nach Wachstumsstärke, oft nochmals gemäht werden; man nennt dies den Säuberungsschnitt, er erfolgt in der Regel gegen Anfang November.

Bild 7: Böschungen, die mit dem Rasenmäher schwer zu erreichen sind, eignen sich gut als Standorte für Wiesen.

14 Vorbeugender Pflanzenschutz

Heimische Wildpflanzen sind an ihre Lebensräume so gut angepasst, dass sie weniger anfällig auf Schädlinge und Pflanzenkrankheiten sind als solche, die anderswo ihren Ursprung haben. Das gilt auch für viele Gartenpflanzen und Gehölze; stammen sie aus der Region, sind sie oft robuster und erholen sich meist schneller, als wenn sie von weit weg herkommen, also aus Gegenden, in denen anderen Witterungen herrschen oder auch andere Schädlinge vorherrschend sind.

Was die Schädlinge anbelangt, so gilt es allerdings auf eine wichtige Einschränkung zu achten: Ob ein Schadorganismus überhaupt schädlich ist oder nicht, hängt in erster Linie von der Befallstärke ab. Ein Schadorganismus ist also nicht per se ein Problem; entscheidend ist die Häufigkeit seines Auftretens. Läuse, beispielsweise, sind wichtige Nahrungsquellen für zahlreiche andere Insektenarten. Dass Läuse in ausreichender Anzahl in ihrem Garten vorkommen, sichert daher das Überleben anderer Insekten, unter denen auch viele Nützlinge sind. Entscheidend ist daher, dass sich die verschiedenen Arten gegenseitig in einem Gleichgewicht halten. Oder anders gesagt: Ein Organismus wird erst dann zu einem Schädling, wenn das Gleichgewicht im Garten gestört worden ist.

Besonders anfällig für Schädlinge sind Pflanzen aus anderen Weltgegenden, Monokulturen und Kulturpflanzen wie Obst, Gemüse und Zierblumen. Das liegt u.a. daran, dass importierte Pflanzen schlecht an die lokalen Bedingungen angepasst sind, dass Monokulturen aufgrund der geringen Vielfalt die Ausbreitung einiger weniger – mitunter gefährlicher – Organismen begünstigen, und daran, dass viele Kulturpflanzen aufgrund ihrer langen Züchtungsgeschichte anfällig für Krankheitserreger sind. In solchen Kulturen kann sich ein Gleichgewicht kaum natürlicherweise einstellen, weshalb diese Pflanzen die schützende Hand des Gärtners und der Gärtnerin benötigen.

14.1 Indirekter Pflanzenschutz durch geeignete Kulturmaßnahmen

Der beste Pflanzenschutz sind die vorbeugenden Maßnahmen. Aus den bisherigen Kapiteln sind bereits viele Fakten bekannt, die für den Schutz unserer Gartenpflanzen wichtig sind. Sie werden im Folgenden noch einmal kurz erwähnt.

Standortbedingungen

Nebst den Jahreszeiten spielt auch das Mikroklima vor Ort für die Pflanze eine wichtige Rolle. Soweit wie möglich sollten Pflanzen vor extremen Wettersituationen geschützt werden; so z.B. vor starken Temperaturunterschieden, vor Hitze und Frost, starken Windeinflüssen, Starkregen und Hagelschlag, vor Trockenheit und Nässe.

Lichtverhältnisse

Bei zu wenig Licht und zu viel Wärme wachsen die Pflanzen stark in die Länge und werden anfällig für Fäulnis und Schädlinge. Dies ist besonders in der Anzucht im Jungstadium der Pflanzen zu berücksichtigen. Pflanzen, die mehr Schatten bevorzugen, können bei zu viel Sonne Verbrennungen oder Trockenschäden erleiden. Frisch in den Garten eingebrachte Pflanzen wenn nötig bei viel Sonne anfänglich etwas schattieren.

Luftwechselströmung

Eine gute Sauerstoffzufuhr um die Pflanze ist für deren Wachstum wichtig. Daher sollte man für einen guten Luftaustausch sorgen. Optimale Pflanzabstände und eine periodische Bodenlockerung sind dabei wichtig. Bei zu wenig Luft verlangsamt sich das Wachstum der Pflanzen, bei zu viel Luftzirkulation erhöht sich hingegen die Gefahr der Austrocknung. Besonders ungünstig ist starke Zugluft in Innenräumen und bei offenen Durchgängen im Freien (Düsenwirkung).

Wasserversorgung

Die benötigte Wassermenge hängt neben der Pflanzenart auch vom Standort und den Bodenstrukturen ab. Bei zu wenig Wasser welken die Pflanzen und das Wachstum kommt ins Stocken. Bei zu viel Wasser kommt zu wenig Luft in den Boden, was die Fäulnisgefahr erhöht. Unbedingt zu vermeiden ist in der Regel Staunässe, vor allem auch in Töpfen.

Nährstoffversorgung

Bei der Nährstoffversorgung ist es wichtig, die individuellen Ansprüche jeder Pflanzenart zu kennen. Als Faustregel kann man sich aber merken, dass eine gut dosierte Grunddüngung in den meisten Fällen ausreicht. Bei Pflanzen mit hohem Nährstoffbedarf muss man im Verlaufe des Sommers zuweilen mit einem Flüssigdünger noch nachdüngen.

Das Transportmittel, welches die Nährstoffe des Düngers zu den Pflanzen bringt, ist das Wasser. Daher nie in trockene Erde düngen, das bringt nichts, kann aber zu Wurzelverbrennungen führen.

Wärmehaushalt

Wärme und Kälte haben einen großen Einfluss auf den Wasser-, Licht- und Nährstoffbedarf einer Pflanze. Bei wärmeren Temperaturen steigen der Wasserverbrauch und die Nährstoffaufnahme, bei kühleren Temperaturen sinken sie. Bei zu tiefen Temperaturen verfärben sich die Blätter der Pflanze gerne rötlich oder gelb und es kommt zu Wachstumsstockungen. Sind die Temperatur hingegen zu hoch, wachsen die Pflanzen auch nicht mehr gut; zudem besteht die Gefahr von Verbrennungen am Laubwerk.

Boden

Man kann sich beim Wässern, bei den Lichtverhältnissen und den Nährstoffen alle Mühe der Welt machen – wenn der Boden einer Pflanze nicht zusagt, so wird sie sich trotzdem nicht gut entwickeln. Den Bodenverhältnissen sollte man daher besondere Aufmerksamkeit schenken. Nur ein gut gepflegter Gartenboden, der richtig bearbeitet wird und in dem die Bodenlebewesen mit genügend organischen Materialien gefüttert werden, erlaubt ein ideales Wachstum. Wenn Sie Pflanzen für Ihren Garten kaufen, können Sie meist auf der Packungsbeilage in Erfahrung bringen, welche Bodenverhältnisse die Pflanze mag; diese Angaben sollten Sie unbedingt ernst nehmen.

Mulchen

Frisches und abgestorbenes Pflanzenmaterial dient zur Abdeckung von offenen Gartenböden oder zur Abdeckung von Erde zwischen den angepflanzten Kulturen. Im Sommer verhindert der Mulch die übermäßige Verdunstung von Feuchtigkeit, im Winter hält sie die Pflanze vor Kälte und schlechter Witterung geschützt.

Gründüngung

Auf leeren Kulturflächen kann man anstelle von Mulch auch eine Gründüngung ansäen. Am besten verwendet man dazu eine Saatmischung, die Pflanzenarten enthält, welche unterschiedlich tief wurzeln. So wird der Boden durchgehend durchgelockert. Gründüngung kann man auch reihenweise zwischen andere Kulturen einsäen. In diesem Fall ist zu beachten, dass die Gründüngung nicht zur Konkurrenz der Kulturpflanze wird. Wenn dem so ist, wird die Gründüngung bodennah zurückgeschnitten. Des Weiteren ist darauf zu achten, dass die Gründüngungspflanzen nicht mit der Kulturpflanze verwandt sind, weil dann ein erhöhtes Risiko besteht, dass Schädlinge der Gründüngungspflanzen auch auf die Kulturpflanzen überspringen, was bei Pflanzen, die nicht näher miteinander verwandt sind, seltener geschieht.

Fruchtfolge

Um Schadorganismen in Gemüsekulturen zu vermeiden, ist es wichtig, den Fruchtwechsel zu berücksichtigen: Werden mehrmals hintereinander dieselben Gemüse am selben Ort angebaut, so erhöht sich das Risiko, dass sie von Schadorganismen befallen werden. Hält man sich an den Fruchtwechsel, so lässt sich dieses Risiko verringern.

JAUCHEN UND SPRITZBRÜHEN

Es gibt einige Pflanzen-Jauchen und -Brühen, die sich je nach Rezeptur als Stärkungsmittel, Düngung und Schädlingsabwehr wirkungsvoll einsetzen lassen. Hier ein paar entsprechende Rezepte.

Brennnessel-Jauche
2 kg frisches Kraut in 10 l Wasser einweichen. 2–4 Wochen ziehen lassen.
Anwendung: 1:10 mit Wasser verdünnt über den Boden gießen; 1:50 mit Wasser verdünnt über die Pflanzen sprühen. Am besten am Abend und nicht bei direkter Sonneneinstrahlung anwenden, da sonst die Blätter verbrennen können.
Wirkung: Stickstoffdünger und als Stärkungsmittel zur Aktivierung des Bodenlebens.

Brennnessel-Brühe
1 kg frisches Kraut in 10 l Wasser einweichen. Ca. 24 Stunden ziehen lassen.
Anwendung: Unverdünnt über die Pflanzen gießen. Nicht bei Sonnenschein ausbringen.
Wirkung: Das Nesselgift wirkt gegen Blattläuse und Spinnmilben (z. B. an Rosen).

Beinwell-Jauche
1 kg frisches Kraut in 10 l Wasser einweichen und ca. 2–4 Wochen ziehen lassen.

Anwendung: 1:10 mit Wasser verdünnt auf den Boden gießen.
Wirkung: Als Pflanzenstärkung. Beinwell enthält nebst Stickstoff auch viel Kalium, das besonders bei Gemüse für ein gesundes Wachstum sorgt.

Nach ähnlichen Rezepturen anwendbar sind auch:

- Wermut-Jauche gegen Läuse, Ameisen und Raupen
- Wurmfarn-Jauche gegen Läuse
- Acker-Schachtelhalm-Jauche als Pflanzenstärkung und vorbeugend gegen Pilzkrankheiten
- Zwiebel-Brühe zur Abwehr der Möhrenfliege
- Schwarzer-Holunder-Brühe gegen Wühlmäuse
- Rhabarber-Brühe gegen Blattläuse und Lauchmotten
- Rainfarn-Brühe gegen Milben, Mehltau und allgemein gegen Pilzkrankheiten

Jauchen ansetzen: Nach dem Anrühren des Krautes wird der Behälter mit einem luftdurchlässigen Tuch oder ähnlichem Material abgedeckt. Der Behälter steht dann am besten 2–4 Wochen an einem sonnigen Standort. Die Jauche wird täglich umgerührt, bis die Gärung abgeschlossen ist. Danach wird die Jauche durch ein Sieb abgegossen, um die restlichen Pflanzenteile von der Jauche zu trennen.
Brühen ansetzen: Die zerkleinerten Pflanzenteile werden in kaltes Wasser eingerührt und ca. 24 Stunden stehen gelassen. Nach Möglichkeit sollte die Brühe danach sofort verbraucht werden.

14.2 Biodiversität: Vielfalt von Pflanzen und Tieren ist der Schlüssel für einen gesunden Garten

Wie zu Beginn dieses Kapitels schon erwähnt, können Schädlinge nur dann gefährlich werden, wenn sich diese stärker vermehren als die Nützlinge und damit das natürliche Gleichgewicht gestört wird. Ein Gleichgewicht ist stabiler resp. pendelt sich schneller wieder ein, wenn die Vielfalt an Pflanzen in einem Garten groß ist – es ist dann Nahrung sowohl für die Schädlinge als auch für die gegenwirkenden Nützlinge vorhanden. In naturnahen Gärten mit vielen Pflanzenarten werden wir dieses Ziel schneller erreichen als in monotonen Gärten, in denen ein übertriebener Ordnungssinn vorherrscht.

Im Garten lassen sich viele Strukturen schaffen, um die Tiervielfalt zu fördern. Allerdings sind Tiere im Garten nicht per se immer nur etwas Gutes. Vögel beispielsweise können mitunter zu bestimmten Jahreszeiten in so großer Zahl über einen Garten «herfallen» und dann so viele Früchte oder Beeren verzeren, dass andere Gartenbewohner (und die Menschen!) zu kurz kommen. Im Allgemeinen überwiegt aber der Nutzen, da die Vielfalt an Lebewesen sich im Garten ausgleichend auswirkt.

Bild 1: Naturnahe Staudenflächen bieten vielen Tieren ein Nahrungsangebot.

Bild 2: Wenig Pflanzenarten und steril gepflegte Flächen sind für Schadorganismen besonders anfällig.

Bild 3: Nicht nur Bienen, sondern auch Fliegen, Käfer und Hautflügler brauchen Blütennektar und helfen bei der Blütenbestäubung mit.

Nist- und Wohnstrukturen für die Tierwelt

Damit sich verschiedene Tierarten in Ihrem Garten wohlfühlen, brauchen sie nicht nur Futter, sondern auch Unterschlupfmöglichkeiten.

Bild 4: Nistkästen sind für Höhlenbrüter wie z.B. Meisenarten wertvoll.

Bild 5: Selbst gebaute Insektenhotels aus Holz sollten nach der Sonne ausgerichtet stehen und vor Regen geschützt sein.

Wildbienen-Hotels sind auch für uns eine Bereicherung im Garten. In Mitteleuropa leben einige Hundert Wildbienenarten, wobei allerdings nur wenige von den Wildbienen-Hotels profitieren; die meisten bevorzugen andere Lebensräume, wie z.B. Lücken in Ruderalflächen und Wegrändern, Naturwege oder sandige trockene Flächen. Daher sind auch solche in unseren Gärten wertvolle Lebensräume.

Bild 6: Rotkehlchen fördern wir, wenn wir im Garten Laubstreu unter Gehölzen liegen lassen.

Bild 7: Laub- und Asthaufen bieten Wohnraum für Kleinvögel, Erdkröten, Spitzmäuse, Eidechsen, Igel und Laufkäfer, die für ein besonders effektives Gleichgewicht im Garten sorgen.

Bild 8: Die Gestaltung von Trockenmauern und sandigen, erdigen sowie kiesigen Flächen schaffen eine vielfältige Struktur für Reptilien, Spinnen und Insekten, die in den Hohlräumen leben.

Bild 9: Im Winter bieten auch Samenstände Kleintieren einen Überwinterungsraum.

Nahrungsangebot für Nützlinge

Blattläuse für: Marienkäfer, Schwebefliege, Florfliege, Ohrwürmer und Raubwanzen.

Raupen, Käfer und andere Insekten für: Kohl- und Blaumeise, Hausrotschwanz, Amsel, Krähen, Spinnen, Schlupfwespen, Erdkröte, Eidechsen, Gartenbaumläufer, Spitzmäuse, Igel, Blindschleichen und Fledermäuse.

Schnecken für: Igel, Erdkröten, Laufkäfer (Eier), Zauneidechse und verschiedene Vogelarten.

Engerlinge und Drahtwürmer für: Spitzmäuse, Maulwurf, Erdkröte und Igel.

Mäuse und Ratten für: Wiesel, Marder, Fuchs und Hauskatzen.

Bild 10: Die Larven der Marienkäfer mögen Blattläuse besonders gerne.

Bild 11: An einigen Pflanzen richten im Frühjahr die Blattläuse keinen großen Schaden an, bieten aber Nahrung für andere Arten, die Nützlinge sind.

14.3 Schädlinge: Was hemmt und was fördert sie?

Da es viele Schädlinge gibt, fassen wir im Folgenden die wichtigsten davon in Gruppen zusammen. Wir gehen nur am Rande auf einzelne Pflanzen und ihre Schädlinge ein.

Läuse

Läuse werden vor allem im Frühjahr bei zunehmender Wärme aktiv. In dieser Zeit wachsen auch die Pflanzen schneller; ihre Triebe sind dann noch weich und für die saugenden Läuse besonders anziehend. Im Sommer, wenn die Triebe nicht mehr so stark wachsen, lässt meistens auch der Lausbefall nach. Läuse lieben Pflanzen an trockenen Standorten. Es gibt viele verschiedene Lausarten, die man allerdings alle auf dieselbe Art und Weise bekämpfen kann.

Vorbeugen und behandeln: Viele Pflanzen ertragen einen Befall schadlos. Ein gutes Mittel gegen die Läuse ist ein dosierter Wasserstrahl über das Laubwerk. Ein Teil der Läuse wird so auf den Boden gewaschen. Durch mehrmaliges Abspritzen vermehren sich die Läuse nicht mehr so stark, da ihnen das feuchte Klima nicht zusagt. Am besten spritzt man die Pflanzen abends nach warmen Tagen mit kaltem Wasser ab; dieses Prozedere wiederholt man während einiger Tage.

Zur Direktbehandlung bei Zierpflanzen eignen sich auch Schmierseifenwasser und käufliche Pflanzenseifen.

Woll- und Schildläuse trifft man auch bei holzigen Kübelpflanzen an. Im trockenen Überwinterungsraum sollte man die Pflanzen vorbeugend regelmäßig befeuchten. Bei starkem Befall verwendet man natürliche, ölhaltige Präparate. Damit ersticken die jungen Läuse in den Eiern, da sie dort keinen Sauerstoff mehr erhalten.

Thripse

Thripse sind kleine fliegende Insekten, die an Blättern saugen. Gelblich bis silbrige Blattflecken weisen auf ihre Präsenz hin. Auch kleine schwarze Kotstellen auf den Blattunterseiten sind ein Zeichen für Thripse.

Vorbeugen und behandeln: Für eine gute Luftzirkulation sorgen. Pflanzen in Töpfen nicht zu eng stellen, frühzeitig auseinanderrücken. Möglichst frühzeitige Aussaat widerstandsfähiger Sorten wählen. Pflanzen nicht zu trocken halten. Zur Direktbehandlung wird oft Neem Azal verwendet.

Weiße Fliegen

Diese sehen aus wie kleine Schmetterlinge und werden ca. 2 mm groß. Oft sind sie eher lästig als schädlich und saugen an den Blättern von Zier- und Nutzpflanzen, z. B. an Fuchsien und Kohlgewächsen. Bei sehr starkem Befall kann sich durch die Ausscheidungen der Larven ein Rußtau-Pilz ansiedeln, der die Spaltöffnungen an den Blättern verklebt und dazu führt, dass die Pflanze bei der Assimilation (Gasaustausch, Atmung) beträchtlich behindert wird.

Vorbeugen und behandeln: Für eine gute Luftumwälzung sorgen. Bei starkem Befall öfters mit Pflanzenseife oder Neem Azal bespritzen. Eine Behandlung am frühen Morgen ist zu empfehlen, da die Fliegen um diese Zeit noch flugunfähig sind.

Käfer, Raupen und Engerlinge

Käfer und Raupen können je nach Art erhebliche Schäden verursachen. Eine Vielzahl der Käfer ist dagegen aber auch sehr nützlich, so z. B. die Laufkäfer. Rüsselkäfer wie Apfelblütenstecher, Erbsenkäfer, Erdbeer- und Himbeerblütenstecher, Himbeerkäfer, Haselnussbohrer und natürlich der Kartoffelkäfer schädigen hingegen Blüten, Blätter und Früchte der Kulturpflanzen stark. Große Schäden verursachen auch Engerlinge und Erdraupen im Boden, die man zudem oft zu spät entdeckt. Durch den durch sie verursachten Wurzelfraß welken die Pflanzen und sterben ab.

Vorbeugen und behandeln: Eine gesunde Bodenstruktur erhöht die Kraft der Kulturpflanzen. Pflanzen mit Algenkalk und Gesteinsmehl bestäuben und trockene Lagen vermeiden. Gefährdete Kulturen mit stark duftenden Kräutertees regelmäßig überbrausen oder abspritzen. Viele Käfer können von den Pflanzen abgeschüttelt oder von Hand abgelesen werden. Befallene Blüten und Früchte vorzeitig abernten und vernichten.

Bei Erdraupen und Drahtwürmern sollte man eine gründliche Bodenbearbeitung durchführen und die Raupen entfernen. Sauren Boden aufkalken und im Herbst gut verrotteten Stallmist bei Gemüsebeeten einarbeiten. Auch das Umgraben der Erde kann sinnvoll sein, da damit Erdraupen empfindlich gestört werden und man sie leicht einsammeln kann.

Fallbeispiel Dickmaulrüssler: Der Gefurchte Dickmaulrüssler ist ein nachtaktiver Käfer. Er frisst an Blättern von vielen Zierpflanzen und hinterlässt halbkreisförmige, eingebuchtete Einkerbungen. Besonders beliebt sind hartlaubige Pflanzen wie Rhododendron, Kirschlorbeer, Stechpalme, Buchs, Rosen, aber auch Beerenobst und Stauden.

Die unschönen Fraßspuren verraten uns sein Vorkommen, aber die Hauptschädigung geht von den Larven aus, die Wurzeln fressen und die Pflanzen zum Absterben bringen. Bei einem Befall müssen die Käfer bei Dunkelheit regelmäßig aufgesammelt werden. Strohgefüllte Tontöpfe können als Fallen zwischen den Pflanzen aufgestellt werden. Die Käfer fliegen nicht, aber man sollte sie nie auf dem Kompost entsorgen. Zur Bekämpfung der Larven setzt man erfolgreich Nematoden (Fadenwürmer) ein, die im Handel in einem Tonmineralpulver angeboten werden. Im Frühjahr und Herbst gießt man das Pulver in Wasser und bringt es in den Boden rund um die Pflanze ein. Damit die Nematoden richtig aktiv werden, muss die Bodentemperatur über 10 °C liegen. Zudem sollte das Erdreich feucht sein. Insektizide sind nicht ratsam, da sie nicht so wirkungsvoll sind und auch Nützlinge töten.

Schmetterlinge/Nachtfalter

Trotz des großen Artenreichtums sind nur wenige von ihnen eine Gefahr in unseren Gärten. Die Falter selbst verursachen keine Schäden. Durch ihre Eiablage an Pflanzen entwickeln sich jedoch Raupen, die Fraßschäden an Gemüse und Obst verursachen. Bei geringer Anzahl müssen sie nicht bekämpft werden, da sie zum natürlichen Kreislauf in der Natur gehören. Am meisten Schäden verursachen bei starker Population Apfelwickler, Frostspanner, Erbsenwickler, Himbeerglasflügler, Kohlweißling, Obst-Gespinstmotten, Lauch- und Zwiebelmotte, Maiszünsler und Pflaumenwickler. Die meisten Falter bevorzugen trockene Wetterlagen, um Wirtspflanzen aufzusuchen.

Vorbeugen und behandeln: Es gelten dieselben vorbeugenden Maßnahmen wie bei den Käfern. Zufliegende Insekten kann man mit Insektenschutznetzen gut abwehren. Es ist wichtig zu verhindern, dass sich die Raupen im Boden verpuppen und dann im Folgejahr schlüpfen können. Auch hierzu ist bei Gemüse ein alljährlicher Fruchtwechsel nützlich.

FALLBEISPIEL KLEINER KOHLWEISSLING: Der Kleine Kohlweißling ist im Raupenstadium ein gefräßiger Geselle. Dieser schöne weiße Tagfalter legt seine Eier bevorzugt auf Kohlgewächsen ab. Er frisst oft richtige Löcher in die Kohlköpfe hinein. Er fliegt ab April und bringt zwei bis drei Generationen pro Jahr hervor. Die Überwinterung erfolgt im Puppenstadium in geschützten Nischen. Schlupfwespen und Vögel sind natürliche Feinde der Raupen. Bei Befall Raupen einsammeln. Vorbeugend Pflanzenbrühen aus Wermut und Rainfarn spritzen, jedoch keine Brennnessel-Jauchen verwenden, da deren Geruchsstoffe diesen Schmetterling anzieht. Insektenschutznetze sind auch hier sehr nützlich.

Fliegen und Mücken

Es gibt zahlreiche Fliegen- und Mückenarten, die als Schädlinge an Obst- und Gemüsekulturen auftreten. Meistens sind diese kleinen Insekten auf bestimmte Pflanzenarten spezialisiert, wie z. B. Birnengallmücke, Himbeergallmücke, Bohnenfliege, Kohlfliege, Möhrenfliege, Spargelfliege, Rübenfliege usw.

Vorbeugen und behandeln: Die meisten von ihnen legen ihre Eier an Pflanzenteilen oder in den Boden ab. Schlüpfende Larven reagieren auf Trockenheit empfindlich.

FALLBEISPIEL BOHNENFLIEGE: Trotz ihres Namens befällt sie nicht nur Bohnen, sondern auch Gurken, Erbsen und andere Gemüse. Bekämpfung: Aussaaten nur in abgetrockneten und warmen Boden ausführen. Keinen frischen Mist verwenden, sondern gereiften Kompost und Pflanzenjauchen einsetzen. In Trockenzeiten durch Bewässern die Keimung von Aussaaten beschleunigen. In den ersten Monaten vorbeugend Insektenschutznetze anbringen.

FALLBEISPIEL KIRSCHFRUCHTFLIEGE: Sie bevorzugt Süßkirschen, die sie bei wärmeren Temperaturen befällt. Die besten vorbeugenden Maßnahmen sind frühe Kirschsorten anzupflanzen und den Boden zu mulchen. Drei Wochen nach der Blüte sollten zudem die Bäume wiederholt mit Wermut-Tee bespritzt werden, dies verhindert die Eiablage. Wenn möglich befallene Früchte vorzeitig entfernen. Reduzieren lässt sich die Anzahl Fliegen auch durch gelbe Leimfallen, die man in die Äste hängt.

FALLBEISPIEL KIRSCHESSIGFLIEGE: Dieser neu eingeschleppte Schädling hat nur wenige natürliche Feinde und befällt nebst Kirschen auch Trauben und andere weichschalige Früchte. Vorbeugend lassen sich Schutznetze mit einer Maschenweite von maximal 1,2 mm verwenden. Die Kirschessigfliege legt ihre Eier an schattigen Standorten ab. Durch Auslichten der Sträucher oder Reben kommt mehr Sonne an die Pflanzen, was die Anzahl Eiablagen reduzieren kann. Günstige Wettereinflüsse gegen den Schädling sind dann gegeben, wenn im Sommer die Temperaturen einige Zeit über 30 °C steigen und es im Winter längere Zeit wenigstens –15 °C kalt ist.

Ameisen

Ameisen sind nützliche Tiere und sollten nur an unerwünschten Orten bekämpft werden. Im Garten bauen sie im Boden Nester, die an gewissen Stellen nicht erwünscht sind. Ameisen treten dann vermehrt auf, wenn die Vegetationszeit früher beginnt und es wärmer wird. Nur wenige Arten bereiten im Garten Probleme. Eine unerwünschte Eigenschaft der Ameisen ist es allerdings, dass sie den Honigtau von Läusen sehr schätzen und sogar die Larven der Läuse auf die weichen Triebspitzen von Kulturpflanzen transportieren, um sie dort weiter zu pflegen.

Vorbeugen und behandeln: Damit Ameisen keine Läuse auf Obstbäumen ansiedeln, haben sich Leimringe an Baumstämmen bewährt; sie versperren den Ameisen den Weg. In Gartenbeeten kann man Ameisennester auch umsiedeln. Dazu setzt man Blumentöpfe, die mit Stroh gefüllt werden, kopfüber auf die Ameisenstraße. Die Ameisen siedeln dann um und bauen ihr Nest in den Topf hinein. Nach einiger Zeit, wenn die Tiere umgesiedelt sind, heben Sie den Blumentopf mit einer Schaufel an und siedeln das Ameisenvolk mindestens 30 Meter vom alten Standort entfernt an einem neuen Ort an. Wenn man bestehende Ameisenstraßen und Nester ständig stört und zusätzlich mit Lavendelblüten, Zimt oder Zitronenschalen belegt, lassen sie sich auch vertreiben. Beim Bau von Plattenwegen sollte man keinen Sand verwenden, sondern Splitt, den die Ameisen nicht wegtransportieren können.

Wespen, Hornissen, Bienen

Wespen, Hornissen und zahlreiche Bienenarten schätzen unsere Gärten. Während Bienen kaum je stören, können Wespen ein Problem darstellen.

Vorbeugen und behandeln: Natürliche Feinde von Wespen sind Igel, Spitzmäuse und der Dachs. Diese bevorzugen die nahrhaften Larven der Wespen. Aber auch bei zahlreichen Vogelarten stehen Wespen auf dem Speiseplan (Meisen, Amseln, Neuntöter, Bienenfresser und Spechte gehören dazu).

Wespen sollte man nur an Orten bekämpfen, wo sie lästig werden. Es gibt zahlreiche ätherischen Öle, die mehr oder weniger gut gegen Wespen helfen, beispielsweise Öle aus Lavendel, Basilikum, Nelken und Zitronengras. Angewendet werden sie durch Versprühen oder in Duftlampen. Um Früchte zu schützen, eignen sich Kulturschutznetze oder Netzbeutel. Für die direkte Bekämpfung werden etliche chemische Mittel angeboten. Am besten bekämpft man sie nachts, wenn die Tiere nicht fliegen. An geeigneten Orten kann man sie auch mit einem kalten Wasserstrahl vertreiben.

Spinnmilben

Spinnmilben befallen viele Zier- und Nutzpflanzen. Die kleinen Milben sind von bloßem Auge kaum sichtbar, verursachen aber an Blättern gelblich-weiße Flecken. Bei starkem Befall sieht man kleine Spinnweben an den Unterseiten der Blätter.

Vorbeugen und behandeln: Spinnmilben lieben trockene Luft. Daher die Pflanzen häufig abbrausen und in Innenräumen für feuchtere Luft sorgen. Bei starkem Befall regelmäßig mit Pflanzenseife bespritzen, sodass das Klima für die Schädlinge nicht mehr attraktiv ist. Im Biogarten verwendet man das natürliche Insektizid Neem Azal. Bei seiner Verwendung ist aber zu bedenken, dass auch Nützlinge Schaden davon nehmen können.

Pocken- und Gallmilben

Milben sind auf bestimmte Pflanzen spezialisiert; welche das jeweils sind, erkennt man oft an deren Namen: Birnenpockenmilbe, Johannisbeergallmilbe, Haselnussgallmilbe, Rebenpockenmilbe usw. Sie sind so klein, dass sie sogar durch den Wind verbreitet werden. Sie saugen an Blättern und Knospen.

Vorbeugen und behandeln: Widerstandsfähige Sorten wählen und Pflanzen mit gut verrottetem Kompost düngen. Den Boden gleichmäßig feucht halten. Kranke Knospen im Winter entfernen.

Bild 12: Pockenmilben an Traubenblättern schaden nicht groß, solange die Blätter ihre grüne Farbe behalten. Die Früchte werden nicht befallen.

Bild 13: Für Trauben, Holunder, Süße Ebereschen und andere Doldenfrüchte eignen sich Vowe-Netz Beutel». Diese Fruchtschutzbeutel sind so engmaschig, dass selbst kleine Insekten wie die Kirschessigfliege nicht zu den Früchten gelangen. Die Vowe-Netzbeutel sind in verschiedenen Größen erhältlich.

Bakterien

Bakterien sind im Kreislauf der Natur von allergrößter Bedeutung. Nebst den «guten» Bakterien gibt es auch schädliche Arten, die oft schwierig zu bekämpfen sind. So gibt es verschiedene Fäulnisbakterien, die alle Pflanzenteile befallen können. Befall wird sichtbar durch Blattflecken, welkende Blätter und Triebspitzen, die in der Folge absterben, oder durch Wucherungen im Wurzelbereich. Der Schaden ist bei Obstgehölzen am schlimmsten, da Gehölze langlebige Gewächse sind.

Vorbeugen und behandeln: Geeignete Sorten sowie gesundes Saatgut und Pflanzenmaterial verwenden. Nasse, schwere Böden vermeiden, da Wurzelbakterien diese besonders gerne mögen. Für eine gute Humus- und Wasserversorgung sorgen und darauf achten, dass nicht zu viel Stickstoff durch Dünger in den Boden gelangt.

Fallbeispiel Feuerbrand: Der Feuerbrand ist die gefährlichste Bakterienkrankheit an Kernobst (Birnen-, Apfel- und Quittenbäume). Befallen werden auch viele heimische und exotische Sträucher aus der Rosenfamilie (z.B. Weißdorn, Feuerdorn, Cotoneaster, Ebereschen und Vogelbeeren etc.) Steinobst wie Zwetschgen, Kirschen und Pflaumen werden nicht befallen. Schwarzbraun verfärbte Blätter und absterbende Triebspitzen können auf Feuerbrand hinweisen. Das Bakterium nutzt als Eintrittsstelle meist die Blüten; sie erreichen diese oft mithilfe von Bienen, die die Blüten anfliegen. Die Krankheit kann aber auch über Wind und Regen übertragen werden. Junge Bäume sterben nach einem Befall schnell; bei älteren Bäumen kann es bis zum Absterben Jahre dauern. Die wichtigste vorbeugende Maßnahme ist es, widerstandsfähige Kernobstsorten zu pflanzen. Des Weiteren sollte man die Pflanzen vor allem ab der Blütezeit regelmäßig kontrollieren und, falls ein Befall entdeckt wird, diesen sofort entfernen. Zu diesem Zweck müssen befallene Triebe bis tief ins gesunde Holz zurückgeschnitten werden. Stärker befallene Gehölze sollten gerodet und befallenes Material verbrannt werden. Die Schnittwerkzeuge sind anschließend in hochprozentigem Alkohol zu desinfizieren (mindestens 70 %). Die Krankheit ist meldepflichtig.

Viren

Viren sind wie Bakterien meist nur schwer zu bekämpfen; ihre Spuren auf den Pflanzen ähneln oft auch Mangelerscheinungen. Um gewisse virale Krankheiten sicher zu identifizieren, braucht es eine Laboruntersuchung. Oft werden diese Krankheiten auch durch Blattläuse und andere stechende Insekten übertragen, die für die Viren als Vektoren dienen. Manchmal geraten sie aber auch durch das Saatgut in den Garten. Viren können bei vielen Kulturpflanzen auftreten. Sie lassen sich nicht durch Pflanzenschutzmittel bekämpfen, und da sie sich in der ganzen Pflanze verteilen, hilft auch das Abschneiden befallener Pflanzenteile wenig.

Vorbeugen und behandeln: Eine Vorbeugung ist schwierig. Gesunde Wachstumsverhältnisse verhindern oft das Ausbrechen der Krankheit, auch wenn das Virus in der Pflanze vorhanden ist.

Fallbeispiel Mosaikvirus: Nebst einigen Gemüsen werden auch Obstgehölze und Weinreben durch verschiedene Mosaikviren-Arten befallen. Sichtbare mosaikartige gelbe helle Flecken deuten auf diese Krankheit hin. Da saugende Blattläuse, Thripse, Weiße Fliegen etc. zu den häufigsten Virusüberträgern zählen, sollte man vor allem diese Insekten bekämpfen. Befallene Pflanzen am besten sofort entfernen. Ansonsten gelten die gleichen Maßnahmen wie bei den Bakterien.

Schnecken

Gehäuseschnecken verursachen in einem gesunden Garten wenig Schäden, schädlich sind vor allem die verschiedenen nachtaktiven Schnecken, die auch eine Vorliebe für junge Gemüse und Blumensetzlinge haben. An den Schleimspuren erkennt man am Tag, wo in der Nacht zuvor die Schnecken durchgekrochen sind. Schnecken hinterlassen auch Lockstoffe, die weitere Schnecken anlocken.

Vorbeugen und behandeln: Bei Blumen jene Sorten wählen, die kaum von Schnecken angefressen werden. Bei trockener Witterung den Boden lockern, damit vorhandene Schneckeneier vertrocknen. Mit Holzbrettern, Rindenstücken, Dachziegeln und ähnlichen Verstecken, die man im Garten auslegt, sammelt man tagsüber die nachtaktiven Tiere darunter ein. Auf kleinen Flächen lassen sich am Rande auch Eierschalen oder Bierfallen einsetzen. Schneckenzäune sind ebenfalls sehr effizient. Auf Schneckenkörner und andere Gifte sollte man hingegen verzichten. Im äußersten Notfall verwendet man biologische Schneckenkörner oder Schneckennematoden.

Besonders wichtig ist es zudem, dass man gekaufte oder selbst vorgezogene Setzlinge an einem sicheren Ort im Freien einige Tage abhärten lässt. So erstarken die Pflanzen und sind weniger weich, was sie für Schnecken weniger attraktiv macht. Zudem sollte man beim Setzen der Jungpflanzen darauf achten, dass man keine Blätter knickt. Jedes geknickte Blatt wird abgebaut, und die dabei entstehenden Düfte locken Schnecken an. Darum verletzte Blätter immer entfernen. Schließlich sollte man möglichst immer am Morgen gießen; so ist sichergestellt, dass der Boden gegen die Nacht hin relativ trocken ist, wodurch die nachtaktiven Schnecken weniger durch die Feuchtigkeit angezogen werden.

Vögel

Viele Gartenvögel lieben unsere Gartenfrüchte. Wenn viel Obst verfügbar ist, sollten wir unsere Ernte mit ihnen teilen; Schutzmaßnahmen sind vor allem dann sinnvoll, wenn die Ernte aufgrund der Konkurrenz durch Vögel sehr mager auszufallen droht.

Vorbeugen: Am effizientesten sind Vogelschutznetze. Bei großen Bäumen, bei denen Schutznetze nicht angebracht werden können, kann man knisternde Metallstreifen aus Aluminium in die Äste hängen; allerdings erst kurz vor der Fruchtreife, damit sich die Vögel nicht daran gewöhnen.

Mäuse

Wenn Mäuse einmal das Nahrungsangebot im Garten entdeckt haben, kann es zu großen Schäden kommen. Auf Wühlmäuse, Waldmäuse und Rötelmäuse müssen wir besonders achtgeben. Sie fressen Wurzeln von Stauden, Knollen, Gemüsen und Obstgehölzen, und auch Rinde gehört zu ihrer Nahrung. Sie bevorzugen feuchte Böden und milde Winter. Unter einer schützenden Schneedecke können Mäuse erhebliche Schäden verursachen, die man dann erst im Frühjahr entdeckt. Maulwürfe und Spitzmäuse sollte man hingegen schonen, da sie tierische Nahrung aufnehmen und im Garten daher Nützlinge sind.

Vorbeugen und behandeln: Auf Giftköder und Vergasungsmethoden sollte man verzichten, da sie auch Nützlingen Schaden zufügen können. Natürliche Feinde gegen Mäuse sind Marder, Wiesel, Fuchs und Greifvögel. Sie sind sehr effizient und können durch Nisthilfen und Verstecke gefördert werden. Auch Hauskatzen sind fleißige Mäusejäger, doch ist ihre Bestandsdichte vielerorts so hoch, dass sie für Vögel ein Problem darstellen. Beim Auspflanzen von Obstbäumen lassen sich auch Maschendrahtgitter verwenden, die man um die Wurzelballen montiert und die von Mäusen nicht überwunden werden können. Bei Tulpenzwiebeln kann man Thujazweige mit eingraben, um sie zu vertreiben. Auch Holunder- und Knoblauchdüfte lieben Mäuse nicht.

Wildverbiss

In ländlichen Regionen werden Gemüsepflanzungen und Obstgehölze oft von Hasen, Wildkaninchen, Rehen und Hirschen aufgesucht. Junge Triebe im

Frühjahr und Knospen im Winter fallen ihnen dann gern zum Opfer. Auch das Schälen der Rinde beschädigt Gehölze; es wird oft von Hasen verursacht.
Vorbeugen: Hohe Zäune sind natürlich der beste Schutz. Allerdings muss z.B. für den Hirsch ein Zaun über 2 m hoch sein, damit er nicht überwunden werden kann. Gegen das Rindenschälen kann man einen Stammschutz anbringen; Jutebänder und Strohmatten sind hierfür geeignet. Für den Winter- und Sommerverbiss sind auch natürliche Vergällungsmittel im Handel, die das Wild davon abhalten, sich an der Rinde gütlich zu tun (vgl. die folgenden Bildlegenden).

Bild 16: Kleine neu gepflanzte Sträucher mit dornigem Schnittgut einzupacken, schützt diese vor verschiedenen Wildtieren.

Bild 14: Bei jungen Obstbäumen ungewaschene Schafwolle an den Terminaltrieben anbringen, schützt die Knospen vor Wildverbiss.

Bild 15: Anstelle von Zäunen können durch aststarke Hecken größere Tiere abgehalten werden.

14.4 Pilzkrankheiten vorbeugen und behandeln

Da Pilze keine Samen, sondern winzige Sporen zur Vermehrung bilden, werden diese durch den Wind über weite Strecken verbreitet. Nasskalte Perioden im Frühling mit anschließendem Temperaturanstieg fördern Pilze besonders stark. Da wir das Wettergeschehen nicht beeinflussen können, sind die vorbeugenden Maßnahmen hier von besonderer Bedeutung. Oft werden dazu Fungizide eingesetzt, die wir im Hausgarten aber nicht empfehlen, da sich Stoffe wie z.B. Kupfer im Boden anreichern und kaum abgebaut werden. Netzschwefelmittel, die periodisch eingesetzt werden, sind dagegen recht umweltverträglich. Noch besser sind verschiedene Hausmittel, die man selbst herstellen kann.

HAUSMITTEL

Backpulver (Natron) gegen Echten Mehltau und Rostpilze: Backpulver hat einen hohen pH-Wert und schafft eine alkalische Umgebung, die den Pilzbefall verhindert. Dazu pro Liter Wasser 2 Teelöffel Backpulver zugeben, mischen, und die Lösung alle 10 Tage auf die Pflanzen sprühen.

Magermilch oder Molke gegen Braun- und Krautfäule: Einen Teil Magermilch und drei Teile Wasser mischen resp. einen Teil Molke mit einem Teil Wasser mischen. Die Mischung alle 10 Tage über die Pflanzen sprühen; bei trockener Witterung nur alle 2 bis 3 Wochen anwenden.

Im Fachhandel werden heute auch viele biologische Mittel angeboten. Wichtig ist es, die Behandlungen periodisch zu wiederholen, damit die Wirkung aufrechterhalten bleibt.

Befallene Pflanzenteile kann man nicht heilen, aber mit geeigneten Mitteln kann man den Befall stoppen und so die weitere Verbreitung verhindern. Von Pilzen befallenes Pflanzenmaterial gehört nicht auf den Kompost, sondern sollte verbrannt werden.

Bild 17: Die dunklen Flecken des Ahorn-Runzelschorfs sind harmlos und schädigen den Baum nicht.

Welche Pilzerkrankungen werden durch welche Einflüsse gefördert resp. gehemmt?

Echter Mehltau

Es gibt viele verschiedene Mehltau-Arten, die jeweils ganz bestimmte Pflanzenarten bevorzugen. Auf Blättern und Jungtrieben bilden sich bei Befall stets weißlich-graue Beläge. Bei starkem Befall verfärbt sich das Pflanzengewebe braun und stirbt später ab. Die Pilzgeflechte überwintern als Fruchtkörper an Knospen und abgestorbenen Blättern und befallen im folgenden Frühjahr die Neuaustriebe meist sehr schnell wieder. Im Gegensatz zu den meisten Pilzen ist der Echte Mehltau ein Schönwetterpilz, weil Regen bei ihm die Sporenbildung hemmt. Er mag daher mäßig warmes und trockenes Wetter.

Vorbeugen und behandeln: Zur vorbeugenden Behandlung gibt es natürliche Mittel, die man selbst herstellen kann. Wirksame Mittel sind Rezepturen aus Backpulver und Rapsöl, welche man mit Wasser vermischt. Auch aus Algenkalk, Rohmilch und Molke können Rezepturen gemischt werden. Befallene Pflanzenteile entfernen. Die Bekämpfung macht eigentlich nur bei Nutzpflanzen, Rosen und einigen wenigen Zierpflanzen Sinn.

Falscher Mehltau

Im Unterschied zum Echten Mehltau bildet sich der Falsche Mehltau auf der Unterseite des Blattwerks. Der Pilz dringt ins Blattinnere ein, wodurch anschließend gelbliche Flecken auf der Blattoberseite sichtbar werden. Diese werden zunehmend größer, die Blätter beginnen zu welken, werden braun oder fallen ab. Die Pilzsporen überwintern auf dem Falllaub und im Boden. Der Falsche Mehltau gilt als Regenwetterpilz. Bei häufigen und längeren Niederschlägen schädigen unterschiedliche Arten des Falschen Mehltau verschiedene Kulturpflanzen. In extrem feuchten Jahren sind besonders Weintrauben betroffen. Auch Rosen, Kohlgewächse, Rettich u. a. können befallen werden.

Vorbeugen und behandeln: Die verschiedenen Arten des Falschen Mehltaus lassen sich leider nicht mit den Hausmitteln bekämpfen, die beim Echten Mehltau wirken. Hilfreich ist es allerdings, gefährdete Kulturen am Morgen zu bewässern und dabei darauf zu achten, das Laub so wenig wie möglich zu benetzen. Einseitige Stickstoffdünger machen die Pflanzen anfälliger. Knoblauchbrühen und Pflanzenstärkungsmittel auf Algenbasis können vorbeugend eingesetzt werden. Befallene einjährige Pflanzen sollten schnellstmöglich aus dem Garten entfernt werden, um nicht andere anzustecken.

Rostpilze

Diese Pilze befallen vorwiegend das Blattwerk der Pflanzen. Die verschiedenen Arten sind meist auf bestimmte Pflanzenarten spezialisiert. An den auffällig gefärbten Blättern treten dann Pusteln in Gelb- und Rottönen auf. Auf den Blattunterseiten sieht man zudem die deutlich hervortretenden Sporenlager. Die Blätter sterben bei starkem Befall im Verlaufe des Sommers ab. Rostpilze sieht man oft bei Malvenarten, Löwenmäulchen, Nelken, Rosen, Johannisbeeren und den Blasenrost an der Weymouths-Föhre. Neben den wirtstreuen Rostpilzen wechseln verschiedene Arten in ihrem Lebenszyklus ihre Wirtspflanze.

Vorbeugen und behandeln: Rostpilze befallen häufig Pflanzen, die von Trockenheit geschwächt sind. Die Sporen keimen nur auf Blättern, die längere Zeit feucht bleiben. Ein Auslichtungsschnitt bei Gehölzen kann dem entgegenwirken, ebenso ein periodisches Abspritzen mit Schachtelhalmbrühe. Ansonsten gelten die gleichen Pflegetipps wie bei den anderen Pilzerkrankungen.

Fallbeispiel Birnengitterrost: Dieser Pilz lebt auf verschiedenen Wacholder-Arten und wechselt mittels Sporenverbreitung im Frühjahr auf die Birnbäume. Der Sadebaum und chinesische Wacholderarten sind besonders starke Überträger. Wenn man diese nicht anpflanzt oder bestehende Sträucher aus der Umgebung entfernen kann, bleiben die Birnbäume gesund. Die Sporen verbreiten sich bei regnerischen und windigen Wetterlagen am besten.

Bild 18: Je größer die Pilzfläche auf den Blättern wird, umso weniger gut können die Früchte ausreifen.

Kraut- und Braunfäule

Dieser Pilz tritt häufig an Tomaten auf. Am Anfang werden die Blätter infiziert und im Verlaufe des Sommers dann auch die Triebe und Früchte; letztere werdend dadurch ungenießbar. Regenperioden und hohe Luftfeuchtigkeit begünstigen die Krautfäule.

Vorbeugen und behandeln: Am besten schützt man die Pflanzen durch eine Überdachung oder mit einem Tomatenhaus. Die Tomaten sollten sonnig stehen und einen gut durchlüfteten Standort mit einem genügenden Pflanzabstand haben. Dadurch trocknet ihr Laub schneller ab, was wichtig ist, da der Pilz nur auf feuchtem Nährboden gut gedeihen kann. Die Sporen werden auch über Wasserspritzer verbreitet, darum bodennah bewässern, aber Staunässe vermeiden. Aus demselben Grund sollte man die alten Blätter, die den Boden berühren, entfernen.

Grauschimmel

Grauschimmelfäule ist bei langanhaltender feuchter Witterung gefährlich und befällt Gemüse, Beerenobst und Zierpflanzen. Ein grauer, pelziger Belag an den Pflanzen ist dann gut zu erkennen. Auch hier gibt es verschiedene Pilzarten, die je nach Kultur und Jahreszeit in Erscheinung treten. Die Sporen überwintern in abgestorbenen Pflanzenteilen.

Vorbeugen und behandeln: Bei gefährdeten Pflanzen hilft ein Auslichtungsschnitt, durch den das Laub und auch die Früchte schneller abtrocknen. Befallene Pflanzenteile nie in den Kompost werfen, sondern im Hausmüll entsorgen.

Blattfleckenkrankheiten

Blattflecken trifft man auf fast allen Blattpflanzen an. Meistens sind sie harmlos und treten natürlicherweise gegen den Herbst hin am stärksten auf. Aber auch Viren und Bakterien verursachen Flecken. Durch Pilze erzeugte Schadbilder erkennt man an gelblichen, grauen, braunen, schwarzen oder rötlichen, meist rundlichen Flecken und oft auch an einem dunklen Blattrand. Da es sehr viele verschiedene Pilzarten mit ähnlichen Blattflecken gibt, handelt es sich bei der Blattfleckenkrankheit um einen Sammelbegriff.

Vorbeugen und behandeln: Gesundes Saat- und Pflanzgut ist widerstandsfähiger. Gute Standortbedingungen und eine aufmerksame Pflege helfen, das Schlimmste zu verhindern.

Teil IV
Mensch und Garten

Nicht nur die Pflanzen und Tiere, auch wir Menschen sind im Garten den alltäglichen Witterungseinflüssen ausgesetzt. In unserem gemäßigten Klima empfinden die meisten von uns vor allem den Sonnenschein als «gutes Wetter». Wenn man allerdings einen ganzheitlicheren Blick einnimmt, so gibt es kein schlechtes Wetter (einmal abgesehen von Schadensereignissen durch extreme Wetterlagen, die man als solche bezeichnen mag). Denn auch Regen und Kälte sind für die Natur, und damit auch für den Garten, wichtig. Und der Umstand, dass auch der Mensch – zumindest im Garten – der Witterung ausgesetzt ist, hat durchaus sein Gutes. Wenn etwa bei Regenwetter unerwartet die Sonne zum Vorschein kommt, ist dies eine positive Überraschung, die Freude bereitet. Zudem zwingt uns die Witterung dazu, flexibel zu bleiben und erinnert uns nicht zuletzt auch daran, dass wir nicht alles kontrollieren können.

Gartenarbeit ist gesund

Gartenarbeiten als Freizeitbeschäftigung gehören zu den gesündesten Tätigkeiten, wenn man ihnen maßvoll, der eigenen gesundheitlichen Verfassung entsprechend und dem eigenen Alter angepasst frönt. Gartenarbeit soll in erster Linie Freude bereiten; auftauchende Probleme sollten nicht Stress erzeugen, sondern als Herausforderung angenommen werden. Gartenarbeiten werden schädlich, wenn wir uns überarbeiten und uns über dies und jenes ärgern, statt das Ganze etwas lockerer anzugehen. Es ist daher besser, etwas weniger lang und dafür öfters im Garten zu arbeiten, als sehr viel Arbeit in vielen und langen Stunden in einem Stück erledigen zu wollen. Auch lohnt es sich, besonders anstrengende Tätigkeiten im Garten auf mehrere Tage zu verteilen und besser an einem Tag an mehreren verschiedenen Dingen zu werkeln. Wechselnde Tätigkeiten beugen Schmerzen vor, weil wir verschiedene Muskelgruppen trainieren, anstatt eine einzelne Gruppe allzu stark zu belasten. Wechselnde Tätigkeiten helfen auch, den Blick nicht zu sehr auf eine bestimmte Sache zu fokussieren, sondern den Blick für das Gesamte zu behalten. Das hilft, etwas lockerer zu bleiben, zu entschleunigen und Alltagsstress abzubauen; es macht uns glücklicher.

Witterung und Unfälle im Garten

Es liegt auf der Hand, dass Witterungseinflüsse auch Ursachen für Unfälle im Garten sein können. Und so banal es auch tönt: Eine der Witterung angepasste Kleidung trägt viel zur Prävention von Unfällen bei. Lange, leichte Kleidung sowie eine Kopfbedeckung sind gegen Sonne und Hitze mindestens ebenso wichtig wie eine hinreichende Versorgung mit Flüssigkeit. Rutschfeste Schuhe bei feuchter Witterung, ordentliche Handschuhe beim Schneiden von Sträuchern und Bäumen sowie der Verzicht auf den Gebrauch von Leitern während starkem Wind und nassem Wetter verhindern ebenfalls zahlreiche Unfälle. Ebenso selbstverständlich – aber ebenso relevant – sind einige weitere Dinge, die uns der «gesunde Menschenverstand» an und für sich so oder so schon nahelegt: Beispielsweise, dass elektrische Geräte regelmäßig gewartet und Defekte behoben werden sollen, dass Gartenwerkzeuge immer versorgt und nicht einfach nach verrichteter Arbeit liegen gelassen werden usw. – Alle diese Tipps klingen einigermaßen banal: Wer sich einen Moment Zeit nimmt und sich ausmalt, welche Unfallrisiken dadurch aber verhindert werden können, wenn man diese simplen Maßnahmen befolgt, erkennt schnell, wie wichtig sie sind.

Bei bevorstehenden Gefahren durch extreme Wetterereignisse sollten vorbeugende Maßnahmen ergriffen werden, damit die Infrastruktur geschützt werden kann. Vor Starkregen sind beispielsweise Abläufe und Dachrinnen zu reinigen sowie alle Gegenstände, die davonschwimmen und den Wasserabzug behindern können, an einen sicheren Ort zu stellen. Auch vor aufkommenden Sturmwinden sollten lose Gegenstände sicher verstaut werden. Eine regelmäßige Baumkontrolle verhindert, dass bei Sturm herabfallende dürre Äste Schaden anrichten.

Bild 1: Nach einem Ernteschnitt kann man die Lindenblüten im kühlen Schatten abpflücken und sich so vor der Hitze schützen.

Eine weitere Gefahr, die im Garten nicht unterschätzt werden sollte, sind Zecken. Sie können die Erreger der Borreliose und der Frühlings-Hirnhautentzündung übertragen; beides potenziell tödliche Krankheiten. Bei feuchtwarmen Temperaturen sind die Zecken besonders aktiv. Weil man deren Stiche oft nicht bemerkt, sollte man nach dem Aufenthalt im Garten seine Haut auf die saugenden kleinen Spinnentiere absuchen. Für den Fall, dass man tatsächlich gestochen worden ist, lohnt es sich, den Stich zu beobachten und gegebenenfalls mit dem Hausarzt Kontakt aufzunehmen.

Beim Ausschneiden verblühter Blumen und dem Ernten von Früchten kann es auch gerne zu Stichen von Bienen und Wespen kommen. Deren Stiche sind zwar schmerzhaft, aber nicht weiter gefährlich, falls Sie nicht gerade eine entsprechende Allergie haben. Zumindest lässt sich die Anzahl Wespen im Garten eindämmen, wenn man darauf achtet, keine Früchte und andere Lebensmittel offen herumliegen zu lassen. Ebenso kann die Anzahl Mücken verringert werden, wenn man dafür sorgt, dass sie möglichst wenig geeignete Orte für die Entwicklung ihrer Larven finden. Aus diesem Grund sollten vegetationslose Wasserflächen wie Unterteller von Pflanzenkübeln und leere Töpfe nach Regenfällen entleert und Wassersammelstellen wie Regentonnen abgedeckt werden.

Der Garten ist ein Begegnungsort für soziale Kontakte

Ein Garten kann die unterschiedlichsten Bedürfnisse abdecken: Er kann Fitnesscenter oder für unsere Psyche ein wertvoller Ausgleich zum Alltag sein, weil er meditatives, ruhiges Arbeiten ermöglicht. Ein Garten kann aber ebenso sehr ein Ort der Begegnung sein; sei es im Familiengarten, wo die Kinder spielen, oder sei es beim sommerlichen Abend mit Freunden im Garten. Gerade Kinder lassen sich auch leicht für die Arbeit im Garten begeistern. Darum sollte man einen Familiengarten so gestalten, dass Kinder ihre Lust am Gärtnern ausleben können, auch wenn das vielleicht nicht ganz genauso aussieht, wie Erwachsene sich dies wünschen. Es ist ein Leichtes, den Garten dann stärker den Bedürfnissen der Erwachsenen anzupassen, wenn die Kinder etwas älter geworden sind und der Garten gerade nicht mehr ihr bevorzugter Spielplatz ist.

Bild 2: Kinder lassen sich auch leicht fürs Gärtnern begeistern.

Bild 3: Der Garten ist ein Begegnungsort für verschiedene Tätigkeiten.

Bild 4: Kulinarische Genüsse aus dem Garten schaffen gute Laune.

Den Garten mit allen Sinnen erleben

Bild 5: Fühlen, Riechen, Sehen, Hören und Schmecken

Wenn wir Gärten als schön empfinden, ist dies nicht nur den Pflanzen und der Gartengestaltung zu verdanken; es hat ebenso sehr mit der Sonneneinstrahlung, dem Spiel der Wolken und den anderen atmosphärischen Einflüssen zu tun. Weil sich diese ständig verändern, sieht der eigene Garten auch immer wieder anders aus. Es lohnt sich, die eigenen Sinne für diese Veränderungen zu schärfen und deren Schönheit zu entdecken. Das gelingt am besten, wenn man den eigenen Garten nicht nur mit Arbeit, sondern auch mit Muße verbindet und sich darum bemüht, beides in Einklang miteinander zu bringen. Das sinnliche Beobachten und Fühlen gehört ebenso zu dem, was sich im Garten ernten lässt, wie das dort wachsende Obst und Gemüse. Es passiert immer wieder, dass sich Gartenbesitzer zu stark vom Verstand leiten lassen und dabei zu sehr damit beschäftigt sind, einmal gesteckte Ziele unbedingt erreichen zu wollen. Es liegt nahe, dass das Gärtnern dann vor allem mit Stress verbunden ist und zur Belastung wird. Gerade naturnahe Gärten bieten hier eine Gelegenheit, das Gärtnern aus einer entspannteren Perspektive anzugehen, denn im Naturgarten kann eine gewisse Naturdynamik leichter zugelassen werden, etwas mehr «Unordnung» akzeptiert und etwas weniger Perfektion in Kauf genommen werden.

Wohlbefinden durch sinnlich wahrnehmbare Wettereigenschaften

Ein vielfältiger Garten schafft auch vielfältige Erlebnismöglichkeiten, die mit den Wettereinflüssen zusammenhängen. Durch eine geschickte Gartengestaltung entsteht automatisch auch ein Wettergarten, in dem man die verschiedenen Witterungen genießen kann.

Sonne und Schatten

Während wir in der Sommerhitze gerne den Schatten unter Bäumen aufsuchen, zieht es uns im Winter an eine wärmende Sonnenecke. Durch eine geschickte Gartenplanung können wir die Temperatur in verschiedenen Gartenbereichen während der Jahreszeiten regulieren.

Auch das Licht verändert die Farben im Garten im Tagesverlauf. Sie wirken am Morgen und Abend bei Sonnenschein klarer als um die grelle Mittagszeit. Besonders warm und klar sind die Farben im trockenen Herbstlicht. Sonne erzeugt auch Schattenwurf auf den verschiedenen Gartenelementen. Durch Gehölz- und Staudenzweige, die sich leicht im Wind

Bild 6: Eine einfache Sitzgelegenheit, deren Mobiliar sich je nach Temperatur verschieben lässt.

bewegen, entstehen Schattenbewegungen am Boden, während Bäume, Felsblöcke und Gebäude scheinbar bewegungslose Schatten erzeugen. Auch diese temporären Phänomene gehören zu den Gestaltungselementen im Garten.

Bild 7: Schattenstrukturen auf verschiedenen Oberflächen sind temporäre Gestaltungselemente.

Windbewegungen

Der Wind bläst in allen Jahreszeiten und zu jeder Tageszeit. Er erzeugt Bewegungen, die wir durch geeignete Bepflanzungen verstärken und verringern können. Durch die Bewegungen am Laubwerk von Bäumen, Gräsern und Stauden wird er sichtbar. Die Windstärke kann schwach, mäßig, gleichmäßig, stoßweise, stürmisch oder aus verschiedenen Richtungen kommend sein. Durch die Windstärke entstehen unterschiedliche Geräusche. Er kann je nach Wetterlage aber auch trocken, heiß, feucht oder bissig kalt wehen. Im Winter empfinden die meisten Menschen einen Nordwind als unangenehm; in der Sommerhitze sorgt er hingegen für eine angenehme Abkühlung. Am Duft des Windes erkennt man oft auch aufkommende Wetterveränderungen. Er trägt auch Waldgerüche, Heudüfte oder den Lindenblütenduft eines nahen Baumes zu uns.

Bild 8: Bei den feingliedrigen Zweigen der Birken entsteht der Eindruck, dass der Wind aus der Baumkrone strömt, während er bei der Eiche, deren Äste kräftiger sind, eher abzuprallen scheint. Die dabei entstehenden Geräusche unterscheiden sich stark voneinander.

Wolken

Die Dynamik von Wolken ist vielseitig. Wenn wir in einer Wiese liegen und sie beobachten, so können wir ihre Bewegungen, ihr Vorbeiziehen, ihre ständigen Veränderungen, aber ebenso sehr auch ihr scheinbares Stillstehen beobachten. Wolken können sich verdichten oder zerreißend auflösen. Je nach Licht scheinen sie weiß, silbrig, grau, fast schwarz, rosarot, orange oder gelbglühend zu sein. Sie sind kohlartig, kugelig, linsenförmig, fedrig, linien- oder spiralförmig. Und mit etwas Erfahrung lässt sich an der Form der Wolken auch eine Prognose des Wetters für die nächsten Stunden machen.

Bild 9: Wolkenbilder zu beobachten, regt die Fantasie an, ist unterhaltsam und entspannend.

Regen

Regenwetter ist eigentlich das schönste Wetter, denn ohne das Wasser, welches der Regen bringt, würde im Garten alles Leben eingehen. Nach Trockenphasen ist das Regengeräusch im Garten Musik in den Ohren des Gärtners und der Gärtnerin. Und natürlich sind auch die Geräusche des Regens von einer bemerkenswerten Vielfalt: Er kann tröpfeln, spritzen, nieseln, rieseln oder regelrecht herunterprasseln. Einen warmen Sommerregen empfinden wir meistens als kühlende Erfrischung, während ein kalter Schneeregen deutlich weniger angenehm ist. Auch Regen verändert die Optik unseres Gartens und dessen Atmosphäre stark: Wir können beobachten, wie Wasser an Baumstämmen herunterrinnt, wie die Regentropfen auf die Blätter fallen oder als Perlen an Gräsern hängenbleiben.

Bild 10: Berühren Sie nach einem Regen ein kühles, weiches Moospolster oder laufen Sie einmal barfuß über eine bemooste Rasenfläche.

Schnee

Eine besonders drastische Veränderung für die sinnliche Wahrnehmung unseres Gartens erzeugt ein Schneefall. Er reduziert im Garten alles bis auf die Grundstrukturen; alle sichtbaren Formen wirken weicher, die Geräusche sind schwächer und die Farben werden auf ein überschaubares Spektrum eingeschränkt. Schnee hat zudem etwas eigentümlich Friedliches. Und wer kennt die Lust nicht, als Erster durch eine frisch verschneite Fläche zu stapfen? – Zwar kann man bei Schneefall im Garten tatsächlich kaum typisch gärtnerische Tätigkeiten ausführen, doch ist auch im tiefen Winter der Garten ein Ort, an dem sich die Natur und die Jahreszeiten sehr intensiv und sinnlich erleben lassen.

Bild 11: Schnee reduziert im Garten alles bis auf die Grundstrukturen.

Tau, Reif und Frost

Nachts, wenn die Temperatur absinkt und der Taupunkt erreicht wird, lagert sich die Feuchtigkeit in der Luft als kleine Tautropfen auf den Pflanzen ab. Tau bildet sich am besten bei windstillen Lagen. Im Morgentau barfüßig über den Rasen zu gehen, belebt unseren Körper. Auch die Betrachtung der vielen Spiegelpunkte der Tautropfen an Gräsern in der Morgensonne sind faszinierende Momente.

Wenn die Temperatur unter den Gefrierpunkt fällt, bildet sich aus dem Tau der gefrorene Reif. Wenn dann auch noch der Nebel mitspielt, entstehen gerne wunderschöne Eisstrukturen. Um sie zu bestaunen, muss man allerdings schnell sein, da sie oft schon bei der ersten direkten Sonneneinstrahlung schmelzen.

Bild 12: Den Frauenmantel nennt man auch Taumantel, da die Wassertropfen besonders lange auf seinen Blättern bleiben.

Dämmerung und Nacht

Die Dämmerung im Übergang von Tag und Nacht verzaubert die Landschaft. Bei einem schönen Abend- oder Morgenrot kann sich fast niemand dieser mystischen Stimmung entziehen. Es kommt ein andächtig stiller Frieden auf, der starke Gefühle in uns auslösen kann. Nach und nach verblasst das letzte Licht, bis nur noch graue und schwarze Strukturen übrigbleiben. Zwar sehen wir dann nicht mehr gut, nehmen dafür Geräusche und Düfte intensiver wahr. Bei Mondschein werden die Landschaftsstrukturen wieder besser sichtbar. Licht und Schatten schaffen im Garten dann ganz besondere Stimmungen. Mit hellen Blumen und weißfilzigen Pflanzen lässt sich für die Vollmondnacht ein geradezu gespenstiger «weißer Garten» gestalten.

Bild 13: Die verblühten Samenpustel des Löwenzahns leuchten im Mondschein und spiegeln in Farbe und Form selbst den Vollmond.

Glücksmomente

Es gibt Erlebnisse, die in dem Moment, in denen sie stattfinden, ganz unwichtig erscheinen, an die man sich aber später umso besser erinnern kann; mitunter ein Leben lang. Nachfolgend lesen Sie einige persönliche Beispiele, an die der Autor sich immer wieder erinnert.

In der Nacht regnete es in die toskanische Trockenheit. Am Morgen gehe ich frische Brötchen kaufen. Mein Weg ist von einer schönen Rosmarinhecke und von Pinienbäumen gesäumt. Die Sonne lässt die letzte Feuchtigkeit verdampfen. Ein herrlicher Rosmarin- und Pinienduft steigt mir in die Nase.

In der Abenddämmerung, bei schwachem Wind und leichtem Regen, spaziere ich durch den Garten. Der alte Kirschbaum am Rande des Weges verliert die letzten Blüten; sie fallen wie Schnee auf den Weg und bilden einen Teppich. Ich ziehe die Sandalen aus und gehe barfüßig durch den kühlen, seifig-weichen Blütenschnee.

Still zeigt sich das Morgenrot über dem Horizont, während der alte Lindenbaum vor unserer Haustür im Raureif steht. Knirschend stapfe ich über die hart gefrorene Schneedecke; das einzige Geräusch, welches ich beim Gehen verursache. Zwischendurch bleibe ich stehen und lausche der Stille.

Ich liege bei sommerlicher Hitze in der Hängematte unter unseren alten Linde. Beim Blick in die Baumkrone genieße ich das Farbenspiel der Blätter im schwachen Wind. Während dessen trinke ich kühlen Lindenblütentee, den ich zuvor aus Lindenblüten von ebendiesem Baum gebraut habe. Hinzu gesellt sich der Blütenduft des Baumes, den ich tief einatme.

Vom Garten aus betrachte ich das farbige Herbstlaub der Zitterpappeln im nahen Wald. Im schwachen Wind bewegt sich das Laubwerk zitternd und wirkt wie ein Feuer. Zum Glück ist es kein richtiges Feuer, keine rauchgeschwängerte Luft. So atme ich tief ein und genieße den Moment.

Ich sammle das trockene Laub unter der Buche zusammen. Anstatt mit einem lärmigen Laubbläser zu arbeiten, genieße ich das Rascheln der Blätter unter meinen Füßen, deren Duft und das Geräusch des Laubrechens bei der Arbeit.

Ich wandere im dichten Nebel durch eine Allee in der Parkanlage. Fortlaufend tauchen aus dem Nichts die nächsten Bäume vor mir auf. Wann komme ich wohl am Ende der Allee an?

Ich sitze im Herbst im Staudengarten, wobei ein mäßiger Wind durch die dürren Samenstände und Gräser streicht. Die Gräser bewegen sich elegant im Wind und ich höre die Samen in den Mohnkapseln fein rasseln.

Anhang

Literatur

Bachmann, Christoph; Bührer, Eva; Forster, Kurt: Permakultur, 2022, Haupt, Bern
Bross-Burkhardt, Brunhilde: Das Bodenbuch, 2017, Haupt, Bern
Don, Monty: Ein Garten für die Sinne, 1998, BLV, München
Dove, Hélèna: Gemüse, 2021, Haupt, Bern
Farrell, Holly: Kräuter, 2019, Haupt, Bern
Griebl, Norbert: Gärtnern im Klimawandel, 2022, Haupt, Bern
Häckel, Hans: Wetter und Klimaphänomene, 2007, Ulmer, Stuttgart
Heistinger, Andrea: Handbuch Bio-Balkongarten, 2012, Löwenzahn, Innsbruck
Heistinger, Andrea: Handbuch Samengärtnerei, 2021, Löwenzahn, Innsbruck
Kammer, Peter; Eggenberg, Stefan: Pflanzen einfach bestimmen, 2021, Haupt, Bern
Kawollek, Wolfgang; Kawollek, Marco: Alles über Pflanzenvermehrung, 2021, Ulmer, Stuttgart
Kern, Simone: Der antiautoritäre Garten, 2019, Kosmos, Stuttgart
Kolarek, Martina: Kompostieren, 2018, Ulmer, Stuttgart
Kranz, Volker; Deemter, Frederik: Praxisbuch Waldgarten, 2021, Haupt, Bern
Kremer, Bruno; Richarz, Klaus: Tiere im Garten, 2021, Haupt, Bern
Lauber, Konrad; Wagner; Gerhart; Gygax, Andreas, Flora Helvetica, 2018, Haupt, Bern
Machatschek, Michael; Kurz, Peter; Iglhauser Bernhard: Hecken, 2011, Stocker, Graz
Müller, Jurik: Die 444 besten Bauernregeln, 2016, BLV, München
Pirc, Helmut: Alles über Gehölzschnitt, 2022, Ulmer, Stuttgart
Pirc, Helmut: Enzyklopädie der Wildobst- und seltenen Obstarten, 2015, Stocker, Graz
Richard, Peter: Der gestaltete Naturgarten, 2018, Haupt, Bern
Rose, Stephanie: Garten-Alchemie, 2021, Haupt, Bern
Roth, Günter: Wetterkunde, 2022, BLV, München
Schmid, Otto; Henggeler Silvia: Biologischer Pflanzenschutz im Garten, 2012, Ulmer, Stuttgart
Schwarzer, Elke: Heimische Pflanzen für den Garten, 2022, Ulmer, Stuttgart
Seyfert, Franz: Phänologie, 2007, VerlagsKG Wolf, Magdeburg
Tatschl, Siegfried: 555 Obstsorten, 2015, Löwenzahn, Innsbruck
Weidenweber, Christine: Gemüse ernten ohne gießen, 2021, Ulmer, Stuttgart
Weigelt, Lars: Gartenpraxis im Klimawandel, 2017, BLV, München
Weinrich, Christa: Mischkultur im Hobbygarten, 2019, Ulmer, Stuttgart

Stichwortregister